海南岛典型地质遗迹
特征与评价

唐培宣　符启基　著

中国海洋大学出版社
·青岛·

图书在版编目（CIP）数据

海南岛典型地质遗迹特征与评价 / 唐培宣，符启基
著 . — 青岛 ：中国海洋大学出版社，2023.9
ISBN 978-7-5670-3641-3

Ⅰ. ①海… Ⅱ. ①唐… ②符… Ⅲ. ①海南岛—区域
地质—研究 Ⅳ. ①P562.66

中国国家版本馆CIP数据核字（2023）第182445号

HAINAN DAO DIANXING DIZHI YIJI TEZHENG YU PINGJIA
海 南 岛 典 型 地 质 遗 迹 特 征 与 评 价

出版发行	中国海洋大学出版社
社　　址	青岛市香港东路23号
邮政编码	266071
出 版 人	刘文菁
网　　址	http://pub.ouc.edu.cn
电子信箱	1922305382@qq.com
订购电话	0532-82032573　（传真）
责任编辑	陈 琦　　　　　　电　话　0898-31563611
印　　制	海口景达鑫彩色印刷有限公司
版　　次	2023年9月第1版
印　　次	2023年9月第1次印刷
成品尺寸	170 mm × 240 mm
印　　张	19
字　　数	321千
印　　数	1—1000
定　　价	138.00元

如发现印装质量问题，请致电0898-66748506调换。

前　言

地质遗迹是在地球演化的漫长地质历史时期，由地球内外动力的地质作用，形成发展并遗留下来的不可再生的各种地质体总和。它是重要的旅游资源，也是全民普及地学科普知识的天然的实验室。

如果说地球是家园，那么地质遗迹就是"家谱"。然而想要真正读懂地球这部"家谱"并不容易。一是因为我们的地球的历史实在是太长太久了，从地球的形成至今已有46亿年的历史，而人类的历史从早期猿人算起只不过二三百万年，文明史还不到1万年。二是地球这部"家谱"十分奇特，它没有文字，也没有边界，它是以宇宙为背景，以地球的岩石圈、土圈、水圈为载体，以地质（体、层）剖面、地质构造、古生物、矿物与矿床、地貌、水体景观和环境景观等为符号，用实物来记载与诠释地球的历史。尽管这些"符号"我们在日常生活中经常接触到，但是往往压根就没有想到把这些普通的砂、石、黏土、流水所构筑的地形地貌与"地质"联系起来。因此，"地质遗迹"对一般大众来说还是一个十分陌生的词汇。其实，地质遗迹是地球演化历史的物证，是现今生态环境的重要组成部分，是一种特殊的自然资源，是一种不可再生的自然遗产，是人类共同的宝贵财富。因此，保护好地质遗迹是人类的共同责任。联合国教科文组织于1972年11月16日在巴黎通过《保护世界文化和自然遗产公约》。我国地质部等部门早在1979年就着手地质遗迹的保护工作，1995年地质矿产部颁布了《地质遗迹保护管理规定》。

为了落实有关地质遗迹保护与开发的精神，海南省自然资源和规划厅先后部署全省重要地质遗迹的详细调查工作，以便了解海南省丰富多彩的地质遗迹资源，加深对地质科学及地球历史的认识，进而增强保护地质遗迹珍贵资源、保护自然、保护地球的责任感，为海南的旅游事业出一点力；在建设海南自由贸易港的大潮中扬起"地质"风帆，激起地质遗迹和地质公园的浪花，进而推动地质景观、自然景观、人文景观的和谐统一，人类与大自然的和谐共存。

开展海南岛典型地质遗迹特征整理归纳与评价工作，对于了解海南岛的地壳演化、基础地质、环境地质、旅游地质等工作都有重要的科学研究价值；对于配合海南自由贸易港开发建设与升级具有重要的现实意义；对于普及青少年的地学知识和保护珍贵的自然遗产具有重要的长远意义。同时，这也有利于相关管理部门全面了解全省地质遗迹资源的分布与保护开发现状，从而提出申报和建设地质公园等合理化的保护开发方案，对遭受破坏的地质遗迹及时制定抢救措施，对尚未被发现的地质遗迹及时进行补充调查与评价，为科普教育、旅游开发、环境保护等提供地质资源基础。

唐培宣

2023 年 2 月

目　录

第一章　海南岛地质概况

第一节　地　层

海南岛内地层发育较全，自中元古界长城系至第四系，除缺失蓟县系、泥盆系及侏罗系外，其他地层均有分布。但由于后期岩浆活动和构造运动的破坏，不同时期的地层多呈现岛状分布，出露面积626 km²，占全岛面积的19.6%。

海南岛地层区划采用多阶段的断代地层法进行，共划分为中元古代、新元古代—三叠纪、侏罗纪—白垩纪、古—新近纪、第四纪等5个阶段。不同阶段地层区划及其岩石地层单位见本节末尾表1-1-1。

一、中元古代阶段

本阶段岩石地层单位为长城纪戈枕村组、长城纪—蓟县纪峨文岭组。

（一）长城纪（Ch）

戈枕村组（Chg）

长城纪戈枕村组主要分布于乐东黎族自治县峨文岭，东方市抱板、大蟹岭，定安县黄竹岭以及琼中黎族苗族自治县上安乡等地区。以昌江黎族自治县昌化江剖面为戈枕村组代表性剖面，以乐东黎族自治县峨文岭剖面为主要参考性剖面。上部以黑云母斜长片麻岩或混合质黑云母斜长片麻岩为主；下部为混合花岗闪长岩及黑云母斜长混合片麻岩，厚度大于2381 m，与上覆峨文岭组呈整合接触。

（二）长城纪—蓟县纪（Jx）

峨文岭组（Che）

长城纪—蓟县纪峨文岭组主要分布于乐东黎族自治县峨文岭，东方市大蟹岭、抱板，琼中黎族苗族自治县上安乡以及定安县黄竹岭等地区。以峨文岭剖面为峨文岭组代表性剖面，以云母石英片岩、石英云母片岩为主，夹数层长石石英岩及石墨矿层。厚度大于1181 m。整合于戈枕村组之上，与上覆奥陶纪南碧沟组呈断层接触。

二、新元古代—三叠纪阶段

（一）青白口纪—南华纪（On）

石碌群（Qns）

石碌群分布于石碌铁矿地区，以金牛岭南坡至北一矿出露较好。原分七层，其中第一至第五层为绢云石英片岩、石英绢云片岩夹结晶灰岩及石英岩，第六层为白云岩、结晶灰岩、透辉透闪岩夹富铁矿层，碳质板岩夹层中含宏观藻化石。未见底，顶部以白云岩或透辉透闪岩与上覆石灰顶组呈不整合接触。

（二）震旦纪（Z）

石灰顶组（Zs）

石灰顶组分布于石碌矿区石灰顶隧道北口及三棱山西南坡。岩石以石英砂岩、石英岩为主，夹泥岩、硅质岩、赤铁矿粉砂岩，石英砂岩中常含赤铁矿，泥岩中含宏观藻化石。与上覆南好组和下伏石碌群呈不整合接触。

（三）寒武纪（Ｅ）

1. 美子林组（E_1m）

美子林组分布于万宁市乐来乡美子林村、下田村及大茂乡袁水水库一带。岩性上部为结晶灰岩、石英透辉石大理岩，产瓶虫类及小壳化石；下部为变质石英砂岩与云母片岩不等厚互层，夹黑云透辉石英角岩、白云母石英片岩等。厚度大于900 m。顶、底界线因掩盖，接触关系不明。

2. 孟月岭组（E_2m）

孟月岭组分布于三亚市红花地区晴坡岭向斜两翼外侧孟月岭、虎头岭、白石岭、藤桥、孟果村等地。分5个岩性段，主要为斑点状泥质粉砂岩、斑点状粉砂质黏土岩与中细粒石英砂岩呈不等厚互层，偶夹含磷硅质岩、白云岩；白石岭灰白色中细粒石英砂岩质地坚硬，常形成高山。区域延伸比较稳定，向斜南东翼的安游地区石英砂岩、黏土岩厚度明显增大，厚度719～2101.48 m。顶部以中细粒石英砂岩为界与上覆大茅组呈整合接触。

3. 大茅组（$\in_{2-3}d$）

大茅组分布于三亚市大茅峒地区、红花地区、安游地区。分为5个岩性段，第一段为乳白色或灰白色中细粒石英岩状砂岩或石英砂岩，偶夹泥质粉砂岩；第二段为黄灰色粉砂质水云母黏土岩或泥质粉砂岩，间夹灰白色、乳白色细粒石英砂岩；第三段为灰白色白云岩夹白云质灰岩或硅质白云岩，含磷锰矿层；第四段为黑灰色硅质岩夹硅质页岩、硅质白云岩，含磷锰矿层；第五段为灰至黑灰色厚层状灰岩、白云质灰岩夹白色厚层状钙质石英砂岩。厚度呈现西厚东薄的趋势，大茅地区为309 m，红花地区为752～794 m。底部以厚层状中细粒石英砂岩与下伏孟月岭组为界，顶部以厚层状灰岩消失与上覆大葵组呈平行不整合接触。

（四）奥陶纪（O）

1. 大葵组（O_1d）

大葵组分布范围小，仅于三亚市大茅峒一带，呈隐伏状产出（被第四系掩盖），为滨海—滨外浅海沉积环境。岩石主要由不等粒（含砾）石英砂岩和厚层状灰岩组成，厚度大于214 m。底部以厚层状中细粒石英砂岩与下伏孟月岭组为界，顶部以厚层状灰岩消失与上覆大葵组呈平行不整合接触。

2. 牙花组（O_2y）

牙花组分布范围小，仅于三亚市大茅峒一带，呈隐伏状产出（被第四系掩盖），为滨海—滨外浅海沉积环境。岩性下部为厚层细粒石英砂岩夹页岩，页岩与砂岩互层；中部为厚层状含碳灰岩，间夹白云质灰岩、粉砂岩及页岩；上部为钙质碳质页岩夹厚层状结晶灰岩，产丰富的笔石化石。厚度280～330 m。顶部以页岩与上覆沙塘组钙质砾屑灰岩呈整合接触，与下伏大葵组呈整合接触。

3. 沙塘组（$O_{2-3}s$）

沙塘组主要分布于三亚市大茅峒、鹿回头、下洋田、抱坡岭等地，岩性稳定，易于对比，为台地边缘斜坡至浅海陆棚沉积环境。岩性下段为钙质砾灰岩、厚层状灰岩，间夹细砂岩，产牙形石化石；上段为黑色碳质页岩，产笔石。沉积厚度呈东北薄西南厚的趋势，厚度228～417 m。以灰色钙质砾屑灰岩与下伏牙花组整合接触，与上覆榆红组底部含砾不等粒石英砂岩呈整合接触。

4. 榆红组（O_3yh）

榆红组在三亚地区分布广，主要出露于鹿回头—狗岭—榆红村—大茅峒一带，属于海岸冲积扇沉积环境。以砾质、砂质岩为主，上部为浅灰、紫灰色含水云母中细粒岩屑砂岩，夹含褐铁矿水云母黏土岩及水云母复成分砾岩；中部为复成分砾岩与石英砂岩呈不等厚互层；下部为浅灰色粉砂质绢云母板岩、复成分砾岩、不等粒石英砂岩、粉砂岩。自东北向西南沉积厚度明显增加，厚度452～1831 m。底界以粉砂岩、不等粒砂岩、含砾不等粒砂岩与下伏沙塘组呈整合接触，顶部以灰色细粒石英砂岩与上覆尖岭组复成分砾岩呈整合接触。

5. 尖岭组（O_3j）

尖岭组主要分布于三亚地层区，出露于晴坡岭向斜轴部死马岭—三公夹以及三罗村—晴坡岭—干沟村一带，为泥质、砂质岩相，属正常浅海沉积环境。岩性以青灰、黄灰色含石英粉砂水云母黏土岩为主。区域上较稳定，沉积厚度自西北向东南逐渐变薄，厚度598～937.22 m。与下伏榆红组呈整合接触，顶部以含泥质石英砂岩的消失与上覆干沟村组呈整合接触。

6. 干沟村组（O_3g）

干沟村组分布于三亚市晴坡岭向斜轴部，小面积出露于晴坡岭北坡。下部浅肉红色、黄灰色厚层状含细砾中粒岩屑砂岩，在横向上可相变为砂砾岩层。度厚64.08 m。底部以含砾岩屑砂岩与下伏尖岭组分界，未见顶。

7. 南碧沟组（On）

南碧沟组分布于昌江黎族自治县南碧沟。代表性剖面厚为一套浅变质碎屑岩夹变质基性火山熔岩、基性火山碎屑岩的岩石组合。岩性以千枚岩、绢云板岩为主，夹变质粉砂岩、细砂岩、碳质板岩；中上部夹基性火山熔岩、基性火山碎屑岩。厚度大于2032.40 m。未见底，与上覆志留系陀烈组呈整合接触。

（五）志留纪（S）

海南岛志留纪陀烈组、空列村组、大干村组、靠亲山组、足赛岭组，分布范围较广，东西横穿东方—万宁一线，南北纵贯乐东—儋州，呈近东西向弧状展布。由于晚期花岗岩浆的侵蚀作用，局部地段岩石遭到一定程度的改造，使得地层层序出露不全。北面由于东西向王五—文教构造带的下切而被第四系覆盖。岩石普遍经区域变质变形作用的改造，形成一套局部无序而总体有序的岩石组合。

1. 陀烈组（S_1t）

陀烈组分布于东方市陀烈村一带，分布广泛。岩性为粉砂岩、页岩、硅质岩、夹碳质硅质岩、砂质灰岩。整合于南碧沟组之上、空列村组之下的一套浅变质岩，可分为三段。下段为变质细砂岩、绢云母板岩夹灰岩透镜体；中段以碳质绢云母板岩为主，夹变质粉砂岩及绢云母板岩；上段为绢云母板岩夹条带状变质粉砂岩。地层厚度 1879～2843 m。底部以变质石英砂岩的出现与南碧沟组千枚岩作为划分标志，顶部以变质粉砂岩与上覆空列村组石英岩分界。

2. 空列村组（S_1k）

空列村组分布于空列村一带，底部为石英岩，往上为绢云母板岩与绢云母石英粉砂岩互层，夹结晶灰岩。厚度 140.87～855.3 m。顶部以板岩与上覆大干村组呈整合接触，底部以石英岩、石英砂岩与下伏陀烈组呈整合接触。

3. 大干村组（S_1d）

大干村组分布于三亚市雅亮乡大干村一带。以青灰色薄层板岩、粉砂质板岩为主；顶部为灰色中厚层结晶灰岩；底部为灰—灰黄色复成分砾岩，具粒序层理。厚度 142.4～380.5 m。顶部灰岩与上覆靠亲山组呈整合接触，底部与下伏空列村组板岩呈整合接触。

4. 靠亲山组（S_1kq）

靠亲山组分布于保亭黎族苗族自治县毛感乡志伦村附近的靠亲山。上部为灰黑—深灰色薄至厚层状泥灰岩、含生屑结晶灰岩；中部为浅灰—灰黄色薄层粉砂质板岩、千枚状板岩偶夹粉砂岩；下部为粉砂质千枚岩、板岩夹灰色厚层石英岩、绢云石英粉砂岩、细砂岩。岩性稳定，厚度 950.1 m。底界以青灰色粉砂质千枚岩的出现作为划分标志，与下伏大干村组呈整合接触；顶部以灰黑色薄—厚层状结晶灰岩结束与上覆足赛岭组呈整合接触。

5. 足赛岭组（S_1z）

足赛岭组分布于保亭毛感乡南好村附近的足赛岭。岩性为千枚岩、含碳千枚岩夹结晶灰岩、灰岩。底部以含碳千枚岩与靠亲山组结晶灰岩分界，顶部以千枚岩与石炭系南好组含砾不等粒石英砂岩、砂砾岩呈不整合接触。厚度大于 1084 m。整合于靠亲山组之上。

（六）石炭纪（C）

1. 南好组（C_1n）

南好组分布于保亭南好地区，属于岩关期沉积。岩性主要为石英砂岩、砂岩与板岩、粉砂质板岩呈不等厚互层并夹少量粉砂岩，顶部为细砂岩与板岩呈薄层互层，底部为砾岩、含砾不等粒石英砂岩。厚度 62.1～709.9 m。与下伏足赛岭组呈不整合接触，与上覆青天峡组呈整合接触。

2. 青天峡组（C_2q）

青天峡组分布于东方市江边乡亲天峡谷一带，岩性为板岩、砂质板岩与石英砂岩不等厚互层，底部为细砂岩夹板岩、条带状结晶灰岩。厚度 101.55～504 m。

（七）二叠纪（P）

1. 峨查组（P_1e）

峨查组分布于琼西江边、王下、南界河、河叉岭等地。岩性以石英砂岩与板岩、砂质板岩呈不等厚互层状为主。底部以硅化生屑灰岩的出现作为峨查组的底界，与下伏青天峡组呈整合接触；顶部与上覆鹅顶组生屑灰岩分界。厚度以王下一带最大，为 1001 m。

2. 鹅顶组（P_1d）

鹅顶组主要分布于南部燕窝岭—峨贤岭、王下一带、中部石碌—白沙地区以及北面白沙邦溪地区。鹅顶组岩性标志明显，界线清晰，主要由浅灰、灰、深灰、灰黑色中厚层至块状微晶生物屑灰岩、含燧石条带（或结核、团块）微晶生物屑灰岩、含生物屑微晶灰岩、含燧石微晶灰岩、含白云质生物屑微晶灰岩等组成。碳酸盐岩类经风化剥蚀后形成峰林丛生、秀丽而壮观的岩溶地貌，以南界河、峨贤岭、王下一带最为壮观。燕窝岭地区夹二至三层粉砂泥岩、石英砂岩及生物颗粒灰岩；白沙元门地区灰岩中水平纹层发育。整合覆于峨查组之上、南龙组之下的碳酸盐岩夹少量碎屑岩地层。该组的厚度变化较大，燕窝岭南界河地带为 543.6 m，王下地区为 408.5 m，石碌—白沙邦溪地区为 29.29～246.17 m。

3. 南龙组（$P_{2-3}n$）

南龙组主要分布于江边乡亲天峡谷、娜姆河、石碌、大岭农场等地。岩性上部为泥质岩与中粒长石石英砂岩互层夹少量杂砂岩；下部细砂岩、粉砂岩与泥岩互层夹杂砂岩。未见顶。以灰黄色泥岩的出现作为该组底界的划分标志。

（八）三叠纪（T）

岭文组（Tl）

由于后期多期次岩浆活动的侵蚀，三叠纪沉积盆地被分离肢解，岭文组呈残留状分别出露于定安县翰林镇及琼海市九曲江镇一带，出露面积约11.6 km^2。

岭文组划分为上、下段，下段砂砾岩段，由砾岩、含砾细砂岩组成；上段为泥岩段，岩石为泥岩、泥质粉砂岩。

三、侏罗纪—白垩纪阶段

（一）侏罗纪（J）

侏罗纪地层在海南岛地区缺失。

（二）白垩纪（K）

白垩纪为内陆河湖相沉积。沉积地层有白垩系鹿母湾组、报万组，为一套河湖相碎屑岩沉积，以白垩系鹿母湾组出露较广。火山岩地层有六罗村组、汤他大岭组、岭壳村组，见于南西面同安岭、牛腊岭盆地中。岭文组与上覆的鹿母湾组为不整合接触，下伏地质体被印支晚期花岗斑岩侵蚀。

1. 鹿母湾组（K_1l）

鹿母湾组分布广泛，见于东方市乐安盆地、儋州市王五盆地、琼海市阳江盆地、白沙黎族自治县—乐东黎族自治县一线的白沙盆地、文昌市清澜盆地（大部分隐伏）、定安县雷鸣盆地、三亚市三亚盆地，属河流、湖河沉积环境。

岩性下部以砂砾岩、含砾长石粗砂岩为主，夹泥质铁质粉砂岩和泥岩；上部长石石英细、粉砂岩夹钙泥质粉砂岩、粉砂质泥岩。常夹安山—英安质火山岩。底界以紫灰色厚层状石英砂砾岩的出现为划分标志，在不同地区分别与下伏地层奥陶系南碧沟组或志留系陀烈组等呈不整合接触，与上覆晚白垩世报万组呈整合接触。厚度大于 3570.1 m。

2. 六罗村组（K_1ll）

六罗村组分布于琼西南同安岭、牛腊岭盆地及琼中五指山盆地、琼西北儋州洛基盆地、琼东北澄迈旺商等盆地中。岩性分为两段，第一段为沉积相砂砾岩、砂泥岩、玄武岩、安山岩、安山质火山角砾岩；第二段为流纹质火山岩。顶界以流纹质含砾凝灰熔岩与上覆汤他大岭组呈喷发不整合接触，未见底。厚度大于 1792.2 m。

3. 汤他大岭组（K_1t）

汤他大岭组分布面积较小，主要分布于崖城、高峰等地，分别属于牛腊岭、同安岭火山盆地。岩性以英安质火山熔岩及火山碎屑岩为主，夹数层英安质火山岩，中部和下部夹少量安山质和流纹质火山岩。自下而上为：安山质熔岩—英安质凝灰熔岩—流纹质含砾凝灰熔岩，英安岩、英安质角砾凝灰熔岩夹沉凝灰岩，英安岩夹英安质角砾凝灰熔岩等。顶、底界分别以英安岩和安山质角砾凝灰熔岩与下伏六罗村组和上覆岭壳村呈喷发不整合接触。

4. 岭壳村组（K_1lk）

岭壳村组主要分布于同安岭盆地中。南面六罗村岩石为流纹质晶屑凝灰熔岩、流纹质含砾晶屑凝灰熔岩；北面岭壳村岩石为英安斑岩，流纹斑岩，流纹质角砾凝灰熔岩，英安质角砾熔岩，含角砾流纹斑岩，含集块、角砾流纹斑岩。未见顶，底部以流纹质含砾凝灰熔岩的出现为界线标志，与下伏汤他大岭组英安岩呈喷发不整合接触。由岭壳村至加跃岭一带，厚度由 63 m 增大至 430 m。

5. 报万组（K_2b）

报万组仅分布于白沙盆地南西段、阳江盆地、雷鸣盆地中，属冲积扇、湖河沉积环境。岩性以细粒长石砂岩为主，夹钙质泥岩、粉砂质细砂岩、长石粉砂岩。以紫红色薄—中厚层状泥质细粒长石砂岩夹粉砂岩的出现作为该组底界与下伏鹿母湾组紫灰色凝灰岩夹火山角砾岩呈整合接触，未见顶。厚度 385.5～1439 m。

四、古—新近纪阶段

古—新近纪阶段分为雷琼地层分区、长昌地层分区、莺歌海地层分区。雷琼地层分区介于东西向遂溪断裂与王五—文教断裂之间；长昌地层分区位于东西向雷琼裂陷、北西向莺歌海裂陷和北东向琼东南裂陷间；莺歌海地层分区限于北西向莺歌海裂陷和北东向琼东南裂陷内。

（一）雷琼地层分区

1. 长流组（E_1c）

长流组主要隐覆于福山盆地、南宝盆地、加来盆地及白莲盆地一带。岩性较稳定，总体以棕红、紫红色泥岩与紫红色或灰色砂砾岩、砂岩不等厚互层为特征，厚度以福山盆地最厚，达570 m，与上覆的流沙港组呈整合接触。

2. 流沙港组（E_2l）

流沙港组主要隐覆分布于福山盆地、南宝盆地、白莲盆地一带。岩性为灰、深灰、黑色泥岩与灰白色砂砾岩互层，灰泥岩，局部夹黑色碳质泥岩。总厚度变化较大，有32.5～1209 m。与下伏的长流组呈整合接触，与上覆的涠洲组呈整合接触。

3. 涠洲组（E_3w）

涠洲组主要隐覆于福山盆地中，次为白莲盆地。岩性为一套杂色泥岩、粉砂岩与灰白色砂岩、含砾砂岩及砂砾岩不等厚互层。一般厚540～830 m，最厚达1970 m。与下伏的流沙港组呈整合接触，与上覆的长坡组呈整合接触。

4. 长坡组（N_1c）

长坡组分布在儋州市长坡盆地及临高县加来—南宝盆地一带。岩性以灰、蓝灰色黏土岩及粉砂质黏土岩为主，夹油页岩及褐煤，底部为砂岩、砂砾岩，向盆地边缘过渡为以杂色砂砾岩、含砾砂岩为主夹碳质泥岩及煤线。厚度331～294 m，变化不大。与上覆灯楼角组呈平行不整合接触，底部与下伏鹿母湾组呈不整合接触。

5. 下洋组（N_1x）

下洋组主要隐覆分布于福山盆地、白莲盆地一带，为滨海浅滩相沉积。岩性基本以半成岩的砂砾层、砂层、粉砂层为主，局部见松散碎屑物。厚度50～236 m。底部与下伏涠洲组呈不整合接触，顶部与上覆角尾组粗砂岩呈整合接触。

6. 角尾组（N_1j）

角尾组主要隐覆分布于福山盆地、白莲盆地中。岩石特征以半成岩状为主，岩性为浅灰色砂砾岩、含砾砂岩、中粗砂岩，夹绿灰色泥质粉砂岩、粉砂质泥岩和泥岩，局部为松散碎屑。厚度200～500 m。底部以粗砂岩与下伏下洋组呈整合接触，顶部以粉砂岩与上覆灯楼角组中细砂岩呈整合接触。

7. 灯楼角组（N_1d）

灯楼角组隐覆分布于福山盆地、海口长流地区。岩性为浅灰、灰绿色含砾砂岩、砂砾岩、砂岩夹灰绿色粉砂质泥岩，普遍含有海绿石，产有孔虫、介形类、苔藓虫、腹足类、双壳类和孢粉等化石，厚度达337 m。底部以浅绿色含砾砂岩与下伏角尾组灰绿色泥岩分界，顶部以灰色砂质泥岩与上覆海口组灰色砂砾岩分界。

8. 海口组（N_2h）

海口组是琼北地区分布最广的地层，主要隐覆于儋州市白马井镇至海口市琼山区三江镇一带，局部出露地表。岩石以半成岩、半松散为主，以含贝壳为特征，是琼北最重要的地下水含水层。顶部以硬塑状薄层灰色黏土与上覆秀英组砂砾层呈平行不整合接触，底部以含贝壳砂砾岩与下伏灯楼角组呈整合接触。

（二）长昌地层分区

长昌地层分区介于王五—文教断裂和红河断裂、琼东南盆地北缘断裂之间。

根据岩性组合特征、岩相、生物特征、接触关系，在充分利用前人研究成果基础上，对区内进行了划分与区域对比，自下而上划分为古新统昌头组（E_1ct）、始新统长昌组（E_2c）和瓦窑组（E_2w）、渐新统—中新统丘糖岭组（E_3N_1q）、中新统佛罗组（N_1f）和石马村组（N_1s）、上新统望楼港组（N_2w）和石门沟村组（N_2sm）。

1. 昌头组（E_1ct）

昌头组隐伏分布在海口市长昌盆地及树德盆地中，仅零星出露于盆地东部吴村至潭白村一带的溪沟、水渠和田坎边。属湖泊相沉积。岩性下部称红色岩段，为洪积相沉积，底部为棕红、灰白色砾岩、砂砾岩夹粉砂岩；上部称油页岩段，岩性为灰褐色油页岩与棕红色、灰色泥岩、页岩不等厚互层，夹数层灰白色细砂岩、灰绿色粉砂岩。与下伏燕山期花岗闪长岩和古生代绢云母石英片岩呈不整合接触。厚度96～249 m。

2. 长昌组（E_2c）

长昌组主要分布在长昌盆地，属湖相沉积。岩性分为两段，下段称为灰白色砂砾岩与灰、灰绿、紫红色砂岩、粉砂岩；上段称含煤段，为暗色湖沼相含煤建造。厚度190～230 m。

3. 瓦窑组（E_2w）

瓦窑组主要分布在长昌盆地中，属河湖相沉积。岩性为砂岩、含砾砂岩、泥岩等。总厚度334～650 m。

4. 丘糖岭组（E_3N_1q）

丘糖岭组分布于乐东西北面丘糖岭一带，为古近纪河流相砂砾岩沉积。岩性为灰色、黄灰岩石英质细砾岩、砂砾岩、砾岩与石英不等粒砂岩、粗砂岩不等厚互层。平行不整合于早白垩世鹿母湾组之上，未见顶，厚度281 m。

5. 佛罗组（N_1f）

佛罗组隐伏分布于东方、乐东、三亚等地沿海地带。岩性为淡黄绿色砂砾岩与乳白、浅黄色细—粗粒砂岩不等厚互层，上部以蓝灰色砂砾岩与灰白、浅黄绿色砂砾岩互层，间夹浅黄绿色中—粗粒砂岩为主。底部以砾岩与下伏燕山期花岗岩呈不整合接触，顶部以砾岩与上覆望楼港组呈整合接触。厚度小于100 m。

6. 石马村组（N_1sm）

石马村组主要分布在定安居丁，文昌蓬莱、新桥及海口三门坡一带。下部为玻基橄辉岩夹砂砾岩及黏土岩，前者含二辉橄榄岩包体，后者产植物碎片及果子化石；上部橄榄玄武岩与角砾凝灰岩互层，玄武岩柱状节理发育。上覆石门沟村组橄榄玄武岩喷发不整合于玻基橄辉岩之上，底部的玻基橄辉岩则与下伏早白垩世鹿母湾组呈喷发不整合接触。厚度变化较大，蓬莱石马村一带厚72.5 m，居丁厚142.3 m。蓬莱宝石矿床的部分矿体赋存于上述岩石的残坡积层中。

7. 望楼港组（N_2w）

望楼港组隐伏分布于乐东黄流、九所望楼港及三亚等地沿海地带。由北向南碎屑粒度变粗，黄流一带以深灰色黏土为主，含少量粉细砂，中部含少量贝壳。九所望楼港一带，下部为细砂，上部为粉砂质黏土或砂质黏土，含贝壳碎屑，不等厚互层，由下而上叠置呈韵律性沉积特征。至三亚下抱坡村一带，岩性夹有 4 层含砾砂岩。底部与下伏地层佛罗组呈整合接触，顶部与上覆第四纪秀英组含砾亚砂土、含砾杂色黏土质粗砂呈平行不整合接触。厚度 6.95～176.15 m。

8. 石门沟村组（N_2s）

石门沟村组主要分布在海口大坡，文昌蓬莱、南阳及定安永丰一带，为一套陆相基性火山岩和火山碎屑岩。下部火山碎屑岩夹橄榄玄武岩，未见顶。与下伏石马村组呈平行不整合接触。

（三）莺歌海地层分区

岩石地层单位自下而上划分为渐新统陵水组（E_3ls），中新统三亚组（$N_1\hat{s}$）、梅山组（N_1m）和黄流组（N_1hl），以及上新统莺歌海组（N_2y）。

1. 陵水组（E_3ls）

陵水组主要分布在莺歌海盆地。岩性以灰质砂岩、粉砂岩与灰色泥页岩互层，底部发育一套生物碎屑灰岩。是莺歌海盆地的含石油、天然气层位。底部以泥晶灰岩与下伏燕山期花岗岩呈不整合接触，顶部以页岩与上覆地层三亚组砂砾岩呈不整合接触。

2. 三亚组（$N_1\hat{s}$）

三亚组分布于莺歌海盆地，为滨海浅滩相沉积。岩性较粗，以灰白色砂砾岩为主，上部夹杂色泥岩。与下伏陵水组、早白垩世鹿母湾组呈不整合接触，与上覆梅山组呈整合接触。厚度 362 m。

3. 梅山组（N_1m）

梅山组主要分布在莺歌海盆地，为一套陆架浅海相沉积，以砂质灰岩、砂岩夹页岩或大套砂岩与碳酸盐岩为主。底部以白云岩与下伏三亚组呈整合接触，顶部以细砂岩与上覆黄流组呈整合接触。厚度小于 424 m。

4. 黄流组（N_1hl）

黄流组分布在莺歌海盆地，为一套浅海相沉积，岩性为粉砂质白垩与白垩质粉砂岩。底部以泥岩与下伏梅山组石英细砂岩呈整合接触，顶部以白垩质泥岩与上覆莺歌海组呈整合接触。厚度小于 344 m。

5. 莺歌海组（N_2y）

莺歌海组分布在莺歌海盆地，为一套浅海相沉积。以灰色泥岩、粉砂岩及二者之间的过渡岩性为主，与第四纪呈渐变关系。厚度小于 735 m。

五、第四纪阶段

海南省第四纪属于华南地层大区中南—东南地层区，岛内二级地层区划为秀英地层分区、莺歌海盆地地层分区。

（一）秀英地层分区

海南岛是华南地区第四纪发育较为典型的地区之一，其分布受新生界晚期形成的新构造格局的控制，形成的沉积物类型多样。主要分布在琼北、琼南和琼西等断陷区内及沿海地带，地层层序发育较全，自下往上分别为：下更新统秀英组（Qp^1x）、中更新统北海组（Qp^2b）和多文组（Qp^2d）、上更新统八所组（Qp^3bs）和道堂组（Qp^3d），以及全新统石山组（Qh^1s）、万宁组（Qh^1w）、琼山组（Qh^2q）和烟墩组（Qh^3y）。

1. 秀英组（Qp^1x）

秀英组主要在琼北、琼东北隐伏分布，零星出露在海口秀英、澄迈花场和坡尾岭、临高南宝、儋州新盈等地。岩性中上部以灰、青灰色页状黏土层或亚黏土层为主，下部为浅灰色砾石层、砂砾层和砂层。为滨海潮坪环境，底板标高 -20～30 m，地层厚度 5～30 m。顶部与北海组含砾粗砂呈平行不整合接触，局部地带为多文组火山岩覆盖。

2. 北海组（Qp^2b）

北海组主要分布于海口秀英区，分布广泛，岩性上部为橘黄、棕红、褐红色亚黏土及亚砂土、含铁质结核；下部黏质砂、砂砾、砾石层，常含玻璃陨石和铁质结核，砾石成分有石英、脉石英、变质岩、玄武岩（琼北地区）、花岗岩（多见于琼西和琼南）等碎屑。厚度 0～18 m。底部以砂砾层与秀英组的黏土呈平行不整合接触，在琼北顶部为多文组或道堂组覆盖，在琼西覆盖于抱板群或中生代花岗岩及白垩纪之上。

3. 多文组（Qp^2d）

多文组主要分布在王五—文教深大断裂以北地区，为一套火山地层，岩性划分为上、下段，分别代表中更新世多文岭期、东英期形成的一套基性火山熔岩，部分火山口附近见火山碎屑岩（火山集块岩、火山角砾岩、凝灰岩），代表裂隙—中心式喷发的火山岩系。上、下段之间存在喷发间断，表现为二者风化程度及红土化程度存在明显差异。上段风化程度弱，未见红土化现象；下段风化程度强，普遍见红土化现象，红土化层一般厚2～10 m不等。

多文组下段部分火山熔岩及上段火山熔岩喷发不整合于北海组不同层位沉积层之上，而上部为被石山组橄榄辉石玄武岩喷发不整合或被晚更新世八所组所覆盖的一套基性火山熔岩。

4. 八所组（Qp^{3}bs）

八所组主要分布于琼东北、琼西、琼南等沿海地带，海拔标高一般为15～30 m，地貌上表现为Ⅰ级或Ⅱ级海成阶地，是钛铁矿、锆英石砂矿及石英砂矿的主要控矿层位。属于潟湖相沉积。

岩性总体以中细为特征，普遍含有少至微量钛铁矿。下部为灰白色中细砂，中部为褐黄、黄色中细砂，上部为褐灰、褐黑色中细砂，顶部为一层浅灰、灰白色中细砂，厚度5～22 m。底部与北海组棕黄色细砂土及秀英组灰、浅蓝绿色黏土—亚黏土呈平行不整合接触，以及不整合于印支—燕山期花岗岩和志留纪之上。

5. 道堂组（Qp^{3}d）

道堂组分布于海口琼山区道堂—石山一带，属喷发—沉积相。为基性火山熔岩和火山碎屑岩沉积。为一套火山地层，共分为下、中、上段。下段岩性为薄层状玄武质沉岩屑晶屑凝灰岩、沉玻屑晶屑凝灰岩、沉晶屑岩屑凝灰岩及玄武质沉凝灰岩，与下伏多文组呈平行不整合接触，局部为喷发不整合接触。中段岩性为暗灰色气孔状橄榄玄武岩夹橄榄玄武岩或橄榄拉斑玄武岩，与下伏下段呈喷发不整合接触。

6. 石山组（Qh$_1^?$s）

石山组主要分布在王五—文教深大断裂以北地区，属爆发—喷溢亚相，为一套火山地层。岩性组合划分为两段，第一段岩性上部为气孔状橄榄拉斑玄武岩，下部为气孔状橄榄玄武岩、橄榄玄武岩夹橄榄粗玄岩。局部底部为含集块含火山角砾熔渣状橄榄玄武岩，厚度0～74 m，局部的气孔状橄榄玄武岩发育熔岩洞穴、熔岩隧道。与下伏道堂组呈喷发不整合接触。

第二段岩性为熔渣状、浮岩状橄榄玄武岩，局部玄武质浮岩。属火山口相，火山口及火山锥体保存完好。厚度约 18 m。

7. 万宁组（Qh^{1}w）

万宁组主要隐伏分布于琼北、琼西及琼南等沿海一带，属河口三角洲—滨海沉积相。在琼北岩性为下部以细砾石、砂层为主。在琼南岩性为灰白色中粗粒砂层或含砾细砂，砾或砂成分以石英为主。地层厚度变化较大，琼西厚度 6.58 m，琼南万宁保定厚度大于 24.05 m，三亚羊栏厚度 8.88 m，琼北琼山区东营厚度 11 m。与上覆琼山组呈整合接触，在琼北与下伏海口组呈不整合接触，在琼南与下伏莺歌海组呈平行不整合接触。

8. 琼山组（Qh^{2}q）

琼山组主要出露及隐伏分布于海南岛沿海地带。在琼北，该组由含细砾亚黏土、富含有机质黏土与亚黏土、亚黏土与黏土互层夹细砂层等 3 种基本层序组成。与下伏万宁组及上覆烟墩组均呈整合接触。厚度 11.72～17.95 m。在琼西，主要出露于沿海一带，岩性为灰、深灰色黏土、亚黏土夹少量细砂层，局部富含有机质，厚度大于 9.57 m。在琼南，主要隐伏分布于西南及三亚等地沿海地带，由含细砾亚黏土、富含有机质黏土、亚黏土与黏土互层夹细砂层等 3 种基本层序组成，厚度大于 8.22 m。

9. 烟墩组（Qh^{3}y）

烟墩组主要分布于海南岛沿海地带，为滨海沙堤—潟湖系列沉积。岩性主要为灰黄、黄白色粉细砂及细砂、含砾中粗砂、含生物碎屑中粗砂、海滩砂、灰黑色含有机质黏土、淤泥质砂，普遍见贝壳、珊瑚及海滩岩和细砂岩等，细砂岩具斜层理和交错层理。地貌上构成滨海平原的上部，并组成沿海沙堤、沙堤封闭的潟湖以及新海滩岩、连岛沙堤等。整合或平行不整合于琼山组之上，是锆钛矿、金红石及独居石等砂矿的赋矿层位。该组在区域上地层厚度变化较大，海口沿海地带厚度 3 m，文昌烟墩沿海一带厚度 12.4～18.5 m，乐东九所沿海地带厚度大于 4.89 m，三亚沿海地区厚度 1.8～24.3 m。

（二）莺歌海盆地地层分区

莺歌海盆地地层分区资料少，其沉积物未建组，暂不叙述。

表1-1-1　海南省地层区划及其岩石地层单位序列表

第四纪阶段

地质年代		岩石地层						中央海地层大区
纪	世	华南地层大区（中南—东南地层区）						
		南沙群岛地层分区	曾母地层分区	西沙群岛地层分区	莺歌海盆地地层分区	秀英地层分区		
第四纪	全新世	南海组	北康组	西沙洲组	（未建组）	烟墩组		（未建组）
						琼山组		
				石岛组		万宁组	石山组	
	更新世 晚	南沙组				八所组	道堂组	
	更新世 中			琛航组		北海组	多文组	
	更新世 早			永发组		秀英组		

古—新近纪阶段

地质年代		岩石地层							中央海盆地层大区
纪	世	菲律宾地层大区	青藏—南海地层大区						
		南沙地层区	桂粤—南海地层区						
		礼乐滩盆地地层分区	曾母盆地地层分区	西沙地层分区	莺歌海地层分区	长昌地层分区	雷琼地层分区		
							海口地层小区		
新近纪	上新世	永暑组	北康组	永兴组	莺歌海组	望楼港组	石门沟村组	海口组	
	中新世 晚		南康组		黄流组	佛罗组	石马村组	灯楼角组	（未建组）
	中新世 中	南湾组	海宁组	宣德组	梅山组			长坡组／角尾组	
	中新世 早		曾母组	西沙组	三亚组	丘糖岭组		长坡组／下洋组	
古近纪	渐新世	忠孝组			陵水组			润洲组	
	始新世	阳明组	拉让群		不详	瓦窑组		流沙港组	
						长昌组			
	古新世	宝滩组				昌头组		长流组	

续表

侏罗纪—白垩纪阶段

地质年代		岩石地层				
纪	世	西北—华南地层大区		菲律宾—南沙群岛地层大区		
		东南地层区		南沙群岛地层区		
		海南地层分区		礼乐滩—北巴拉望地层分区	曾母—万安地层分区	
白垩纪	晚世	报万组		（未建组）	丹脑组	
	早世	岭壳村组　汤他大岭组　六罗村组	鹿母湾组			
侏罗纪						

新元古代—三叠纪阶段

纪	世	印支—南海地层大区		羌塘—扬子—华南地层大区
		三亚地层区	南海地层区	华南地层区
				五指山地层分区
三叠纪	晚世		（未建组）	
	中世		利米内康组	
	早世			岭文组
二叠纪	晚世		（未建组）	南龙组
	中世			鹅顶组
	早世			峨查组
石炭纪	晚世			青天峡组
	早世			南好组
泥盆纪				
志留纪	普里道利世			
	罗德克世			
	温洛克世			
	兰多维列世			足赛岭组
				靠亲山组
				大干村组
				空列村组
				陀烈组

续表

<table>
<tr><th colspan="8">新元古代—三叠纪阶段</th></tr>
<tr><th rowspan="3">纪</th><th rowspan="3">世</th><th colspan="4">印支—南海地层大区</th><th colspan="2">羌塘—扬子—华南地层大区</th></tr>
<tr><th colspan="3">三亚地层区</th><th>南海地层区</th><th colspan="2">华南地层区</th></tr>
<tr><th colspan="3"></th><th></th><th colspan="2">五指山地层分区</th></tr>
<tr><td rowspan="6">奥陶纪</td><td rowspan="3">晚世</td><td colspan="4">干沟村组</td><td colspan="2" rowspan="6">南碧沟组</td></tr>
<tr><td colspan="4">尖岭组</td></tr>
<tr><td colspan="4">榆红组</td></tr>
<tr><td colspan="4">沙塘组</td></tr>
<tr><td>中世</td><td colspan="4">牙花组</td></tr>
<tr><td>早世</td><td colspan="4">大葵组</td></tr>
<tr><td rowspan="4">寒武纪</td><td>芙蓉世</td><td colspan="4" style="border-bottom:dashed"></td><td colspan="2">?</td></tr>
<tr><td>武陵世</td><td colspan="4" rowspan="2">大茅组</td><td colspan="2"></td></tr>
<tr><td>黔东世</td><td colspan="2"></td></tr>
<tr><td>滇东世</td><td colspan="4">孟月岭组</td><td colspan="2">美子林组</td></tr>
<tr><td>震旦纪</td><td></td><td colspan="4" rowspan="3"></td><td colspan="2" rowspan="2">石灰顶组</td></tr>
<tr><td>南华纪</td><td></td></tr>
<tr><td>青白口纪</td><td></td><td colspan="2">石碌群</td></tr>
<tr><th colspan="8">中元古代阶段</th></tr>
<tr><th>纪</th><th>世</th><th colspan="6">海南地层区</th></tr>
<tr><td>待建纪</td><td></td><td colspan="6"></td></tr>
<tr><td>蓟县纪</td><td></td><td colspan="6">峨文岭组</td></tr>
<tr><td>长城纪</td><td></td><td colspan="6">戈枕村组</td></tr>
</table>

注:

①虚线:平行不整合。

②波浪线:角度不整合。

③实线:整合。

第二节　构　造

海南岛是我国东南陆缘海域中第二大岛屿，以琼州海峡与华南大陆相连。在大地构造位置上，位于太平洋板块、印度—澳大利亚板块结合部位，受太平洋构造和特提斯构造域两大地球动力学系统明显控制。以南部九所—陵水断裂为界，海南岛划分为属于华南褶皱系的五指山褶皱带和属于南海地台的岛南微板块。

海南岛经历了多阶段多旋回的地质演化发展过程，地质构造复杂。总体上经历了中元古代结晶基底和新元古代褶皱基底形成、古生代—早中生代（三叠纪）特提斯域演化、晚中生代侏罗纪—白垩纪滨太平洋大陆边缘活动带和新生代南海北缘裂陷等阶段。结合地层区划划分方案，按中元古代、晚元古代—三叠纪、侏罗纪—白垩纪、新生代（古近纪—第四纪）划分为4个阶段（见表1-2-1）。

表1-2-1　海南省大地构造单元划分表

阶　段	Ⅰ级	Ⅱ级	Ⅲ级
中元古代	华夏古陆	海南造山带	
晚元古代—三叠纪	羌塘—扬子—华南板块	华南晚元古—古生代造山带	五指山造山带
	印支—南海块体	三亚地体	
		印支地块	
		南海地块	
侏罗纪—白垩纪	中国东部中生代上叠盆地	华南上叠盆地带	海南断陷盆地
	菲律宾—南沙群岛裂陷	南沙裂陷盆地	礼乐滩—北巴拉望陷盆地
			曾母—万安裂陷盆地
		菲律宾裂陷盆地	

续表

阶　段	Ⅰ级	Ⅱ级	Ⅲ级
新生代（古近纪—第四纪）	东亚大陆边缘	华南大陆边缘	雷琼裂谷
			海南地块
			莺歌海裂陷盆地
			西沙—中沙地块
	中央海盆裂谷		
	菲律宾大陆边缘	南沙—曾母块体	南沙地块
			曾母地块
		加里曼丹块体	

各阶段经历不同的地质构造事件，主要经历了褶皱、断裂构造运动等。褶皱构造主要发生在前3个阶段，断裂构造各期均有发生。

一、褶皱构造

（一）中元古代褶皱

海南岛中元古代岩石地层单位主要包括长城纪戈枕村组、长城纪—蓟县纪峨文岭组，由高角闪岩相、低角闪岩相的区域变质岩组成，是海南岛最古老的岩石。该时期岩石发生了区域变质和变形，并见约14亿年的同造山期花岗岩分布。其最显著的特点是广泛发育各种小褶皱构造。主要有屯昌县中建北东向蒙花岭—白银坡褶皱带、东方市不磨—二甲褶皱、乐东黎族自治县红五近南北向亚南甫背斜。

1. 蒙花岭—白银坡褶皱带

该褶皱带分布于屯昌县中建蒙花岭—白银坡一带，长 3.2～6.5 km，宽达12 km，轴迹走向北东，南西端扬起，而北东端倾伏。褶皱带表现为峨文岭组和戈枕村组多次交替重复出现，形成一系列倒转型和对称型小褶皱。受后期花岗岩侵蚀和断裂作用的影响，地层产状凌乱，褶皱残缺不全，难以恢复早期褶皱形态，但褶皱带整体具有北东走向的格局。

2. 不磨—二甲褶皱带

该褶皱带分布于东方市不磨—二甲村一带，发育于中元古代戈枕村组和峨文岭组中，由多个不规则状背、向斜组成。由于受到后期花岗岩的侵蚀破坏，褶皱出露不完整。长约45 km，影响宽度约达20 km，总体走向北东，沿走向呈蛇形弯曲。初步认为属于与戈枕韧性剪切带相伴随生成的剪切褶皱带。

3. 亚南甫背斜

亚南甫背斜分布于乐东黎族自治县红五冲卒岭西南的亚南甫一带，轴向近南北，轴长约2.5 km，宽约5.1 km。核部为长城系戈枕村组黑云斜长片麻岩和条带状混合岩，两翼依次为峨文岭组云母石英片岩、含石墨长英片岩、二云母石英片岩、白粒岩等。为向南扬起、向北倾伏的倾伏背斜。

总体而言，该褶皱最早期构造变形，戈枕村组和峨文岭组除了皆形成新生面理外，戈枕村组变形基本上以线理构造最发育为特征，而峨文岭组则以褶皱变形最具特色。

（二）晚元古代—三叠纪褶皱

该褶皱包括青白口系—三叠系。上元古界—古生界岩石普遍发生了区域变质作用的改造。主要有石碌褶皱、陀类—布温褶皱带等。

1. 石碌褶皱

石碌褶皱包括青白口系石碌群和震旦系石灰顶组，以石碌群为代表。根据构成褶皱变形性质和叠加形成先后次序，石碌群地层中分3期褶皱。

第一期褶皱（B_1）：仅局限于露头尺度和显微尺度，在第五层中尤为发育。B_1褶皱反映了伸展体制下顺层构造滑动的一般特点。

第二期褶皱（B_2，f_{44}-f_{51}）：石碌群和上覆石灰顶组组成的最主要褶皱变形，自北而南的北一向斜、红房山背斜和石灰顶向斜组合而成的轴迹呈北西西—近东西向展布，西端翘起并收敛、东端倾没并撒开的石碌复向斜构造是其代表。结合构造解析，证实原巨厚的第一层实际是由3个倒转背斜（形）和2个倒转向斜（形）组成的褶叠体，并成为石碌复向斜构造的重要组成部分（图1-2-1）。

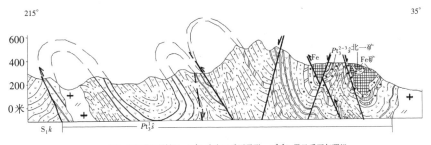

S_1k：志留系空列村组　　$Pt_3^1\check{s}$：青白口系石碌群　　$Pt_3^{2-3}\check{s}$：震旦系石灰顶组

图1-2-1　石碌复向斜构造剖面图

第三期褶皱（B₃）：褶皱轴迹呈北东—北北东向，褶皱高角度横跨于早期北西西—近东西向褶皱之上，有人称这种叠加褶皱为 W 型褶皱。这种北东—北北东向褶皱一般分布在戈枕韧性剪切带和石碌水库韧性剪切带附近，因此，推测其成因可能与这两条主干剪切带的形成有关。

2. 陀类—布温褶皱带

该褶皱带地层为下古生界志留系陀烈组，分布于东方市天安、光益村—娜姆河—国界村一带，长约 20 km，宽 1 km。主要由陀烈复向斜和村头岭倒转背斜所组成，总体走向近东西，北翼岩层产状较陡，倾角 30°～51°，南翼岩层产状略缓，倾角在 25°～31°。向斜紧闭斜歪型，背斜向北倒转，总的形态为较紧密型褶皱带特征。因受后期戈枕韧性剪切带活动的影响，褶皱带西段走向向北偏转，形成向南突出的弧形。

3. 南好褶皱带

该褶皱带地层为志留系和早石炭系，分布于保亭南好一带，长约 30 km，宽近 10 km。由大致平行的鹅格岭倒转向斜、那通岭倒转背斜、振海山倒转背斜、什芤—情安岭倒转向斜等组成。总体呈北东向，北东段轴向往东偏呈北 50°～东 60°，南西段轴向往南偏，呈现出一略向西突出的弧形。褶皱带地层均倾向北西，正常翼地层倾角较缓，一般为 30°～40°，倒转翼倾角较陡，为 60°～70°，具紧密线状褶皱特点。整个褶皱带被华力西、印支期的岩体包围，带内又为一系列北北东向断裂和燕山脉岩所穿插，使其变得支离破碎。

4. 王下复式向斜

该向斜地层主要为二叠系峨查组和鹅顶组。位于昌江王下皇帝洞、东方俄贤岭一带，走向近东西向，北翼产状 170°～180°∠60°～80°，南翼产状 0°～30°∠20°～30°，北翼靠近花岗岩而发生角岩化。属于不对称褶皱。

（三）侏罗纪—白垩纪褶皱

侏罗纪—白垩纪褶皱包括燕山期—喜山期的沉积。燕山旋回—喜山旋回岩石未经历区域变质作用，岩石的原生结构构造仍保留完好，仅白垩系岩石局部受岩浆活动影响，在与侵入岩接触部位发育小型褶皱变形。白垩系中的褶皱主要有北东向石头岭向斜、青龙坡向斜和近南北向松涛向斜等。

1. 石头岭向斜

该向斜地层主要为白垩统鹿母湾组，位于琼中阳江盆地石头岭一带。北东端为第四系覆盖，长约 8 km，波及宽度约 5 km，轴向 50°～60°，略呈波状弯曲。其东段两翼产状较陡，北西翼25°左右，南东翼55°；西段产状较平缓，北西翼10°～17°，南东翼10°～25°，为北西缓南东陡的不对称褶皱，轴面略向南东倾斜。

2. 青龙坡向斜

该向斜地层主要为白垩统鹿母湾组，两端与北东向大岭断层斜接，延伸长度5.5 km，宽仅1 km，枢纽走向约50°，略呈弯曲状。北西翼产状倾向南东，倾角20°～40°；南东翼倾向北西，倾角35°。轴面产状近直立，为一直立开阔褶皱。

3. 松涛向斜

该向斜分布于松涛水库一带。由于受到北西向断裂左旋活动的影响，白垩系局部发育一轴向近南北向的向斜构造。向斜长约8 km，宽约4 km，轴向近南北向，轴面近直立，两翼产状均较平缓，倾角约为15°，属于平缓开阔型向斜构造。

二、断裂构造

海南岛大地构造位置十分独特，在漫长的地质历史发展过程中经历了多期次的构造运动，并形成了东西向、北西向和南北向等主要断裂构造体系相互交织的复合构造格局。

（一）东西向断裂

1. 王五—文教断裂带

王五—文教断裂带位于海南岛北部，是新生代海南隆起与雷琼裂陷的分野性断裂带。展布在19°45′N左右，横跨儋州、澄迈、定安、文昌等地区，东西两端延伸入海，陆上延伸约210 km。其构造形迹除了在铜鼓岭北面宝陵港见及外，其余地区地表未见出露，呈隐伏状产出，为物探推测构造带。

沿构造带发育多个东西向的新生代凹陷盆地，反映了盆地的形成受它的制约，自西往东、自南往北，盆地的下拗幅度逐渐增大，在长坡盆地、福山—多文盆地和海口盆地下，盆地内接受了新生代以来的沉积。

构造带控制了琼北新生代多期次的火山喷发或喷溢作用，形成大面积东西向展布的玄武岩被。

沿构造带地震活动比较强烈。据1463—1834年的不完全统计，琼山、定安、澄迈、文昌等地发生过37次地震，其中破坏性地震5次。1970年临高县附近海域发生的1.8级弱震也与该构造带有关。

2. 昌江—琼海断裂带

昌江—琼海断裂带位于19°15′N～19°20′N，横贯昌江、东方、白沙、琼中、屯昌和琼海等县市，东西长约200 km，由一系列东西向断裂带组成。受后期构造作用和岩浆侵入活动的改造，构造带呈断续状分布。

沿断裂带分布有大量近东西向的燕山期花岗岩，组成一条近东西向展布的花岗岩穹窿。此外，沿断裂带还见幔源玄武岩浆分异的华力西期闪长岩体出露。

断裂带展布区，尤其是断裂带中段，东西向断裂十分发育，断裂带中挤压破碎现象非常强烈，常见构造透镜体发育，具有压性断裂特征。

昌江—琼海断裂带可能形成于燕山期，表现为压性特征，导致强烈岩浆侵入活动，最终形成巨大的东西向花岗岩穹窿。

3. 尖峰—吊罗断裂带

尖峰—吊罗断裂带位于18°40′N～18°52′N，横贯乐东、保亭、陵水和万宁等县市，东西长约190 km，两端延伸入海。构造带内各种压性或压扭性构造形迹十分发育。

断裂带中分布有大量燕山期花岗岩，组成一条巨大的东西向花岗岩穹窿构造带，岩体多呈东西向分布于断裂带中。尖峰—吊罗断裂带在燕山期都发生过强烈的活动，控制了同期岩体的侵位。

4. 九所—陵水断裂带

九所—陵水断裂带位于18°25′N～18°35′N，断裂带横贯乐东、三亚和陵水等县市，由多组断裂组成，东西总长100多 km。构造带建立的依据主要有重磁异常、古地磁和近东西向的构造行迹。

（二）北西向断裂

北西向断裂带是海南岛分布范围最广、最醒目的构造形迹，有儋州—万宁断裂带、龙波—翰林断裂带和千家—三亚断裂带等。

1. 儋州—万宁断裂带

该断裂带分布于儋州—万宁一带，由一组断续展布的平行状断裂组成，单断裂长5～30 km，宽一般10 m，局部可达上百米。断裂带主要发育在华力西—印支期和燕山期岩体中，局部控制了白垩纪红盆的边界。

在儋州兰洋一带，破碎带由构造角砾岩带、石英脉带和花岗斑岩脉带组成，受后期活动影响，角砾岩带再次发生破碎，见一组北西向石英脉充填，并左行切错北东向石英脉，错距近百米。

在琼中腰子镇—加鲜村一带，构造破碎带由构造角砾岩、碎斑岩、碎粒岩、糜棱岩化花岗岩、硅化岩等组成，左行切错近南北向断裂。

在琼中牛仔岭—中平镇一带，构造岩石主要为构造角砾岩、碎裂花岗岩、硅化碎裂岩、硅化碎粒岩、糜棱岩化碎裂花岗岩、硅化岩、构造片岩、糜棱岩等，并被花岗斑岩脉、石英脉、闪长岩脉充填。该断裂在逆冲活动的同时具有右行平移的活动特点。

该断裂带至少经历了两期活动，早期为左旋压扭性，晚期为右旋压扭性，且近期依然发生过活动，控制了温泉的出露，水温高达90℃，沿断裂延续延伸几千米。

2. 龙波—翰林断裂带

该断裂带分布于临高龙波至琼海翰林一带，呈断续状展布，由一系列北西走向的平行状断裂组成，走向280°～335°，倾向10°～65°，倾角40°～60°。单断裂长1～27 km，宽度变化较大，一般2～10 m，最宽有几百米。发育在古生界、白垩系和华力西—印支期、燕山期花岗岩中，龙波和翰林镇一带被第四系掩盖。

在南蛇岭、银瓶岭等地，破碎带宽达130 m，岩石以脆性破碎为特色，形成碎裂花岗岩和构造角砾岩。断裂带中石英脉成群成带发育，呈左行尖灭再现排列，组成北西向突出的山脊。沿断裂带见多个温泉点出露，在石英脉群展布地段，还有金、银和铅锌矿化，是一条控制多金属矿化的断裂带。

在琼海官塘一带，破碎带由北西向的石英脉带组成，脉体后期破碎，形成硅化破碎带或构造角砾岩带，并控制了官塘温泉的出露。

3. 千家—三亚断裂带

该断裂带分布于乐东千家—三亚一带，影响长度约59 km。切割的最新地质体为早白垩世岩体，属于燕山期生成的左旋压扭性断裂。

在陵水高峰一带，构造岩石为构造角砾岩和糜棱岩化、碎裂岩化岩石，并见硅化石英脉、煌斑岩脉、闪长斑岩脉等充填。沿裂隙有多处泉水和温泉出露。

（三）南北向断裂

南北向断裂带主要集中分布在昌江、儋州和屯昌等地区，构造形迹断续分布，单断裂长度一般较短，且以韧脆性变形为主。

1. 红地岭—天安断裂带

该断裂带断断续续分布在儋州红地岭—东方天安乡一带，走向近南北向，全长约48 km，切割奥陶系、志留系及华力西—印支期花岗岩体，其生成时代可能为燕山期，具有压扭性特征。

在红地岭一带，断裂总体走向近南北向，破碎带宽20～50 m，构造岩石为构造角砾岩，角砾岩成分为石英岩，胶结物为硅质，局部地段岩石见糜棱岩化现象。

在天安乡一带，断裂总体走向南北，呈波状延伸，破碎带宽1～6 m，构造带内岩石主要是构造角砾岩，局部有闪长岩脉、石英脉充填，胶结物为糜棱质及硅质。

2. 芙蓉田—王下构造带

该构造带展布于芙蓉田—王下一带，由一组平行状展布的近南北向断裂组成，走向5°～15°，单断裂长6～19 km，宽5～50 m。属印支晚期—燕山晚期构造带。

在石碌一带，断裂总体走向5°～10°，破碎带宽5～20 m，构造岩石有碎裂岩、角砾岩，片理和大小构造透镜体具定向排列，具有压扭性质。

在石碌水库坝下石碌河谷中，断层带内岩石成分混杂，由石碌花岗岩、鹅顶组灰岩以及酸性、基性脉等不同成分岩石破碎混杂而成，并控制了邦溪温泉的出露，也是一条尚在活动的断裂。

在燕窝岭一带，断裂带构造岩石为碎裂岩系列，中心为硅化石英岩，并见闪长岩脉和石英脉充填。断裂切割二叠系和印支早期花岗岩体。

坝王岭一带断裂带，长约15 km，宽40～50 m。破碎带岩石由硅化石英岩、硅化碎裂花岗岩、构造角砾岩等组成。断裂切割印支早期花岗岩体。力学性质可能为张扭性。

3. 五指山断裂带

该断裂带分布于五指山东西两侧，总长约58 km。由牛奶场断裂、南流断裂、什万章断裂组成。根据其切割的最新地质体为白垩纪岩体，认为其生成时代为燕山期。

三、 新构造运动

在喜马拉雅运动的作用下，海南岛新近纪以来的构造运动称为新构造运动。新构造运动活跃且频繁，表现样式多样。在地壳间歇性上升的背景下，发生了强烈的断裂活动，在琼北形成了火山岩台地和火山锥地貌，以及沿海岸带的海积地貌与河流两岸的河积地貌景观。受东西向王五—文教断裂控制，断裂带南北两侧新构造运动的表现形式不同：北面琼北断陷区表现为地震活动和剧烈的火山喷发，形成东西向展布的玄武岩被；南面五指山隆起区则主要表现为地热活动，见多处温泉出露。新构造运动迹象主要有地壳升降运动、断裂活动、地震活动、火山活动、地热活动等。

（一）地壳升降运动

地壳升降运动总体具有间歇性上升运动的特征，导致新近系与第四系间以及第四系内部存在多个平行不整合接触。新近系与第四系间的平行不整合面是一次重要的地质事件，新近系除了局部见到火山岩出露地表外，大部分被第四系超覆而呈隐伏状产出，反映了在新近系—第四系早期，地壳的沉降幅度和海侵规模最大。

阶地是地壳升降运动的一种表现形式，海南岛可见海积阶地与河积阶地发育。海积阶地分布于沿海一带。地壳差异升降运动导致沿海地带出现海成一级阶地。

河成阶地见河流两侧，地貌上为河成一级阶地、二级阶地。昌化江流经单一的花岗岩地区，出现二级跌水，第一级跌差25 m，第二级跌差15 m，在200 m范围内总跌差为40 m。

在灰岩出露地区发育两层水平溶洞。滨海地区分布有海蚀岩，峨蔓一带的海滩岩现已被抬升到2.5～6.3 m的海拔高度。在同样高度的花岗岩岩体上见大量海蚀穴、海蚀龛、海蚀槽等海蚀地貌。这些都是地壳升降运动表现出来的地貌特征，是形成各类地质遗迹景观的地质因素。

（二）断裂活动

海南岛第四纪以来的断裂活动主要发育在琼北地区，其他地区的断裂活动主要表现为老断裂的继承性活动。断裂活动，尤其是老断裂的继承性活动，直接控制了地震活动、火山喷发和地热活动的发生。琼北地区的断裂活动主要有王五—文教断裂带的再次活动以及北西向、北东向断裂活动。

1. 王五—文教断裂带

该断裂带走向近东西向，控制了琼北断陷盆地的南界和琼北新生代多期次的火山喷发活动。断裂带以北接受了厚度300～3000 m的新生代沉积，并形成了东西向展布的玄武岩被，是1605年琼北大地震的主要控震断裂。

2. 公堂断裂

该断裂位于儋州三都公堂—峨蔓一带，见有火山口分布，控制了更新世火山岩的喷发和喷溢。受该断裂作用，公堂岭北面海岸中新近纪海口组由于抬升而直接出露。

3. 颜春岭—道崖断裂

该断裂走向大致320°，为花场隆起和白莲凹陷的分界断裂，在更新世发生过多次活动，沿断裂有一系列火山口呈线状分布。

4. 琼华—莲塘村断裂

该断裂走向大致330°，在地貌上，永庄水库走向与断裂一致。控制第四系多次火山喷发，沿断裂见线状火山口分布。

5. 南渡江断裂

该断裂走向近南北向，控制了河流阶地的形成和上更新统道堂组火山岩第三段的分布。

（三）地震活动

海南岛邻近著名的环太平洋地震带，是地震活动相对活跃的地区。据1463—1834年的不完全统计，琼山、定安、澄迈、文昌等地区发生过37次有感地震，5级以上的地震有7次，多集中在海口至文昌一带，呈近东西向分布。1605年琼北大地震，是海南岛有记载以来震级最大的地震，震中位于东部塔市附近，发震断裂主要是近东西向的光村—铺前断裂，其次是北西向断裂，两断裂的交汇处即震中。1988年的文昌潭牛镇附近的2.5级有感地震，其震中位于北西向铺前断裂和东西向王五—文教构造带的交汇处。由此表明，区内地震活动与东西向和北西向断裂有关。海南岛的地震烈度具有北高南低的特点，南部地震烈度为Ⅵ级或Ⅵ级以下，地震活动不活跃；北部地震烈度为Ⅶ、Ⅷ级，尚处于地震活动的活跃时期。

从海南岛的历史地震震中分布图可以看出，其历史地震震中的空间分布表现为北强南弱，琼北凹陷区历史地震和有感地震相对密集，岛内所有历史强震几乎都发生于琼北凹陷内，而现代地震活动则主要集中于琼南及其邻海一带。

（四）火山活动

火山活动发育在王五—文教断裂带以北，活动频繁，具有多期次喷发的特点。就其分布规模大小而论，从早到晚，火山活动呈现出弱—强—弱，并趋于衰竭的特点。最早的火山喷发活动发生在中新世—上新世，形成了呈半环状分布的石门沟村组、石马村组火山岩。上新世火山活动减弱，以夹层状产于海口组中。中、晚更新世火山喷发活动达到高峰，呈中心式群体喷发，形成了多文组、道堂组大面积东西向展布的玄武岩被，火山口呈北西向排列，反映了在东西向构造控制背景下，沿北西向断裂喷发的活动特征。全新世的火山活动具有局部性，仅发生于峨蔓、石山一带，呈中心式群体喷发，其火山口排列方向亦为北西向，明显受北西向断裂的制约。

（五）地热活动

地热活动的直接表现形式是发育温泉。海南岛的温泉众多，分布范围广，儋州蓝洋农场、琼海官塘、白沙邦溪—光雅、东方新街—大田、昌江七差、三亚南田农场、陵水南平农场—英州和万宁兴隆农场等地均见有温泉出露，其中，儋州蓝洋温泉、琼海官塘温泉、万宁兴隆温泉及三亚南田温泉等已成为旅游胜地。

蓝洋温泉发育在印支期花岗岩与石炭系接触部位，流量大、水温高、延伸远，沿北西向断裂呈线状延续延伸达3 km多，水温在80℃以上，流量3.92升/秒，与区域性北西向儋州—万宁断裂带有关。

兴隆温泉发育在印支期花岗岩与燕山期花岗岩接触部位，有10多个泉眼，水温常年保持在60℃以上。与东西向九所—陵水断裂带或北东向断裂带有关。

官塘温泉发育在燕山期花岗岩与白垩系的接触部位，水温48℃～58℃，流量0.3～3.31升/秒，与北东向文塘断层有关。

此外，海口地区存在的中、低温热水层，因其地温梯度小，为3.58℃/100 m～4.89℃/100 m，接近正常的地温梯度，认为是在比较正常的地热增温情况下形成，地热来源推测与活动断裂有关——与火山喷发残留的余热有关。

由此表明，海南岛尚处于断裂活动和地热活动非常活跃时期。

第三节 侵入岩

海南岛面积3.39万km²，侵入岩出露总面积1.66万km²，侵入岩出露面积约占海南岛面积的48.97%，分别归属于早晋宁期、华力西—印支期和燕山期3个构造岩浆旋回。最早的中元古代侵入岩出露面积0.0156万km²，仅占海南岛侵入岩总面积的1%。绝大部分侵入岩形成于华力西—印支期和燕山期（二叠纪、三叠纪），其中华力西—印支期出露面积1.21万km²，约占海南岛侵入岩总面积的73%；燕山期（侏罗纪、白垩纪）出露面积0.44万km²，约占海南岛侵入岩总面积的26%。

一、元古代侵入岩

元古代侵入岩主要分布于海南岛西部公爱农场、乐东冲坡镇及琼中长征地区，分别有中元古代戈枕片麻状花岗闪长岩、亚炮片麻状二长花岗岩和新元古代公庙斜长角闪岩等，出露总面积约155.86 km²。

（一）中元古代戈枕片麻状花岗闪长岩

该岩体主要分布于海南岛西部抱板镇—戈枕村一带，侵入体总面积约20.37 km²。同位素年龄约1440.87 Ma。岩石普遍遭受不同程度的变质作用和构造改造，变形作用强烈，普遍发育强韧性变形，显片麻状构造。主体岩性为浅灰色中细粒片麻状黑云母花岗闪长岩，矿物组成为斜长石、石英、钾长石、黑云母。戈枕侵入体为同构造花岗岩并遭受了后期变质变形改造。

（二）中元古代亚炮片麻状二长花岗岩

该岩体主要出露于海南岛西南部亚炮村—老烈村及乐东冲卒岭地区亚南甫沟一带，侵入体形态呈不规则状，出露总面积约133.1 km²。由于后期构造影响和改造，变形作用强烈，岩石中普遍发育片麻理构造，矿物定向排列，片麻理由长英质矿物及暗色矿物呈条带状定向分布组成。同位素年龄1456.8±84/66 Ma。侵入时代为中元古代（戈枕片麻状花岗闪长岩之后）。

主体岩性为片麻状（中）细粒黑云母二长花岗岩，部分地段有正长花岗岩，浅灰色，显片麻状构造，糜棱岩化变晶结构。矿物组成为斜长石、石英、钾长石、黑云母。具有造山花岗岩的特点。

（三） 新元古代公庙斜长角闪岩

新元古代青白口纪斜长角闪岩主要分布在琼中上安、东方二甲和抱板、乐东峨文岭及屯昌中建农场公庙一带的中元古界中，并见侵入抱板群戈枕村组，出露总面积约2.39 km²，同位素年龄955±54 Ma。

岩石类型主要为斜长角闪（片）岩。岩石呈绿色—深绿色，粒状、柱状变晶结构，以块状构造为主，部分具片麻状构造或不明显定向构造。主要造岩矿物为普通角闪石、斜长石、石英、钾长石和黑云母。

二、 二叠纪侵入岩

海南岛二叠纪侵入岩较发育，出露总面积约0.63万 km²，约占海南岛侵入岩总面积的38%。根据侵入时代，划分为早二叠世、中二叠世、晚二叠世3个阶段。

（一）早二叠世侵入岩

早二叠世侵入岩按序列划分为大仍村序列、育才序列、新风岭中细粒含电气石黑云正长花岗岩、顺作弱片麻状细中粒含斑石榴石黑云花岗岩、五指山序列、石碌中粗粒巨斑状黑云母二长花岗岩。以下主要介绍出露面积较大的大仍村序列、育才序列、五指山序列、石碌中粗粒巨斑状黑云母二长花岗岩。

1. 大仍村序列

早二叠世大乃村序列主要分布于海南岛西部昌江黎族自治县、邦溪至七坊、兰洋—芙蓉田—霸王岭、尖峰岭一带，出露总面积159.31 km²。岩石同位素年龄在293～274 Ma。主体岩性为中细粒角闪辉长岩、闪长岩—石英闪长岩、石英辉长岩。辉长结构或含长结构，局部为反应边结构、交代结构。矿物组合主要为普通角闪石、单斜辉石、黑云母、中酸性斜长石、石英。

2. 育才序列

早二叠世育才序列主要出露于乐东黎族自治县大安水库—毛阳—长征农场一带，总面积约391.66 km²。岩石同位素年龄在253～2874 Ma。主体岩性为中粒斑状角闪黑云二长花岗岩、巨斑状黑云母二长花岗岩、细粒含斑黑云（二云）二长花岗岩。岩石具较强的叶理构造，细中粒似斑状花岗结构。主要矿物组成为石英、斜长石、微斜条纹长石、黑云母、角闪石、单斜辉石等。

3. 五指山序列

早二叠世五指山序列分布于五指山东、西两侧山脚以及通什—水满乡—行干—长征农场一带，出露总面积约 41.91 km²。岩石同位素年龄为 272±7 Ma。主体岩性为麻状细粒黑云角闪二长岩、石英闪长岩、石英二长闪长岩、石英二长岩。矿物组成为斜长石、微斜长石、石英、普通角闪石、黑云母、普通辉石。

4. 石碌中粗粒巨斑状黑云母二长花岗岩

该岩体主要分布于昌江黎族自治县石碌镇一带，总面积约 140.39 km²。岩石同位素年龄在 274±6.5 Ma。岩石类型主要为中粒、中粗粒巨斑状黑云母二长花岗岩。中粒、中粗粒似斑状结构，片麻状构造。矿物组成为钾长石、斜长石、石英、黑云母。

（二）中二叠世侵入岩

中二叠世侵入岩主要分布于东方市、昌江黎族自治县、五指山市及万宁市乐来一带，总面积 3871.96 km²。从早到晚由山牛塘细粒闪长岩、通什中粒巨斑状角闪黑云母二长花岗岩、乌兰盖中粗粒含斑黑云二长花岗岩、大坡中粒斑状黑云二长花岗岩、长塘岭中细粒斑状黑云母二长花岗岩和火岭中细粒黑云母正长花岗岩等 6 个岩体单位组成，岩石成因属壳幔混合型。以下主要介绍出露面积较大的岩体。

1. 通什中粒巨斑状角闪黑云母二长花岗岩

该岩体分布于五指山、昌江一带，出露面积约 2291.63 km²。通什二长花岗岩分布面积大，岛内多处可见其被后期岩体如中二叠世长塘岭二长花岗岩、早三叠世番阳峒正长花岗岩侵入。岩石同位素年龄在 263～248 Ma。主体岩石类型为中粒巨斑状角闪黑云母二长花岗岩，局部见花岗闪长岩或正长花岗岩，似斑状结构，基质以中粒花岗结构为主，局部为中细粒、细中粒或粗中粒结构，普遍具弱—中等的叶理构造。矿物成分主要为角闪石、黑云母、斜长石及少量钾长石、石英。

2. 大坡中粒斑状黑云二长花岗岩

该岩体分布在昌江大坡镇及其附近，面积约 268.69 km²。主要由大坡、青坎、马老山等侵入体组成，大坡侵入体南部侵入石碌黑云母二长花岗岩，北部侵入邦溪角闪黑云二长花岗岩。大坡二长花岗岩石同位素年龄为250.9±15.7 Ma。岩石类型主要为中粒、中细粒似斑状黑云母二长花岗岩。深灰色或灰白色，似斑状结构，定向构造比较明显。主要矿物由斜长石、微斜长石、石英、黑云母组成。

3. 长塘岭中细粒斑状黑云母二长花岗岩

该岩体分布在海南岛西部昌江及五指山一带，面积758.43 km²。由长塘岭、打金老村、欧弄岭、大叶岭、福来村、可任、中林岭、东坪、罗万村、便文村等侵入体组成，侵入通什巨斑状角闪黑云母二长花岗岩。岩石同位素年龄为274±5 Ma。主体岩性为中细粒含斑黑云母二长花岗岩，局部为正长花岗岩。似斑状结构，块状构造，弱叶理构造。矿物成分主要为斑晶钾长石、石英、斜长石、钾长石、黑云母。

4. 火岭中细粒黑云母正长花岗岩

该岩体由火岭、马夹石、孟果、可保岭、毛头岭、头乐岭、七指岭、罗眉村、上溪村、南嘻村侵入体构成，出露总面积约459.95 km²。空间分布上与通什二长花岗岩、长塘岭二长花岗岩相互依存，并侵入通什二长花岗岩和长塘岭二长花岗岩。岩石同位素年龄为251.7±18.2 Ma。主体岩性为中细粒黑云母正长花岗岩，局部为二长花岗岩或碱长花岗岩。弱叶理构造，以细粒花岗结构为主，局部为中细粒或细中粒花岗结构。矿物组成为石英、斜长石、钾长石、黑云母等。

（三）晚二叠世侵入岩

1. 道票岭序列

晚二叠世道票岭序列分布于那抗—保国农场—道票岭及大炮—洋老一带，面积约118.01 km²。由保国细中粒—中粗粒斑状角闪黑云母二长花岗岩和那佩中粗粒斑状黑云母二长花岗岩构成，两者的接触关系未见及。岩石同位素年龄为259.5±3 Ma。主体岩性细中粒斑状角闪黑云二长花岗岩、中粗粒斑状黑云母二长花岗岩。一般为块状构造，局部显示定向构造，似斑状结构。矿物组成为石英、斜长石、微斜条纹长石、黑云母、角闪石。

2. 禄马序列

晚二叠世禄马序列分布于万宁南桥—六连岭一带，总面积约193.39 km²，由东岭中细粒（含斑）角闪黑云母花岗闪长岩及少量白茶细粒黑云母二长花岗岩2个岩石单位构成。白茶二长花岗岩脉动侵入东岭花岗闪长岩，被该序列岩石侵入的最新地层为下石炭统南好组，侵入的最新岩体为中林岭二长花岗岩。岩石同位素年龄为242±10 Ma。主体岩性为二长花岗岩—花岗闪长岩、细粒黑云母二长花岗岩。灰白色、灰色，块状构造，中细粒—中粒花岗结构。矿物组成为角闪石、斜长石、钾长石、黑云母。

3. 大田细粒含斑黑云母二长花岗岩

该岩体分布于海南岛西部陀牙—玉龙印一带，见有大田和玉龙印2个侵入体，出露面积为193.72 km²。大田侵入体侵入峨文岭组、南碧沟组、陀烈组，玉龙印侵入体侵入什天二长花岗岩的广坝岩体及中晚二叠世南龙组。岩石同位素年龄为236 Ma～245 Ma。主体岩性为细粒含斑黑云母二长花岗岩。块状构造，局部有线理构造或片麻状构造，细粒或中细粒含斑结构。矿物组成为石英、斜长石、微斜长石、黑云母。

4. 西庆序列

晚二叠世西庆序列分布于儋州以西王五镇、西培农场一带，总面积约1122 km²。由鹅塘村单元、大岭单元、两院单元、高村单元、黑岭单元等组成。岩石同位素年龄为218.4±1.9 Ma～252.2±17.2 Ma。岩石主体岩性为中细粒含斑英云闪长岩、中粒少斑黑云母花岗闪长岩、中粒斑状黑云母二长花岗岩、细粒含斑黑云二长花岗岩、中细粒黑云母二长花岗岩。斑状、似斑状结构，叶理构造发育。矿物组合为石英、斜长石、钾长石、黑云母及角闪石。

三、三叠纪侵入岩

三叠纪侵入岩分布面积较广，出露总面积约5788.51 km²，约占海南岛侵入岩总面积的35%。

（一）早三叠世侵入岩

1. 尖峰序列

早三叠世尖峰序列分布于白沙断裂带两侧的尖峰岭、抱由镇—毛岸地区及陵水—龙滚断裂带旁的石栏门—担柴岭一带，总面积约1377 km²。由尖峰岭中粗粒斑状黑云母正长花岗岩、黑岭细粒斑状黑云母正长花岗岩及瘦岭中细粒黑云母正长花岗岩3个岩石单位构成。黑岭正长花岗岩脉动侵入尖峰岭正长花岗岩，瘦岭正长花岗岩涌动侵入黑岭正长花岗岩。被该序列岩体侵入的最新地层为陀烈组，侵入该序列的最老岩体为早三叠世番阳峒正长花岗岩。岩石同位素年龄233±1 Ma～249±5 Ma。岩石主体岩性有中粗粒斑状黑云母正长花岗岩、细粒斑状黑云母正长花岗岩、中细粒黑云母正长花岗岩。块状构造，斑状、似斑状结构。矿物组合为石英、斜长石、微斜条纹长石、黑云母等。

2. 袁水序列

早三叠世袁水序列分布于白沙断裂南东侧什桥—志仲一带、陵水—龙滚断裂带及大花角—九所岭一带，总面积约559.09 km²。由深堀村中粗粒少斑黑云角闪石英二长岩、麻山田粗中粒角闪黑云石英正长岩、番阳峒细中粒角闪黑云正长花岗岩和金寮中细粒黑云正长花岗岩等4个岩石单位构成。岩石同位素年龄为243±4 Ma。岩石主体岩性有中粗粒少斑黑云角闪石英二长岩、中粗粒少斑角闪黑云母石英正长岩、细中粒（少斑）角闪黑云母正长花岗岩、中细粒黑云母正长花岗岩。块状构造，中粗粒不等粒或似斑状结构。矿物组成有角闪石、黑云母、斜长石、石英、微斜条纹长石等。

（二）中三叠世侵入岩

1. 立才序列

中三叠世立才序列分布于小洞天—立才农场、小洞天—陵水一带，总面积约644.1 km²。由布山村细中粒含斑—斑状角闪黑云母二长花岗岩、超盆中粗粒含斑黑云母二长花岗岩、结尾（中）细粒黑云母二长花岗岩和前锋细粒少斑黑云母正长花岗岩等4个岩石单位构成。后期岩体侵入老岩体。岩石同位素年龄为201.5 Ma及188 Ma。岩石主体岩性有细中粒含斑—斑状角闪黑云母二长花岗岩、中粗粒含斑黑云母二长花岗岩、细粒黑云母二长花岗岩、细粒少斑黑云母正长花岗岩。多为块状构造，细中粒似斑状结构。矿物组成为石英、斜长石、微斜条纹长石、黑云母、角闪石。

2. 六连岭序列

中三叠世六连岭序列分布于陵水—龙滚断裂带两侧，总面积约166.51 km²。由六连岭中粗粒黑云母正长花岗岩、兵工厂细粒斑状黑云（二云）正长花岗岩和石龟岭细粒黑云（二云）正长—二长花岗岩3个岩石单位构成。后期岩体侵入老岩体。岩石同位素年龄为239±3 Ma。岩石主体岩性有中粗粒黑云母正长花岗岩、细粒斑状黑云母（二云母）正长花岗岩、细粒黑云母二长花岗岩。块状构造，中粗粒不等粒花岗结构。矿物组成为黑云母、石英、斜长石、微斜条纹长石等。

3. 万宁序列

中三叠世万宁序列分布于万宁兴隆、长安、长征及儋州光头岭一带，总面积约 37.96 km²。由长安辉长岩和石墩闪长岩 2 个岩石单位构成，后者脉动侵入前者。岩石同位素年龄为 238±3 Ma。岩石主体岩性有辉长岩、闪长岩。块状构造，主要为中粒辉长结构。矿物组成为斜长石、普通角闪石、黑云母、钾长石、石英等。

4. 琼中序列

中三叠世琼中序列主要分布在海南岛中部琼中一带，即由原"琼中岩体"分解而成的一系列岩石单位构成，从早到晚分为黎母岭岩体、琼中县岩体、南通岭岩体及洞古岭岩体等 4 个岩体单位，出露总面积约 2153.67 km²。岩石同位素年龄为 234.2±2.3 Ma。岩石主体岩性有粗中粒（巨）斑状（角闪）黑云二长花岗岩、中粒斑状（角闪）黑云二长花岗岩、中细粒黑云母正长花岗岩、花岗斑岩。似斑状结构，块状、片麻状构造，主要为中粒辉长结构。矿物组成为斜长石、普通角闪石、黑云母、钾长石、石英等。

（三）晚三叠世侵入岩

1. 黑岭序列

该序列岩石分布于昌江—霸王岭一带，总面积 354.1 km²。从早到晚归并为七差岭岩体、东四岩体和乌烈岭岩体 3 个岩石单位。岩石主体岩性为中细粒黑云母正长花岗岩、中粗粒角闪黑云母正长花岗岩和中（细）粒斑状黑云母正长花岗岩等。不等粒结构定向构造。矿物主要组成为石英、斜长石、钾长石、黑云母。

2. 南英岭序列

该序列分布于霸王岭一带。从早到晚划分为苗圃岩体和五里桥岩体 2 个岩石单位，总面积 181.72 km²。岩石主体岩性为细粒角闪黑云二长花岗岩、中细粒黑云二长花岗岩。中细粒花岗结构，块状构造。矿物组成为石英、斜长石、钾长石、黑云母及角闪石。

3. 雅加序列

该序列分布于海南岛西部霸王岭一带，总面积135 km²。由南宝岭岩体、分水岭岩体和黑岭岩体3个岩石单位组成。岩性为细粒斑状黑云二长花岗岩、中—细粒斑状黑云二长花岗岩和中粒多斑状黑云二长花岗岩。细粒似斑状花岗结构，块状构造。矿物组成为石英、斜长石、钾长石、黑云母及角闪石。

四、侏罗纪侵入岩

海南岛侏罗纪侵入岩出露面积相对较少，出露面积仅622.57 km²，约占海南岛侵入岩总面积的4%。

（一）中侏罗世

勤寨序列

该序列主要分布于海南岛东部长征—文化一线的勤赛地区，面积约25.55 km²。由里茂岩体、黑栋岩体和八宝坡岩体3个岩石单位构成。岩性主要为中粒黑云母辉长岩、中细粒石英二长岩和巨粒角闪正长岩。块状构造，中细粒—中粗粒辉长结构。矿物组成为石英、斜长石、微斜条纹长石、黑云母、角闪石、透辉石等。

（二）晚侏罗世

1. 南山序列

该序列仅出露于海南岛南部南山一带，面积约18.74 km²。由南山岭岩体、椰子园岩体、冬瓜岭岩体3个岩石单位构成。岩性主要为中细粒斑状角闪黑云母二长花岗岩、细粒斑状角闪黑云母二长花岗岩、细粒含斑黑云母二长花岗岩。块状构造，似斑状结构。矿物组成为石英、斜长石、微斜条纹长石、黑云母、角闪石。

2. 三狮岭序列

该序列主要分布于文昌、琼中及陵水—保亭一带，总面积约528.44 km²。由横岭、雷公岭、什运、三狮岭及福安村等侵入岩体组成。岩性主要为粗中粒斑状角闪黑云二长花岗岩、中粒黑云母正长花岗岩、中细粒黑云母正长花岗岩、细粒黑云母正长花岗岩。似斑状结构，块状构造。矿物组成为斜长石、钾长石、石英、黑云母、角闪石。

五、白垩纪侵入岩

海南岛白垩纪岩浆活动非常强烈，形成了大量的侵入岩和火山岩。其中最著名的岩体有保城杂岩体、屯昌杂岩体、千家杂岩体和吊罗山杂岩体等，出露总面积约3757.98 km²，约占海南岛侵入岩总面积的23%。

（一）早白垩世

1. 潜火山岩

该岩体产于早白垩世同安岭及牛腊岭火山盆地中或其旁侧，面积约85 km²。为潜火山相或火山管道相产物，在火山岩中往往有和其成分相当的对应物。主要见有细粒辉长岩、闪长玢岩、细粒石英闪长岩、花岗斑岩、花岗闪长玢岩等，这些斑岩（玢岩）规模都较小，呈小岩株或岩墙。块状构造，细粒结构。矿物组成为斜长石、普通辉石、普通角闪石、黑云母、微斜长石、石英。

2. 高峰序列

该序列分布于同安岭及牛腊岭火山盆地之间的天涯海角—志仲一带，总面积约296.43 km²。由税町岩体、抱跃岩体、阜石斗岩体3个岩石单位构成环套状杂岩体。岩性主要为中细粒角闪黑云花岗闪长岩、细中粒斑状角闪黑云二长花岗岩、细中粒黑云母正长花岗岩。块状构造，中细粒结构。矿物组成为石英、斜长石、微斜条纹长石、黑云母、角闪石。

3. 保城序列

该序列分布于屯昌、千家及保亭一带，总面积约1947.24 km²。分为加茂岩体、保亭岩体、六弓岩体、双顶岭岩体和高通岭岩体等5个岩石单位，同位素年龄值在95.6 Ma～107.6 Ma。岩性主要为细中粒角闪黑云花岗闪长岩、细中粒含斑角闪黑云二长花岗岩、粗中粒斑状（角闪）黑云母二长花岗岩、细中粒斑状黑云母正长花岗岩、细粒黑云母正长花岗岩。块状构造，细中粒似斑状（含斑）结构。矿物组成为石英、斜长石、钾长石、黑云母、角闪石。

4. 吊罗山序列

该序列由吊罗山岩体和昌化大龄岩体组成，出露总面积约 917.71 km²。分为新村岩体、吊罗山岩体、大小岭岩体 3 个岩石单位。岩性主要为细中粒斑状黑云母正长花岗岩、粗中粒含斑黑云母正长花岗岩、中细粒黑云母正长花岗岩。块状构造，细中粒似斑状结构。矿物组成为石英、钾长石、斜长石。

（二）晚白垩世

花岗斑岩

该岩体主要见有牙洛、洋淋林、南下岭、田独、海头、南牛岭、大岭及双客园等侵入体，总面积约 364.89 km²。岩性主要为花岗斑岩。块状构造，斑状结构。斑晶含量为 12%～35%，主要由正长石、斜长石、石英构成。

第二章 海南岛典型地质
遗迹资源概况

第一节 地质遗迹类型

一、全国地质遗迹类型

地质遗迹依据科学和成因、管理和保护、科学价值和美学价值等因素，按照《地质遗迹调查规范（DZ/T 0303—2017）》附表A，划分为基础地质大类地质遗迹、地貌景观大类地质遗迹、地质灾害大类地质遗迹3大类，共13类46亚类。

（一）基础地质大类地质遗迹

基础地质大类地质遗迹分为5类18亚类。5类分别为地层剖面、岩石剖面、构造剖面、重要化石产地、重要岩矿石产地。地层剖面又分为全球层型剖面（金钉子）、层型（典型剖面）、地质事件剖面3个亚类；岩石剖面又分为侵入岩剖面、火山岩剖面、变质岩剖面3个亚类；构造剖面又分为不整合面、褶皱与变形、断裂3个亚类；重要化石产地又分为古人类化石产地、古生物群化石产地、古植物化石产地、古动物化石产地、古生物遗迹化石产地5个亚类；重要岩矿石产地又分为典型矿床类露头、典型矿物岩石命名地、矿业遗址、陨石坑和陨石体4个亚类。

（二）地貌景观大类地质遗迹

地貌景观大类地质遗迹分为6类21亚类。6类分别为岩土体地貌、水体地貌、火山地貌、冰川地貌、海岸地貌、构造地貌。岩土体地貌又分为碳酸盐岩地貌（岩溶地貌）、侵入岩地貌、变质岩地貌、碎屑岩地貌、黄土地貌、沙漠地貌、戈壁地貌7个亚类；水体地貌又分为河流（景观带），湖泊、潭、湿地—沼泽，瀑布以及泉5个亚类；火山地貌又分为火山机构、火山岩地貌2个亚类；冰川地貌又分为古冰川遗迹、现代冰川遗迹2个亚类；海岸地貌又分为海蚀地貌、海积地貌2个亚类；构造地貌又分为飞来峰、构造窗、峡谷（断层崖）3个亚类。

（三）地质灾害大类地质遗迹

地质灾害大类地质遗迹分为2类7亚类。2类分别为地震遗迹、地质灾害遗迹。地震遗迹又分为地裂缝、地面变形2个亚类；地质灾害遗迹又分为崩塌、滑坡、泥石流、地面塌陷、地面沉降5个亚类。

以上三大类地质遗迹类型列表如下（表2-1-1）。

表2-1-1　地质遗迹类型划分表

大　类	类	亚　类
一、基础地质大类地质遗迹	1. 地层剖面	(1)全球层型剖面(金钉子)
		(2)层型(典型剖面)
		(3)地质事件剖面
	2. 岩石剖面	(4)侵入岩剖面
		(5)火山岩剖面
		(6)变质岩剖面
	3. 构造剖面	(7)不整合面
		(8)褶皱与变形
		(9)断裂
	4. 重要化石产地	(10)古人类化石产地
		(11)古生物群化石产地
		(12)古植物化石产地
		(13)古动物化石产地
		(14)古生物遗迹化石产地
	5. 重要岩矿石产地	(15)典型矿床类露头
		(16)典型矿物岩石命名地
		(17)矿业遗址
		(18)陨石坑和陨石体

续表

大　类	类	亚　类
二、地貌景观大类地质遗迹	6. 岩土体地貌	(19)碳酸盐岩地貌(岩溶地貌)
		(20)侵入岩地貌
		(21)变质岩地貌
		(22)碎屑岩地貌
		(23)黄土地貌
		(24)沙漠地貌
		(25)戈壁地貌
	7. 水体地貌	(26)河流(景观带)
		(27)湖泊、潭
		(28)湿地—沼泽
		(29)瀑布
		(30)泉
	8. 火山地貌	(31)火山机构
		(32)火山岩地貌
	9. 冰川地貌	(33)古冰川遗迹
		(34)现代冰川遗迹
	10. 海岸地貌	(35)海蚀地貌
		(36)海积地貌
	11. 构造地貌	(37)飞来峰
		(38)构造窗
		(39)峡谷(断层崖)
三、地质灾害大类地质遗迹	12. 地震遗迹	(40)地裂缝
		(41)地面变形
	13. 地质灾害遗迹	(42)崩塌
		(43)滑坡
		(44)泥石流
		(45)地面塌陷
		(46)地面沉降

二、海南岛地质遗迹类型

依据地质遗迹类型划分，结合海南省综合勘察院2006年对海南岛地质遗迹调查情况，海南地质遗迹类型主要有3大类8类13亚类。3大类为：基础地质大类地质遗迹、地貌景观大类地质遗迹、地质灾害大类地质遗迹。

（一）基础地质大类地质遗迹

海南岛基础地质大类地质遗迹包含3类，分别为地层剖面、构造剖面、重要岩石矿产地。地层剖面在海南岛只出现有层型（典型剖面）1个亚类；构造剖面出现有断裂1个亚类；重要岩石矿产地出现有矿业遗址、陨石坑2个亚类。

（二）地貌景观大类地质遗迹

海南岛地貌景观大类地质遗迹包含4类，分别为岩土体地貌、水体地貌、火山地貌、海岸地貌。岩土体地貌出现有碳酸盐岩地貌（岩溶地貌）、侵入岩地貌、碎屑岩地貌3个亚类；水体地貌出现有瀑布、泉2个亚类；火山地貌出现有火山岩地貌1个亚类；海岸地貌出现有海蚀地貌、海积地貌2个亚类。

（三）地质灾害大类地质遗迹

海南岛地质灾害大类地质遗迹仅有1类，为地震遗迹，其亚类为地面变形。（见表2-1-2）

表2-1-2 海南岛重要地质遗迹分类及汇总表

序号	地质遗迹名称	亚 类	类	大 类
1	昌化江戈枕村中元古代抱板群剖面	层型（典型剖面）	地层剖面	基础地质大类地质遗迹
2	石碌地区新元古界石碌群剖面			
3	三亚市孟月岭寒武系大茅组剖面			
4	三亚市鹿回头奥陶系沙塘组剖面			
5	石炭系南好组地层剖面			
6	二叠系南龙组地层剖面			
7	鹿母湾河谷早白垩统鹿母湾组剖面			

续表

序号	地质遗迹名称	亚类	类	大类
8	九所—陵水断裂带构造形迹	断裂	构造剖面	基础地质大类地质遗迹
9	白沙黎族自治县陨石坑	陨石坑	重要岩石矿产地	
10	昌江黎族自治县石碌铁矿	矿业遗址		
11	屯昌县羊角岭水晶矿			
12	五指山市五指山	侵入岩地貌	岩土体地貌	地貌景观大类地质遗迹
13	琼中黎族苗族自治县黎母岭			
14	陵水黎族自治县吊罗山			
15	昌江黎族自治县霸王岭			
16	乐东黎族自治县尖峰岭			
17	万宁市东山岭			
18	万宁市六连岭			
19	三亚市南山岭			
20	三亚市大小洞天			
21	文昌市铜鼓岭			
22	保亭黎族苗族自治县七仙岭			
23	琼海市白石岭	碎屑岩地貌		
24	定安县文笔峰			
25	东方市鱼鳞洲			
26	乐东黎族自治县毛公山			
27	澄迈县济公山			
28	昌江黎族自治县皇帝洞	碳酸盐岩地貌（岩溶地貌）		
29	东方市天安石林			
30	东方市猕猴洞			
31	儋州市兰洋观音洞			
32	儋州市英岛山溶洞			
33	三亚市落笔洞			
34	保亭黎族苗族自治县千龙洞			

续表

序号	地质遗迹名称	亚　类	类	大　类
35	儋州市蓝洋温泉	泉	水体地貌	地貌景观大类地质遗迹
36	文昌市会文官新温泉			
37	琼海市官塘温泉			
38	琼海市九曲江温泉			
39	万宁市兴隆温泉			
40	陵水黎族自治县高土温泉			
41	保亭黎族苗族自治县七仙岭温泉			
42	三亚市南田温泉			
43	定安县南湖冷泉			
44	琼中黎族苗族自治县百花岭瀑布	瀑布		
45	白沙黎族自治县红坎瀑布			
46	五指山市太平山瀑布			
47	昌江黎族自治县雅加瀑布			
48	临高县古银瀑布			
49	陵水黎族自治县阿里山瀑布			
50	海口市石山马鞍岭火山口	火山岩地貌	火山地貌	
51	海口市石山仙人洞			
52	海口市永兴雷虎岭火山口			
53	海口市罗京盘破火山口			
54	临高县高山岭火山口			
55	临高县临高角			
56	儋州市龙门激浪			
57	儋州市峨蔓笔架岭火山口			
58	琼海市博鳌万泉河入海口	海积地貌	海岸地貌	
59	海口市假日海滩			
60	文昌市冯家湾			
61	万宁市石梅湾			
62	陵水黎族自治县香水湾			
63	三亚市亚龙湾			
64	三亚市大东海			
65	三亚市三亚湾			
66	三亚市天涯海角			

续表

序号	地质遗迹名称	亚　类	类	大　类
67	文昌市木兰头	海蚀地貌	海岸地貌	地貌景观大类地质遗迹
68	万宁市大花角			
69	万宁市大洲岛			
70	陵水黎族自治县分界洲岛			
71	三亚市蜈支洲岛			
72	三亚市西瑁洲(西岛)			
73	昌江黎族自治县棋子湾			
74	莺歌海水道口海滩岩			
75	琼北大地震地质遗迹	地面变形	地震遗迹	地质灾害大类地质遗迹

第二节　海南岛地质遗迹资源概况

一、地质遗迹资源概况

海南岛经历漫长的地质作用，地处独特地理气候单元，拥有优美的生态环境，从而构筑了海南岛绚丽多彩的山、水、泉、洞、湾、林（石林）、灾等多种地质遗迹资源。

海南岛现存的地质遗迹众多。2017年3月6日由国土资源部发布的《地质遗迹调查规范（DZ/T　0303—2017）》所列的46类地质遗迹中，海南岛有3大类8类13亚类。

（一）基础地质大类地质遗迹

1. 地层剖面

海南岛地质遗迹地层剖面类层型（典型剖面）亚类，主要有昌化江戈枕村中元古代抱板群剖面、石碌地区新元古界石碌群剖面、三亚孟月岭寒武系大茅组剖面、三亚鹿回头奥陶系沙塘组剖面、石炭系南好组地层剖面、二叠系南龙组地层剖面、鹿母湾河谷早白垩统鹿母湾组剖面。这些剖面具有很高的科学价值，是记录海南岛在各个时期地质变化的证据，对了解海南岛地质、找矿都具有重大的意义。

2. 构造剖面

海南岛构造剖面亚类为断裂，主要有九所—陵水断裂带构造形迹。这条断裂是海南岛主要的一条东西向断裂，控制着海南岛南北的地层分布，具有很高的科学价值，是记录海南岛在该时期构造变形的证据，对了解海南岛构造具有重大的意义。

3. 重要岩石矿产地

海南岛重要岩石矿产地亚类为陨石坑、矿业遗址。陨石坑主要是指白沙陨石坑，矿业遗址主要有昌江石碌铁矿、屯昌羊角岭水晶矿。

白沙陨石坑是我国能认定的唯一较年轻的陨石坑，也是全世界十几个伴有陨石碎块的陨石坑之一，坑内存在较多与陨石撞击地球相关的证据，为研究陨石撞击地球提供可参考的资料。

昌江石碌铁矿位于海南岛西部的昌江黎族自治县石碌镇金牛岭山麓，是一座现代化的矿山，其铁矿石以质优品位高而闻名海内外，被誉为亚洲第一富铁矿，是全国重点矿山之一。屯昌羊角岭水晶矿遗址位于屯昌县城南部4 km处海拔200多 m高的羊角岭，现已形成一个碧绿的湖泊。矿床类型属矽卡岩中英脉型。羊角岭水晶原矿以透明度高、质地纯净而著称，曾为我国最大型、最富集的水晶矿床所在地，也是当今世界上第二大水晶矿床。毛主席水晶棺的原材料就采于此。

（二）地貌景观大类地质遗迹

1. 岩土体地貌

海南岛岩土体地貌包括侵入岩地貌、碎屑岩地貌、碳酸盐岩地貌（岩溶地貌）3个亚类。

侵入岩地貌类地质遗迹主要有五指山市五指山、昌江霸王岭、琼中黎母岭、陵水吊罗山、乐东尖峰岭、万宁东山岭、万宁六连岭、三亚南山岭、三亚大小洞天、文昌铜鼓岭、保亭七仙岭，共11处地质遗迹区。这些地质遗迹区以侵入岩为主，经过不同地质时期的构造运动、风化剥蚀、流水等作用，形成形态各异的地质遗迹景点，具有一定的观赏性和科学性，为研究地球变化、普及地学知识提供有力的地质依据。

碎屑岩地貌地质遗迹主要有琼海白石岭、定安文笔峰、东方鱼鳞洲、乐东毛公山、澄迈济公山，共5处地质遗迹区。这些地质遗迹区以沉积的砂岩、碎屑岩为主，经过不同地质时期的构造运动、风化剥蚀、流水等作用，形成形态各异的地质遗迹景点，具有一定的观赏性和科学性，为研究地球变化、普及地学知识提供有力的地质依据。

碳酸盐岩地貌（岩溶地貌）主要有昌江皇帝洞、东方天安石林、东方猕猴洞、儋州兰洋观音洞、儋州英岛山溶洞、三亚落笔洞、保亭千龙洞，共7处地质遗迹区。这些地质遗迹区以沉积岩中的灰岩（碳酸盐岩）为主，经过不同地质时期的构造运动、风化剥蚀、流水溶蚀等作用，形成形态各异的溶洞、石钟乳、石柱、石幔等地质遗迹景点，具有一定的观赏性和科学性，为研究地球变化、普及地学知识提供有力的地质依据。

2. 水体地貌

海南岛水体地貌包括泉、瀑布2个亚类。

泉类地质遗迹主要有儋州蓝洋温泉、文昌会文官新温泉、琼海官塘温泉、琼海九曲江温泉、万宁兴隆温泉、陵水高土温泉、保亭七仙岭温泉、三亚南田温泉、定安南湖冷泉，共9处地质遗迹区。这些地质遗迹区以地下水沿侵入岩、玄武岩的构造裂隙上升，以高温、富含多种有益元素为主，最终自然出露于地表，具有一定的观赏性和科学性，为研究地球变化、普及地学知识提供有力的地质依据。

瀑布类地质遗迹主要有琼中百花岭瀑布、白沙红坎瀑布、五指山太平山瀑布、昌江雅加瀑布、临高古银瀑布、陵水阿里山瀑布，共6处地质遗迹区。这些地质遗迹以地表水沿山体构造断崖飞流直下，以汇水面积大、高落差、自然往下流动为特征，形成壮观的景观，具有一定的观赏性和科学性。

3. 火山地貌

海南岛火山地貌只有火山岩地貌1个亚类。

火山岩地貌地质遗迹主要有海口石山马鞍岭火山口、海口石山仙人洞、海口永兴雷虎岭火山口、海口罗京盘破火山口、儋州峨蔓笔架岭火山口、儋州龙门激浪、临高高山岭火山口、临高临高角，共8处地质遗迹区。主要分布在王五—文教断裂带以北，为新构造运动以来火山喷发形成的年轻火山口。内含熔岩被、熔岩流、火山口、熔岩隧洞等火山地貌，又以海口市石山火山口发育最全，其中包括地层剖面、火山机构、火山岩地貌等均有发育，其他地质遗迹区以火山岩地貌为主。

4. 海岸地貌

海南岛海岸地貌包括海积地貌、海蚀地貌2个亚类。

海积地貌地质遗迹主要有琼海博鳌万泉河入海口、海口假日海滩、文昌冯家湾、万宁石梅湾、陵水香水湾、三亚亚龙湾、三亚大东海、三亚三亚湾、三亚天涯海角，共9处地质遗迹区。主要分布在海湾区，是海岸带的松散物质在海水波浪推动下移动，并在一定的条件下堆积起来，形成的海积地貌，如海滩、沙坎、潟湖、沙坝、海积阶地。成因主要受地形、气候等影响。

海蚀地貌地质遗迹主要有万宁大花角、万宁大洲岛、陵水分界洲岛、文昌木兰头、三亚蜈支洲岛、三亚西瑁洲（西岛）、昌江棋子湾、莺歌海水道口海滩岩，共8处地质遗迹区。主要分布在陆地海岸、海岛区，海水运动对沿岸岩石侵蚀破坏而形成，如海水的冲蚀作用、磨蚀作用、溶蚀作用形成的海蚀地貌——海蚀崖、海蚀柱、海蚀穴、海蚀桥。

（三）地质灾害大类地质遗迹

地质灾害大类地质遗迹类在海南岛仅有地震遗迹类地面变形亚类1个。

地面变形地质遗迹仅有琼北大地震地质遗迹。地震是内动力地质作用最直观的表现。1605年发生的琼北大地震，致使陆陷成海，形成世界罕见的大规模"海底村庄"景观——东寨港水下村庄。该地震遗迹对研究地震机理、防震抗灾具有极高的科研价值。

第三节　海南岛典型地质遗迹资源

海南岛有着丰富的地质遗迹，在这些地质遗迹中，按照其在省内外具有知名度、观赏性、科学性的高低，分别选取其中具有代表性、典型性的地质遗迹进行分析和评述。

一、火山岩地貌景观类地质遗迹

火山地貌是古—新生代火山活动的产物，主要分布于王五—文教断裂构造以北地区。火山地貌包括火山口、熔岩隧道以及火山岩、火山弹、浮石等遗迹。

（一）海口石山火山群国家地质公园

海口石山火山群国家地质公园地质遗迹有基础地质大类岩石剖面类（火山岩剖面亚类）的一字岭涌流凝灰岩岩相剖面Ⅰ；地貌景观大类火山地貌类（火山机构亚类、火山岩地貌亚类）的风炉岭与包子岭混合锥，合称马鞍岭火山和七十二洞熔岩隧道、仙人洞熔岩隧道；等等。地质遗迹类型丰富。在国内外具有很高的知名度，观赏性、科学性也很高，可作为海南岛典型的火山地貌景观地质遗迹。

（二）儋州峨蔓火山

儋州笔架岭火山口及峨蔓湾地质遗迹有基础地质大类岩石剖面类（火山岩剖面亚类）的火山沉积剖面和地貌景观大类火山地貌类（火山机构亚类、火山岩地貌亚类）的笔架岭火山口集块岩锥、峨蔓湾、龙门激浪、层状凝灰岩、火山洞穴、火山岩礁石、海蚀岩等。在省内外具有很高的知名度，观赏性、科学性也很高，可作为海南岛典型的火山地貌景观地质遗迹。

（三）临高县临高角火山

临高角地质遗迹有地貌景观大类火山地貌类临高角（玄武岩熔岩海岸）、高山岭（火山口）、百仞滩（玄武岩柱状节理）等。在县域内外具有较高的知名度，观赏性、科学性也很高，可作为海南岛典型的火山地貌景观地质遗迹。

二、侵入岩地貌景观类地质遗迹

岩土体地貌景观类地质遗迹为地球内力地质作用直接造就的，受地质体与地质构造控制的地貌。海南岛这类地质遗迹较多，主要分布在侵入岩、碎屑砂岩和碳酸盐岩分布区，有奇峰、奇石、陡崖、溶洞等景观。

（一）琼中百花岭

百花岭地区隶属五指山山脉，为侵入岩（花岗岩）峰林地貌，雨水充沛。区内有花岗岩球状风化形成的石蛋，有体现构造、地壳抬升风化剥蚀、流水、重力崩塌等作用下形成的"飞来石"，以及水体地貌百花岭瀑布，构成以百花岭瀑布为主的山体、水体地质遗迹景观。在省内具有较高的知名度，其观赏性、科学性也较高，可作为海南岛典型的侵入岩类地质遗迹。

（二）昌江霸王岭

霸王岭国家森林公园在昌江黎族自治县境内，为侵入岩（花岗岩）分布区。区内有巨型花岗岩乱石堆分布的石海，有流水溶蚀形成的水蚀穴以及构造崖壁形成的瀑布。大规模岩浆活动构成了花岗岩窿穹地貌，各个时期的侵入岩均有出露且呈规律性分布。在省内具有较高的知名度，其观赏性、科学性也较高，可作为海南岛典型的侵入岩类地质遗迹。

三、碎屑岩地貌景观类地质遗迹

（一）琼海白石岭

白石岭为砂岩、砂砾岩、砾岩分布区，岩石裸露风化为白色，由此得名。白石岭的沉积堆积物、构造历史，是在相当长的地质历史时期形成的，是地质信息的良好载体，对研究古地理、古气候的演变有重要意义，特别是对了解万泉河河道变迁有一定的意义，是普及地质科学知识、进行普通地质学启发的良好场所。在省内具有较高的知名度，其观赏性、科学性也较高，可作为海南岛典型的碎屑岩类地质遗迹。

（二）东方鱼鳞洲

东方鱼鳞洲位于东方市区西南的海滨，为砾质岩屑杂砂岩构成的地质遗迹点，有海滩岩、风化洞穴、沙滩等。这些景观形态各异，千姿百态，具有很高的观赏价值，是省内代表性较强的砾质岩屑杂砂岩地貌，可作为海南岛典型的碎屑岩类地质遗迹。

四、碳酸盐岩地貌景观类地质遗迹

（一）昌江皇帝洞

昌江皇帝洞位于昌江黎族自治县境内，为碳酸盐岩分布区，有多层溶洞，洞内有石钟乳、石幔、石笋等景观，是省内较具代表性的岩溶地貌。周边分布有十里画廊风景区、梨花里，有最古老的黎苗风情。在省内具有较高的知名度，其观赏性、科学性也较高，可作为海南岛典型的碳酸盐岩类地质遗迹。

（二）东方天安石林

东方天安石林位于东方市天安乡雅隆河畔、雅隆村一带，为碳酸盐岩分布区，属于喀斯特地貌，集峰林、水体和田园于一体。区内石林、溶岩众多，山峰突兀，雄伟巍峨，悬崖峭壁似刀砍斧劈，挺拔陡立，与桂林山水比美也不逊色，人们称之为"天安小桂林"。在省内具有较高的知名度，其观赏性、科学性也较高，可作为海南岛典型的碳酸盐岩类地质遗迹。

五、海蚀海积地貌景观类地质遗迹

海岸地貌分为海蚀地貌和海积地貌。海蚀地貌是海水长期冲蚀海岸作用形成，海蚀多发生在基岩海岸，海蚀的程度与当地波浪的强度、海岸原始地形有关，对组成海岸的岩性及地质构造特征，亦有重要影响。形成奇石、海蚀崖、海蚀柱、海蚀穴等地质遗迹自然景观。海积地貌是海岸带的松散物质在海水波浪推动下移动，并在一定的条件下堆积起来形成的，如海滩、沙坎、潟湖、沙坝、海积阶地。成因主要受地形、气候等影响。

（一）三亚蜈支洲岛

三亚蜈支洲岛是一个四面环海的海岛型花岗岩地貌景观地质遗迹区。岛上的岩性主要是中粗粒角闪石黑云母二长花岗岩，形成年代为距今约 1.87 亿年的早侏罗世。经过多次地质构造运动和漫长的海蚀和风化作用，岛上的海蚀崖、海蚀穴具有典型的海蚀地貌特征。海水波浪、潮汐的反复筛选形成的洁白沙滩具有海积特征。在国内具有很高的知名度，其观赏性、科学性也较高，可作为海南岛典型的海蚀地貌类地质遗迹。

（二）万宁大花角

万宁大花角属于海蚀地貌类地质遗迹，有花岗岩海蚀地貌、海积地貌、水体地貌，由花岗岩丘陵海岸（前鞍岭、后鞍岭）、海积平原（前鞍海海岸、后鞍海海岸）、潟湖（万宁小海）组成。该地质遗迹是由 2 座相邻的花岗岩山峦体以夹角形状伸向大海而形成，并相连山岭两侧的海滩、沙坝及山丘（大塘岭），围成海南岛最大的潟湖——万宁小海。在海积作用下，形成卵石滩、沙滩等海积地貌；在海蚀作用下，形成前鞍岭、后鞍岭的海蚀基岩海岸、海蚀崖地貌。在省内具有较高的知名度，其观赏性、科学性也较高，可作为海南岛典型的海蚀海积地貌类地质遗迹。

（三）琼海万泉河入海口

博鳌镇是万泉河、九曲江、龙滚河汇集一处流入大海的入海口。九曲江、龙滚河流入沙美内海，然后与万泉河并流入海。特殊的地理位置，形成了多种类型的地质遗迹，有河流水体地貌、湿地滩涂地貌，还有形成河控三角洲（东屿岛、鸳鸯岛）、沙坝（玉带滩）、沙堤、沙洲、沙美内海等的海积地貌类型景观地质遗迹。特别是博鳌亚洲论坛永久会址就位于东屿岛上，在国内外具有很高的知名度，其观赏性、科学性也较高，可作为海南岛典型的海积地貌类地质遗迹。

六、陨石坑、泉水、地震遗迹景观

陨石坑为"天外来客"陨石撞击地球所形成的独特地质景观。白沙陨石坑是海南岛唯一一处保存形态较好的陨石坑地质遗迹。这一地质遗迹为研究小天体撞击地球的过程和撞击性质提供依据。

泉水景观、瀑布景观在海南岛非常发育，有热矿泉和冷泉相伴共生的仅有儋州蓝洋冷热泉，此处的热泉还富含氢元素，在海南岛内非常罕见。

地震是内动力地质作用最直观的表现。因此，地震遗迹对研究地震机理、防震抗灾具有极高的科研价值。1605年发生的琼北大地震，致使陆陷成海，形成世界罕见的大规模"海底村庄"景观——东寨港水下村庄，这是海南岛一个重要的地震地质遗迹。

以上3类地质遗迹，在国内外具有很高的知名度，其观赏性、科学性均高，可作为海南岛典型的陨石坑、泉水、地震地质遗迹。

第三章　火山地貌景观类地质遗迹特征

第一节　海口石山火山群国家地质公园地质遗迹基本特征

一、地理环境特征

（一）交通位置

海口石山火山群国家地质公园位于海南省海口市秀英区石山、永兴两镇，距离海口市中心约 15 km。园区呈北西向六边形，北至石山富教村，东南至永兴永昌村，西南至永兴杨南农场，西北至石山一字岭，面积为 108 km²。区内有环岛高速、海榆中线高速、国道通过，以此为基线辐射出许多次一级公路，构成区内四通八达的交通网络，交通十分便利。

（二）自然环境

海口石山火山群国家地质公园地处低纬度热带北缘，属于热带海洋性季风气候，春季温暖少雨多旱，夏季高温多雨，秋季湿凉多台风暴雨，冬季干旱时有冷气流侵袭带来阵寒。全年日照时间长，辐射能量大，年平均日照数 2000 小时以上，太阳辐射量有 11 万到 12 万卡。年平均气温 23.8℃，最高平均气温 28℃，最低平均气温 18℃；年平均降水量 1816 mm，平均日降雨量在 0.1 mm 以上；年平均蒸发量 1834 mm，大于降雨量；平均相对湿度 85%。常年以东北风和东南风为主，年平均风速 3.4 m/s。

园区土壤主要由火山喷出物经风化后发育而成，成土母质为玄武岩，土体含有大量的火山灰、火山砾石，孔隙较大。在热带雨林或季雨林植被条件下，经高温多雨的淋滤和有机质富集，形成玄武质的砖红色风化土层。风化红土持水性能强，富含 Mg、Cu、Fe、Ti 等元素和矿物质，矿物主要有高岭石、蒙脱石，还有少量的针铁矿、水云母、绿泥石、石英和极少量的重矿物等，有机质含量高。

松涛水库二级干渠从公园北部经过。园区内有玉凤水库，外围有道兴水库、永庄水库、美造水库等。公园地表属工程性缺水，但有丰富的浅层地下水。

园区地处热带北缘，属热带向亚热带过渡区，气候暖湿潮润，极利于各种植物生长，具有植物群落的独特性和多样性。园区已被发现的植物种类有1200余种，有热带（季）雨林、亚热带常绿阔叶林、稀树刺灌木草丛、石生灌木草丛和热带经济作物。区内丰富的植物种类、完整的森林生态系统、优越的生态环境，为各类野生动物提供了丰富的食物和理想的栖息繁衍场所，动物种类丰富。其中红胸角雉、山鹧鸪、海南虎鸦等为海南特有品种；列入国家一、二类重点保护名录的有蟒蛇、海南山鹧鸪等。

（三）地形地貌

海口石山火山群国家地质公园处于海南岛北部的第四级台地，地貌类型单一（图3-1-1），园区地势南部略高于北部，整体坡度较缓，海拔标高一般

图 3-1-1　园区地貌类型图

为80～100 m，除马鞍岭（包括风炉岭、包子岭）、美社岭、昌道岭、国群岭、官良岭、儒洪岭、雷虎岭等火山外，海拔标高均小于150 m。其中，风炉岭火山海拔222.8 m，为园区内最高海拔，亦是海口市的最高海拔，可遥望琼州海峡及海口城市风貌，被称为海口天然观景台。

（四）人文概况

海口石山火山群国家地质公园行政区划属海口市秀英区的石山、永兴两镇。

石山镇辖区面积120.74 km²，东有海榆中线，西有粤海铁路，绕城高速公路途经6个村（居）委会，绿色长廊连接南海大道直达西海岸，交通便利。下辖11个村委会、1个居委会，共84个自然村，86个经济社，总人口约4.1万，新创建文明生态村3个，累计完成文明生态村创建75个，占全镇自然村总数的89%。投资1100多万元，对火山口大道、风景路、慢行绿道等进行升级改造，全力打造"花园小镇"。

石山镇政府将对火山口公园5A景区创建、镇墟棚户区旅游化改造和生态修复保护等项目进行统筹建设，打造具有石山特色的农业观光旅游业。

永兴镇辖区面积约112 km²，海榆中线和龙美公路呈"十"字贯穿镇区，全镇管辖8个村委会和1个居委会，共79个自然村，75个村民小组，总人口约3万。农村常住居民人均纯收入6170元。新创建文明生态村3个，累计完成文明生态村创建75个，占全镇自然村总数的89%。

永兴镇政府将充分整合火山口和羊山乡村旅游资源，加快美孝村、美梅村等火山石古村落的开发建设，促进全域旅游产业升级。

二、地质及水文地质特征

（一）地质特征

海口石山火山群国家地质公园位于区域性大断裂王五—文教断裂以北的琼北断陷盆地区，区内地表出露岩性以第四纪火山岩和松散沉积层为主。区内第四纪火山活动强烈、频繁，分布有大量的第四纪火山口（图3-1-2）。

这里是海南岛新构造运动迹象发育最集中的地区，直接控制着地形地貌的发育过程和形态特征，与人类活动和国民经济建设的关系极为密切。

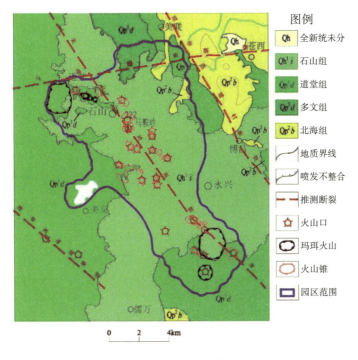

图 3-1-2　园区地质图

1. 地层

海口石山火山群国家地质公园出露的地层以第四纪火山岩和松散沉积物为主，包括第四纪全新统未分（Qh）、石山组、道堂组、多文组和北海组。

第四纪全新统未分：分布于园区外东北侧。为全新世河流相堆积物，沉积物主要为砂质黏土、黏土质中细砂、砂、砂砾。

石山组：大面积分布于园区中部，为一套火山地层。按岩性组合特征可划分为两段，第一段岩性上部为气孔状橄榄拉斑玄武岩，下部为气孔状橄榄玄武岩、橄榄玄武岩夹橄榄粗玄岩，局部底部为含集块含火山角砾熔渣状橄榄玄武岩，属爆发—喷溢亚相，局部的气孔状橄榄玄武岩发育熔岩洞穴、熔岩隧道；第二段岩性为熔渣状、浮岩状橄榄玄武岩，局部玄武质浮岩，属火山口相。

道堂组：在园区西部和东南部大面积分布，在园区东北部零星见及，为一套火山地层。共分为三段，下段岩性为薄层状玄武质沉岩屑晶屑凝灰岩、沉玻屑晶屑凝灰岩、沉晶屑岩屑凝灰岩及玄武质沉凝灰岩，含海绿石及微体化石，底部偶夹一层微气孔状橄榄拉斑玄武岩和一层凝灰质含砾砂岩，相变为凝灰质含砾砂岩、含砾粉砂岩或亚黏土、黏土层，含炭化木，属喷发—沉积相；中段岩性为暗灰色气孔状橄榄玄武岩夹橄榄玄武岩或橄榄拉斑玄武岩，当上段缺失时，顶部岩石就发生古红土化，出现 7～8 m 厚的古红土层，属爆发—喷溢亚相；上段岩性为玄武质沉岩屑玻屑凝灰岩，含海绿石、有孔虫化石，局部底部沉火山角砾岩，相变为凝灰质砂岩、砂砾岩或黏土、亚黏土层，含炭化木，属喷发—沉积相。

多文组：分布于园区北侧，为中更新世多文岭期形成的一套基性火山熔岩，部分火山口附近的火山碎屑岩。上、下段之间存在喷发间断，表现为二者风化程度及红土化程度存在明显差异。上段岩性为辉石橄榄玄武岩、橄榄辉石玄武岩、橄榄玄武岩，风化程度弱，未见红土化现象；下段岩性为橄榄辉石玄武岩、粗玄岩（辉石玄武岩）、辉石橄榄玄武岩，风化程度强，普遍见红土化现象。

北海组：主要分布于园区东北部，为一套陆相冲洪积相沉积物。上部岩性为橘黄、棕红、褐红色亚黏土及亚砂土、含铁质结核；下部岩性为黏质砂、砂砾、砾石层，常含玻璃陨石和铁质结核。

2. 火山岩

按火山旋回划分，园区分布有大面积的第四纪火山岩，第四纪火山活动强烈。根据火山岩上下地层的时代、火山岩所夹地层的时代、火山岩的测年数据、火山岩的风化壳的发育程度及火山机构保存完整程度，区内新生代火山作用共有 6 次火山喷发活动，可划分 5 个喷发韵律，3 个喷发旋回，每个旋回大体与地层单位的一个岩性组相当（表3-1-1）。

表3-1-1　园区第四纪火山岩分期表

喷发时代			喷发序次			主要岩性	埋深/m	分布情况	代表性火山	接触关系	喷发环境
纪	世	期	旋回	韵律	期次						
第四纪	全新世	石山期	3	5	6	熔渣状、浮岩状橄榄玄武岩	地表	石山、永兴、吉安	马鞍岭	未见上覆盖层；下伏为道堂组或北海组	陆相
						橄榄玄武岩、橄榄拉斑玄武岩					
						含集块、火山角砾熔渣状橄榄玄武岩					
	晚更新世	道堂期	2	4	5	凝灰岩、层凝灰岩、沉火山角砾岩	地表	双池岭	双池岭	上覆为全新世石山期火山岩；下伏为北海组、多文组或更老地层	海相
				3	4	橄榄玄武岩		道堂			
					3	玄武质沉岩屑晶屑凝灰岩					
				2	2	橄榄拉斑玄武岩、玄武质沉岩屑晶屑凝灰岩		美安			陆相
	中更新世	多文岭期	1	1	1	橄榄辉石玄武岩、辉石玄武岩、辉石橄榄玄武岩	地表	北铺农场		上覆为晚更新世道堂期或八所组；下伏为下更新统或更老地层	陆相

第一喷发旋回：时代为第四纪中更新世，由1个喷发韵律陆相玄武质熔岩构成（多文组），火山岩主要由玄武岩类夹少量火山碎屑岩构成，主要分布于园区外北铺农场一带。

第二喷发旋回：时代为第四纪晚更新世，由海相玄武质凝灰岩—陆相玄武质岩—陆相玄武质凝灰岩构成，组成3个喷发韵律，形成道堂组玄武岩类岩石和火山碎屑岩，主要出露于园区内的一字岭—双池岭、那墩岭、永茂岭—罗京盘以及园区外的美安、狮子岭一带。

第三喷发旋回：时代为第四纪全新世早期，由1个喷发韵律陆相玄武质熔岩构成，形成石山组玄武岩类岩石和火山碎屑岩，主要分布于园区内的马鞍岭—雷虎岭一带。

按岩相特征划分：区内第四纪火山岩依据喷发时所处的古地理环境，均为陆相火山岩，而根据喷发方式又可分为火山通道相、火山喷发相。

火山通道相：指充填于火山通道内的各种岩石的总称，包括火山颈亚相及上部的火山口亚相。

火山颈亚相：多见于形成时代较早、火山机构遭受中等剥蚀的火山岩区。为火山锥的颈筒部分，分布范围不广，组成岩颈的岩石有粗玄岩、橄榄辉石玄武岩、拉斑玄武岩和火山碎屑岩等，火山颈似喇叭状或镰刀状，在地貌上多表现为山包。

火山口亚相：主要分布于第四纪全新世形成的火山岩群，中更新世、晚更新世也保存有少量，火山口一般保存较好。按火山口内出露的岩石可分为熔岩型、碎屑岩型和混合型，熔岩型以多孔状熔岩为主，有熔渣状橄榄玄武岩和翻花状玄武岩；碎屑岩型常见有火山集块熔岩、熔渣状集块角砾岩等；混合型由熔岩和碎屑岩组成。

火山喷发相：是火山喷发地表的产物，主要为各种熔岩和正常火山碎屑岩。火山活动在一定时期由于岩浆成分的变化、喷发性质和喷发强度的不同，其形成喷发相的岩石性质也不同，根据这些岩石的形成条件及分布特征，喷发相又可划分为2个亚相——爆发亚相和溢流亚相。

爆发亚相：指火山爆发形成的各种粒级火山碎屑物的堆积体。火山碎屑物胶结成岩后形成不同类型的火山碎屑岩，近火山锥为粗粒级的火山角砾岩、集块岩等，远离火山锥渐变为角砾凝灰岩、凝灰岩。在平面上呈不规则环形分布。

溢流亚相：是火山喷溢、泛流的熔岩，在各火山岩相所占比例最大，熔岩流从火山口向外呈面状溢出，形成大面积分布和熔岩被。近火山口熔岩的厚度大，产状陡。远离火山口熔岩逐渐变薄，产状变缓。岩石主要有橄榄玄武岩、橄榄辉石玄武岩、拉斑玄武岩等。

按喷发方式和火山类型划分，根据爆发强度和岩浆成分的特点，全球现代火山喷发可划分为6种主要的类型，即夏威夷式、斯通博利式、武耳卡诺式、培雷式、布里尼式和卡特曼式。夏威夷式喷发的特点是岩浆黏度小，流动性大，气体含量少，表现为比较安静的溢流，爆发系数一般小于10，岩浆成分多为玄武岩，形成大面积分布的玄武岩被。斯通博利式喷发的熔岩比夏威夷式的黏一些，成分仍以玄武岩为主，也可以是安山岩，熔岩流主要为块状熔岩，也有少数的绳状熔岩，以长期平稳地喷发，并伴有间歇性的爆发为特征，爆发系数为30～50。武耳卡诺式喷发岩浆黏度较大，喷发猛烈，爆发系数为60～80，成分通常是安山岩、英安岩或粗面岩，也有可能是玄武岩或流纹岩，在火山碎屑物中以火山灰和火山砾为最多，形成的火山锥主要是火山碎屑锥。培雷式喷发时常见碎屑流，并有可能形成熔岩穹丘，岩浆的成分多为安山岩、英安岩和流纹岩，很少粗面岩。布里尼式喷发是一种很猛烈的大规模的岩浆喷发，爆发系数在90以上，岩浆黏度大，含大量的气体。卡特曼式喷发的岩浆成分主要为流纹岩，以岩浆的泛流为特征，具很大的喷发规模，构成广阔而平坦的盾火山。园区内火山喷发接近于从夏威夷式向斯通博利式过渡的类型。

不同的喷发方式形成不同的火山机构，即火山锥。园区火山锥可分为熔岩锥、碎屑锥、混合锥和玛珥火山等主要类型。其中熔岩锥几乎全部由熔岩组成，形成的锥体大而宽缓，主要由溢流玄武岩组成，锥体的形态如盾，无火口保留，典型代表为永茂岭熔岩锥；碎屑锥几乎全部由火山碎屑岩组成，包括火山渣、火山角砾岩、火山弹和火山灰等，结构较松散，同时锥体的面积小而比高大，显得突兀，典型代表为昌道岭、杨南岭、美社岭等；混合锥由熔岩和火山碎屑岩互层组成，其特点是规模较大，底径和比高都大，多有火口保留，常有缺口，火口是火山通道的位置，缺口是岩流溢出的方向，典型代表有风炉岭、雷虎岭、博任岭等；玛珥火山是上升的岩浆遇到地下水（地表水）发生爆炸，形成一套由基浪堆积物组成的火山口，一般为圆形，直径和大小的变化范围很大，取决于爆炸点的深度和爆炸时岩浆与水的质量比等因素，典型代表有双池岭、罗京盘、一字岭等。

3. 地质构造

海南岛北部（琼北）地区地质历史上经历过多期的构造运动，特别是伴随地壳升降运动的火山活动，自新近纪以来至第四纪区内火山作用十分频繁而强烈，尤以第四纪以来保存完好的火山锥、火山口、熔岩隧道等，形成了独具特色的火山地貌类景观。

海口石山火山群国家地质公园位于琼北新生代断陷盆地内，盆地的形成、演化受控于南侧的近东西向王五—文教断裂。构造格架主要由近东西向、北西向断裂构造组成。近东西向断裂控制盆地的形成和发展，北西向断裂控制内部次级构造的形成，二者共同导致了断陷盆地内凹陷与凸起相间分布的格局。主要断裂包括近东西向马袅—铺前断裂，北西向颜春岭—道崖断裂、荣山—岭南断裂及琼华—莲塘村断裂等。

近东西向断裂：马袅—铺前断裂展布于园区外北侧，西起马袅，向东经长流至铺前，陆上长约 100 km。总体走向北东 $80°\sim85°$，倾向北，陡倾角，正断，受北西向断裂切割，平面上不连续展布。人工地震证实，该断裂带由多条断裂组成，在东坡及琼山新近系断错 150 m 及 200 m。

北西向断裂：颜春岭—道崖断裂展布于园区外南西侧，美安以西一带，是花场凸起和白莲凹陷的边界断裂，总体走向 $320°$，倾向北东，地貌上表现为一系列火山口呈线状排列。钻孔资料显示，断裂两侧地层不连续，白莲一带断裂两侧海口组贝壳碎屑岩底板有 98 m 的落差。

荣山—岭南断裂：由北西向南东穿越整个园区，是控制园区内火山活动的主要断裂，总体走向 $324°$。重力测量资料显示，断裂倾向南西，倾角大于$60°$，沿断裂存在明显的重力梯级带。地貌上表现为一系列火山口呈线状排列。钻孔资料显示，断裂北东盘抬升、南西盘下降，长流一带断裂两侧海口组贝壳碎屑岩底板有 77 m 的落差。电测深资料显示，断裂下部断距约 700 m，上部断距较小。

琼华—莲塘村断裂：总体走向 $330°$，断裂倾向南西，倾角较陡。断裂北东盘抬升、南西盘下降，狮子岭一带断裂两侧海口组贝壳碎屑岩底板有 56m 的落差。

（二）水文地质特征

海口石山火山群国家地质公园地下水含水层主要为火山岩潜水含水层和承压含水层。

1. 火山岩潜水含水层

火山岩以层状、似层状产出，与沉积岩地层相似。由于喷发时代的不同，厚度差异较大，一般10～60 m。第四纪火山岩发育着各种洞穴，喷发时代不同，空隙类型有异，以气孔状、碎屑岩、熔岩隧洞、孤立气洞、塌陷裂隙、塌陷谷、天然井等，对地下水的补给、贮存、径流、排泄起控制作用。火山岩的裂隙、孔洞充水成为含水层。含水层呈层状、似层状产出，各期次火山岩无明显的隔水层，互相连通。火山口周边含水层厚度较大，向四周台地不断变薄，岩性为深灰色、灰色、紫红色的气孔状、微气孔状橄榄玄武岩及碎屑岩。熔岩隧洞、孤立气洞、塌陷裂隙、塌陷谷、天然井、裂隙等充水，蕴藏着丰富的地下水，厚度一般为8～28 m，薄者5.84 m，最厚达35.14 m；水位埋深为0～21.35 m，最大水位埋深为41 m，但含水不均一，富水性较强。

各期间次火山岩岩性及空隙类型不同，贮存的地下水类型各异，主要的地下水类型有裂隙孔洞水、管状孔洞水及风化带裂隙孔隙水。其中，多期次间歇性火山喷发，形成气孔状、微气孔状玄武岩互层产出，冷凝产生裂隙，充水后成为裂隙孔洞水；熔岩流在流动的过程中，在特定的条件下形成熔岩隧洞、管道和气洞，熔岩流粗碎屑岩堆垒孔洞发育，互相连通形成管道，充水后形成管状孔洞水，水量极为丰富；喷发时代较老的火山岩，具有较厚的风化带，其充水后形成风化带裂隙孔隙水。

火山岩潜水主要接受大气降水补给，雨水季地下水位普遍升高，旱季地下水位普遍下降，其次接受地表水如水库、水利渠道、积水洼地补给；经径流至台地前缘排泄，形成独特的补径排单元。潜水通过火山口、"天窗"混合开采钻孔等补给下覆的第三系承压水。

2. 承压含水层

含水层分布在全区域，岩性为灰色、灰白色砂砾石，含砾中粗砂等，分属琼北自流盆地第一、第二承压含水层。

第一承压含水层：分布在永兴及南部边缘，承压水赋存于海口组贝壳砂砾、岩贝壳砂岩中，厚度6～29 m，一般13 m，埋深10～114 m，一般23～40 m，其中在永兴火山群地带最深80～150 m。水位埋深0.4～43.56 m，顶板标高2～63 m，往南东、北西及西3个方向逐渐变浅，含水层向北西沿海倾斜。该含水层富水性主要受厚度、透水性及所处汇流部位控制。第一隔水层岩性为页状黏土、亚黏土，厚度一般16～35 m。

第二承压含水层：承压水赋存于海口组贝壳砂砾、岩贝壳砂岩中，厚度 5～47 m，埋深 0～193 m，水位埋深 1.2～32.9 m，一般 20 m，顶板标高 0.15～98 m，单位涌水量一般为 43 m³/d·m。该含水层富水性主要受厚度、透水性及所处汇流部位控制。第二隔水层岩性为页状黏土、亚黏土，厚度较大。

两个含水层的补径排条件基本相同，主要靠火山口群潜水垂直补给，其次是南部边缘第四系潜水侧向渗入。火山岩高台区，上层水垂直补给下层水；滨海平原区，地下水位下层比上层高，下层水越流补给上层水。

三、地质遗迹及人文景观特征

海口石山火山群国家地质公园地质遗迹丰富，根据中国地质调查局《地质遗迹调查规范》（DZ/T 0303—2017）的地质遗迹类型划分方案，以 2004 年国家地质公园申报材料地质遗迹清单和 2016 年规划修编材料清单中所列地质遗迹点为基础，可划分为 2 大类 2 类 3 亚类地质遗迹，主要为基础地质大类岩石剖面类（火山岩剖面亚类）和地貌景观大类火山地貌类（火山机构亚类、火山岩地貌亚类），详见表 3-1-2。

表 3-1-2　海口石山火山群国家地质公园地质遗迹

大类	类	亚类	地质遗迹
基础地质大类	岩石剖面	火山岩剖面	一字岭涌流凝灰岩岩相剖面 I
			一字岭涌流凝灰岩岩相剖面 II
			风炉岭混合锥岩相剖面
			杨南岭碎屑锥岩相剖面
			杨南岭西侧碎屑锥岩相剖面
地貌景观大类	火山地貌	火山机构	风炉岭混合锥
			吉安岭混合锥
			美本岭混合锥
			卧牛岭混合锥
			那墩岭混合锥
			浩昌岭混合锥
			儒群岭混合锥
			群休岭混合锥
			群众岭混合锥

续表

大类	类	亚类	地质遗迹
地貌景观大类	火山地貌	火山机构	雷虎岭混合锥
			博任岭混合锥
			石岭混合锥
			群仙岭混合锥
			昌甘岭混合锥
			包子岭碎屑锥
			玉库岭碎屑锥
			荣堂岭碎屑锥
			道堂岭碎屑锥
			北铺岭碎屑锥
			儒才岭碎屑锥
			美社岭碎屑锥
			昌道岭碎屑锥
			国群岭碎屑锥
			官良岭碎屑锥
			儒洪岭碎屑锥
			杨南岭碎屑锥
			群香岭碎屑锥
			永茂岭熔岩锥
			好秀岭干玛珥湖
			双池岭湿地玛珥
			儒黄岭干玛珥湖
			罗京盘干玛珥湖
			一字岭涌流凝灰岩锥
		火山岩地貌	七十二洞熔岩隧道
			仙人洞熔岩隧道
			卧龙洞熔岩隧道群
			火龙洞熔岩隧道
			乳花洞熔岩隧道
			鸦卜洞熔岩隧道

（一）基础地质遗迹特征

海口石山火山群国家地质公园内基础地质大类地质遗迹主要为岩石剖面类中的火山岩剖面亚类地质遗迹，包括一字岭涌流凝灰岩岩相剖面Ⅰ、一字岭涌流凝灰岩岩相剖面Ⅱ、风炉岭混合锥岩相剖面、杨南岭碎屑锥岩相剖面、杨南岭西侧碎屑锥岩相剖面等。

1. 一字岭涌流凝灰岩岩相剖面Ⅰ

该剖面位于石山镇杨佳村西侧约 500 m 的杨佳村至一字岭简易公路旁，为人工揭露陡坎（图 3-1-3、图 3-1-4）。该剖面露头垂向连续出露，层理明显，地表延展约 1.8 km，为海南省乃至国内保存最完整、连续性最好的涌流凝灰岩岩相剖面，对研究玛珥火山形成、演化具有很高的科学价值和较高的地质教学野外观察实习意义。剖面处已设立保护警示牌。剖面自上而下描述如下。

10 层：厚约 1 m 的浅灰色中厚层板状细粒涌浪层，粒度明显变细。出现韵律层。

9 层：中薄层状微斜层理、中细粒涌浪堆积韵律层。层系厚度 10～15 cm。微斜层理和微斜交错层理发育，有熔结。

8 层：4 cm 厚的灰黑色玄武质浮岩层。

7 层：总厚度 70 cm。可以等厚度分成 4 套。第一套为中薄层韵律层，平行层理。第二套层厚约 20 cm，显示正粒序。

6 层：45 cm 厚的玄武质浮岩层，中间夹有两层 1 cm 厚的灰黄色射汽岩浆喷发物空降层。粗粒径火山渣较多。

5 层：45 cm 厚的灰色薄层底浪堆积，具平行层理，粗、细粒相间频繁。

4 层：60 cm 厚的灰黄色底浪堆积，具微斜层理。

3 层：30 cm 厚的褐黄色中薄层底堆积，平行层理。

2 层：40 cm 厚的灰黄色厚层粗粒富岩

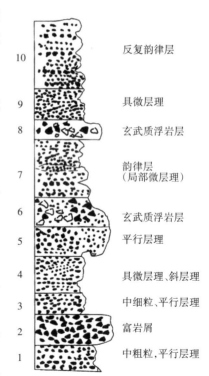

图 3-1-3　一字岭涌流凝灰岩剖面图

屑底浪层，显示平行层理。

1层：40 cm 厚的灰色中粗粒、中厚层底浪层堆积，显示平行层理，主要成份为玄武质岩渣（该层未见底）。

2. 一字岭涌流凝灰岩岩相剖面Ⅱ

该剖面位于石山镇杨佳村北侧约 950 m 的疏港公路旁，为人工揭露陡坎（图 3-1-5）。该剖面出露良好，已设立保护警示牌，底部平台久未清理，杂草丛生。

图3-1-4　一字岭涌流凝灰岩岩相剖面Ⅰ现状　　图3-1-5　一字岭涌流凝灰岩岩相剖面Ⅱ现状

3. 风炉岭混合锥岩相剖面

该剖面位于石山镇南东约 500 m 的风炉岭火山口，为天然露头，代表列入《世界火山名录》的、国内火山地貌保存最完整的风炉岭混合锥完整层序，对研究雷琼地区第四纪全新世火山活动及演化具有很高的科学价值和较高的地质教学野外观察实习意义。剖面自上而下描述如下（图 3-1-6）。

6层：熔结集块岩，灰色—灰褐色。

从第四层开始，产状相对较平，往上固结程度较强。颜色由灰色向灰紫色变化。

5层：熔结集块岩，主要由火山弹和熔岩饼组成，中等固结强度，火山弹呈透镜状或球状，紫红色。火口壁上粘有晚期碎成熔岩。

4层：强固结集块岩，局部形成似熔岩流状碎成熔岩（灰色中层）。

3层：主要由熔结集块状岩组成，熔浆团块的直径较小，粒度大小不一，一般为 5～15 cm。总体固结程度较弱，碎屑大多呈圆状—椭圆状。

2层：主要由熔结集块岩组成，层厚约 3 m，主要由塑性熔岩饼组成，局部形成次生熔岩流，倾角为 12°～15°（内倾）。

1层：紫红色刚性火山渣，碎屑大小较均匀，层厚约 1.5 m，含少量塑性团块，岩块直径为5～10 cm。

4. 杨南岭碎屑锥岩相剖面

该剖面位于石山镇杨南村南侧杨南岭碎屑锥内，为人工采石揭露露头，旁侧有采石井，现已回填，为琼北火山碎屑锥的代表性剖面。剖面自上而下描述如下（图3-1-7）。

9层：15～20 cm厚的黄褐色火山渣。

8层：1.3 m厚的深灰色橄榄玄武岩。岩流中心发育气囊，并具有涡流状构造和同心圆状气孔带。

7层：30～45 cm厚的灰黑色火山渣，以刚性火山渣为主，含少量火山弹。

6层：25 cm厚的紫灰色气孔状玄武岩，中上部发育较多空洞。

5层：5 cm厚的深灰色火山渣，横向延伸不稳定。

4层：55 cm厚的紫红色气孔状玄武岩，其中发育小型熔岩隧道。

3层：1.7 m厚的灰黑色火山渣，含有10%的火山弹。

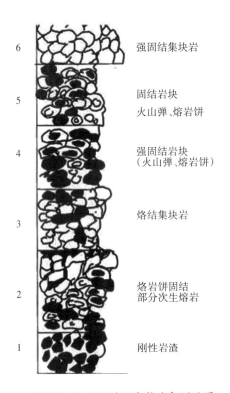

图3-1-6 风炉岭混合锥岩相剖面图

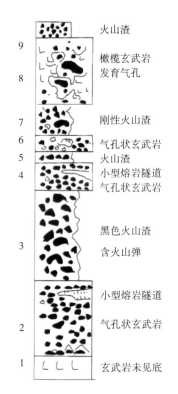

图3-1-7 杨南岭碎屑锥岩相剖面图

2层：1.2 m厚的气孔状玄武岩，其上部发育小型熔岩隧道。

1层：下部50 cm仍有一部分玄武岩，未见底。

5. 杨南岭西侧碎屑锥岩相剖面

该剖面位于石山镇杨南村南侧杨南岭碎屑锥内，为人工采石揭露露头，为琼北火山碎屑锥的代表性剖面，已设立地质遗迹保护警示牌。剖面自上而下描述如下（图3-1-8）。

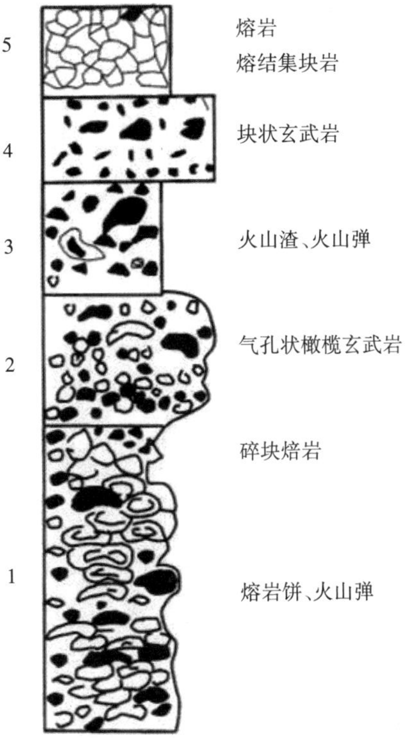

5层：1.5 m厚的灰色碎成熔岩，主要由火山弹组成。

4层：2.2 m厚的强焊接集块岩，局部为碎成熔岩，在大约1.1 m处有一层灰黑色火山渣。

3层：1.2 m厚的紫色黏结集块岩，顶部为松散火山渣。

2层：1.05 m厚的强焊接集块岩。主要由火山弹或熔岩团块组成，火山弹主要为透镜状，一般长轴长5～30 cm，产状355°∠28°。

1层：厚约3 m的碎成熔岩，未见底。主要由熔岩饼组成，厚度约20 cm，长约80～150 cm。

图3-1-8 杨南岭西侧碎屑锥岩相剖面图

(图例：5 熔岩 熔结集块岩；4 块状玄武岩；3 火山渣、火山弹；2 气孔状橄榄玄武岩；碎块熔岩；1 熔岩饼、火山弹)

（二）地貌景观大类地质遗迹

海口石山火山群国家地质公园内地貌景观大类地质遗迹主要为火山地貌类中的火山机构亚类地质遗迹（包括风炉岭混合锥、吉安岭混合锥、美本岭混合锥、卧牛岭混合锥、那墩岭混合锥、浩昌岭混合锥、儒群岭混合锥、群休岭混合锥、群众岭混合锥、雷虎岭混合锥、博任岭混合锥、石岭混合锥、群仙岭混合锥、昌甘岭混合锥、包子岭碎屑锥、玉库岭碎屑锥、荣堂岭碎屑锥、道堂岭碎屑锥、北铺岭碎屑锥、儒才岭碎屑锥、美社岭碎屑锥、昌道岭碎屑锥、国群岭碎屑锥、官良岭碎屑锥、儒洪岭碎屑锥、杨南岭碎屑锥、群香岭碎屑锥、永茂岭熔岩锥、好秀岭干玛珥湖、双池岭湿地玛珥、儒黄岭干玛珥湖、罗京盘干玛珥湖、一字岭涌流凝灰岩锥等33处火山口）和火山岩地貌亚类地质遗迹（包括仙人洞、七十二洞、火龙洞、乳花洞、鸦卜洞、卧龙洞熔岩隧道等6处熔岩隧道）。

1. 风炉岭混合锥

风炉岭混合锥位于石山镇南东侧，为海口石山火山群国家地质公园的主景区所在位置。风炉岭（图3-1-9）高程140～222.8 m，比高80.8 m，底座呈圆形，底径约600 m。有一火山口，内径120 m，深69 m，口垣窄，仅2～3 m，火口内壁陡（40°～65°），外坡较缓（36°）。可分出火口底、火口内坡、火口垣、火山锥外坡、坡麓陡坎等地貌部位（图3-1-10）。在火山口的东北面遗留有一个"V"形开口通道，这是当时火山喷发熔岩浆外溢之出口，山脚可见大面积溢流的绳状熔岩流。火山口陡壁主要由气孔状橄榄玄武岩及火山碎屑岩组成。在火山的熔岩流中可见浮岩、壳状熔岩和绳状熔岩。在火山口底座的火山碎屑岩山中，火山集块岩、火山角砾、火山渣、火山灰等火山碎屑物混杂分布。在风炉岭南麓，有一对寄生火山，状如一副眼镜，故名眼镜岭。其中靠东的一个以喷气为主，靠西的一个曾有熔岩溢出。风炉岭是熔岩多次喷发而形成，寄生火山锥是火山活动经过间歇之后，又有小股岩浆沿火山信道的薄弱部位突破，并再次活动所致。风炉岭混合锥火山地貌保存完好且明显，具两外寄生火口，火山岩相齐全，是全世界保存最完好的火山口之一，能为混合锥形成演化提供重要证据，与包子岭混合锥合称马鞍岭火山，已列入《世界火山名录》，为海口最高点，可远眺海口市区，具有极高的美

图3-1-9　风炉岭及外寄生火口航拍图

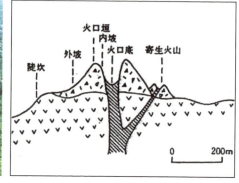

图3-1-10　风炉岭地貌剖面图

学观赏价值和研究雷琼地区第四纪全新世火山活动的科学价值。

2. 吉安岭混合锥

吉安岭混合锥（图3-1-11）位于石山镇吉安村北部。其高程65～100 m，比高30～40 m，底径650 m。火口内径350～450 m，深42 m，天然出露，完整性较好，能反映混合锥的主要特征。不同于风炉岭混合锥的外寄生火山，吉安岭混合锥的火口西南侧有一内寄生火山锥（图3-1-12），比高40 m，底径100 m，其火口内径40 m，深6 m。该寄生火山由火山渣和火山灰构成，火口保持原生态。吉安岭的特点是规模大，火口内壁和火口底部种满农作物。已设地质遗迹保护警示牌。

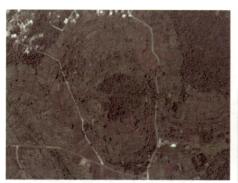 

图3-1-11 吉安岭卫星影像图   图3-1-12 吉安岭内寄生火山口

3. 美本岭混合锥

美本岭混合锥位于石山镇美本村东部。火山锥呈"V"字形，北部缺失，其高程100～140 m，底径420 m，内径100 m，火口深45 m。火口底部遭采石破坏，从残留的岩壁上可看出由火口向外，火山渣粒度由粗到细的变化过程（图3-1-13）。美本岭混合锥火口底人为圈地培育树苗，其内火山石盗采明显。

图3-1-13 美本岭火口底残留岩壁

4. 卧牛岭混合锥

卧牛岭混合锥位于永兴镇美宁村西南部，由东、西2个火山口组成，因其状如卧牛而得名。东侧火口高程125～143 m，比高18 m，内径60～90 m，深15 m，北向缺口，未开发，保持原生态；西侧火口高程127～143 m，比高16 m，深17.7 m。因人工挖石，西北部锥体已遭破坏（图3-1-14），形成深约5 m、宽约15 m的深坑，火山口外围种植农作物。火山地貌部分遭破坏，仅能部分反映混合锥主要特征，美学观赏价值一般。

图3-1-14 卧牛岭遭破坏的西侧锥体

5. 那墩岭混合锥

那墩岭混合锥位于石山镇石岩村北侧，紧邻龙美公路。该熔岩丘为黏度较高的气孔状玄武岩固结而成的穹状山，高程105～150 m，在地表上形态呈"X"形，甚为罕见（图3-1-15）。那墩岭混合锥已大面积开荒，种植荔枝、木瓜、人参果等经济作物。

图3-1-15 那墩岭熔岩丘卫星影像图

图3-1-16 浩昌岭外寄生火山口

6. 浩昌岭混合锥

浩昌岭混合锥位于石山镇浩昌村西南部，紧邻龙美公路。火山锥呈椭圆形，高程120～150 m，底径200～300 m，内径50 m，火口深27 m，西缺口。火口内保持原生态，火山外坡种满荔枝、龙眼、人参果等经济作物。因该火山规模小，耕作地占据大片面积，火山地貌不明显。本次调查工作于浩昌岭混合锥南部300 m处发现一底径50 m、比高15 m，由火山渣和火山灰构成碎屑锥，可视为浩昌岭碎屑锥的外寄生火山（图3-1-16）。

7. 儒群岭混合锥

儒群岭混合锥位于石山镇儒群村南部。其高程120～138 m，比高18 m，底径160 m。火口内径65 m，深17 m。儒群岭混合锥规模小，外围种满农作物，火口内保持原生态，火山地貌不甚明显，美学观赏价值一般。

8. 群休岭混合锥

群休岭混合锥位于永兴镇三元村北侧，紧邻G224海榆中线。锥体东高西低，高程100～144.4 m，底径360 m，比高45 m。锥体由火山碎屑岩和火山熔岩组成，火山碎屑岩包括火山弹、火山渣、火山砾、火山灰，大小悬殊，杂乱堆积。火山弹有的状如皮蛋，外壳（厚3～5 mm）极易剥落，有的状如纺锤，尾部有拉长和扭转构造，多分布在火山口附近，具有较高的科研价值、美学观赏价值。火山口内为耕作地，主要生长的经济作物有木麻黄、野荔枝和芭蕉等。

9. 群众岭混合锥

群众岭混合锥位于永兴镇三元村北侧，紧邻G224海榆中线。锥体北高南低，高程115～131.5 m，底径200 m，比高16.5 m，南缺口。锥体由火山渣、火山灰和火山熔岩组成。火山外坡种满经济作物，火口内保持原生态，火山地貌不够系统完整，但能反映其主要特征。

10. 雷虎岭混合锥

雷虎岭混合锥（图3-1-17）位于永兴镇南侧1.9 km。高程115～170.9 m，比高约56 m，底径900 m，坡度30°。有一火口，其口径280 m，底径50～100 m，深80 m，内坡坡度50°，北东向缺口，火山垣宽20～30 m。主要由火山碎屑岩构成，在火口垣和火口内见熔岩岩块。雷虎岭的锥体为火山碎屑岩，厚约42 m，其下为凝灰岩和玄武岩，厚约5 m，隔2 m风化壳，过渡为玄武岩与气孔状玄武岩互层，厚约35 m。雷虎岭是2期火山作用的结果，为一混合锥，因形似蹲虎而得名，火山口规模比风炉岭火山口大近1倍，火山地貌明显，火山岩相出露较齐全，因此更为雄伟壮观。火山口环壁呈阶梯状，底部宽广平坦，仿佛一个天然体育场。从火山口顶部到火山口内底部都有当地农民种植的果树、甘蔗、木薯等农作物，一派田园景色。

雷虎岭西北侧有2个熔岩隧洞（鸦卜洞），洞口相距30 m。北边洞

图3-1-17　雷虎岭火山口

口狭小，洞肚较宽，曲折幽深，洞壁火山碎屑岩石犬牙交错，千奇百怪，难以名状；南侧洞口宽 10 m，高 5 m，呈拱形，洞中有洞，洞上有洞，洞下也有洞，且洞洞相通，神奇莫测。雷虎岭岭腰有三眼古井，岭上有一座宋代古庙，而岭四周是海南岛最大的荔枝林，具有很高的美学观赏价值。已设地质遗迹保护警示牌。

11. 博任岭混合锥

博任岭混合锥位于永兴镇博任村西侧。其高程 120～141 m，比高 21 m，底径 280～500 m。火口内径 95 m，深 25 m。博任岭混合锥北部水泥路边见多个人工盗采坑，采坑中可见富含气洞的熔岩流。其中北西侧一采坑中见有 3 个熔岩隧道口：（1）洞口宽 6 m，高 3 m，可进入深度 15 m，内部塌方无法前行，洞顶可见熔岩钟乳（图 3-1-18、图 3-1-19）；（2）洞口宽 2.5 m，高 1.5 m，洞顶可见熔岩钟乳，洞底可见残留弧形绳状熔岩流，其弧顶方向可指示熔岩流流动方向（图 3-1-20）；（3）洞口宽 50 cm，高 1 m，截面为等腰三角形，顶部见有熔岩钟乳，洞壁光滑，应为一支洞（图 3-1-21）。本次地质遗迹点调查过程中仍见有村民在北侧部分盗采坑中盗采火山石，亟须加强保护。

图 3-1-18　熔岩隧道口

图 3-1-19　熔岩隧道顶部的熔岩钟乳

图 3-1-20　熔岩隧道内的残留绳状熔岩流

图 3-1-21　小型熔岩隧道口

12. 石岭混合锥

石岭混合锥位于石山镇儒符村北侧，邻近龙美公路。该锥体亦为黏度较高的气孔状玄武岩固结而成的穹状山，高程115～125 m，规模小，火山地貌不明显，观赏性差。四周已开荒，种植荔枝、人参果等经济作物，仅顶部保持原始状态。

13. 群仙岭混合锥

群仙岭混合锥位于永兴镇儒本村南东侧，紧邻G224海榆中线。锥体高程102～111 m，底径180 m，比高9 m，仅东侧锥体保存。火口底已开荒，种植农作物，火山地貌不明显，美学观赏价值低。

14. 昌甘岭混合锥

昌甘岭混合锥位于永兴镇昌甘村东侧，距G224海榆中线约2.5 km。锥体高程107～113 m，底径180 m，比高6 m。火山地貌不明显，锥体局部已开荒，种植农作物，美学观赏价值低。

15. 包子岭碎屑锥

包子岭碎屑锥位于石山镇东侧、风炉岭混合锥北侧，与风炉岭混合锥形成形似马鞍的地形，被合称为马鞍岭。包子岭碎屑锥规模较小，高程157～190 m，比高33 m，有一圆形火山口，内径90 m，深6 m，锥体由火山渣构成。在包子岭北侧山腰处有2个近百米的熔岩隧洞（火龙洞和乳花洞），其中火龙洞具有上下和左右双层结构的熔岩隧道，有天窗、地下水池、熔岩钟乳等，景观奇特，能为熔岩隧道形成演化提供重要证据。包子岭碎屑锥保持原生态，具有较高的旅游开发价值。

16. 玉库岭碎屑锥

玉库岭碎屑锥（图3-1-22）位于石山镇东部。其高程90～108 m，比高18 m，底径400 m。火口内径210 m，深11 m。该碎屑锥火山地貌不甚明显，仅可部分区分出火口底、火口内坡、火口垣等地貌单元，具一定美学观赏价值。玉库岭碎屑锥北西侧大部分为耕作地，种植蔬菜、木瓜、槟

图3-1-22　玉库岭火山口

椰等经济作物，南东侧保持原生态。

17. 荣堂岭碎屑锥

荣堂岭碎屑锥位于石山镇东北部。其高程97～106 m，比高9 m，底径260 m，主要由红色火山渣组成。火山锥中部及西南部为荣堂村所在地，人工建筑大面积覆盖，火山地貌难以识别。

18. 道堂岭碎屑锥

道堂岭碎屑锥位于石山镇道堂村，紧邻一字岭涌流凝灰岩锥和双池岭湿地玛珥湖。高程48～75 m，比高27 m，底径320 m。火山锥北部为道堂村所在位置，大部分为人工建筑覆盖，部分房屋建在火口内坡，火山地貌仅可识别出火口底和部分火口内坡。

19. 北铺岭碎屑锥

北铺岭碎屑锥紧邻石山镇。其高程100～105 m，比高5 m，底径125 m，主要由火山渣组成。锥体大部分已开荒，种植农作物，火山地貌不明显，美学观赏价值低。

20. 儒才岭碎屑锥

儒才岭碎屑锥位于石山镇儒才村西侧。高程107～113 m，比高6 m，底径100 m。火山规模小，火山地貌不明显，美学观赏价值低。

21. 美社岭碎屑锥

美社岭碎屑锥（图3-1-23）位于石山镇美社村南部。其高程117～181 m，底径600 m，内径150～260 m，火口深44 m，南向缺口。该碎屑锥火山地貌较明显，可区分出火口底、火口内坡、火口垣、火山锥外坡等地貌。该火山口布满玄武岩质集块岩，除东侧外坡有小面积耕作地外，其余大部分保持原生态，东部火口垣上铺设有火山石栈道，方便游客游览。已设地质遗迹保护警示牌。

图3-1-23　美社岭火山口

22. 昌道岭碎屑锥

昌道岭碎屑锥（图3-1-24）位于石山镇昌道村北西侧，紧邻美社岭碎屑锥。高程135～187 m，底径250～350 m，内径200 m，火山口深70～80 m，东高西低。昌道岭形态与风炉岭相似，但火口内径和深度皆超过风炉岭，因此火山口更显壮观和神秘。特别是火山口西侧有一因上下岩石岩性差异而崩塌形成的塌陷坑。与昌道岭

图3-1-24　昌道岭火山口

比邻还有一座同类型的美社岭碎屑堆，因此该区是火山口公园仅次于马鞍岭的火山景观相对密集地区，具有较高的旅游开发价值。火山口内主要生长有木麻黄、野荔枝等，基本保持原始状态，极少有人进入。已设地质遗迹保护警示牌，新修建有直达火口垣及火口底的火山石板栈道，方便游人观赏游览。

23. 国群岭碎屑锥

国群岭碎屑锥位于石山镇国群村西侧。高程100～157 m，底径310～380 m，内径110 m，火山口深27 m，北东向缺口。火山口基本保持原始状态，仅东侧火口外坡种植有荔枝等果树。代表火山地貌的表现现象和形成过程不够系统，但能反映其主要特征，具有一定美学观赏价值。

24. 官良岭碎屑锥

官良岭碎屑锥位于石山镇官良村西南部，紧邻国群岭碎屑锥。高程140～171 m，底径230 m，北东向缺口。火口内基本保持原生态，火山口外围种植有果树、木薯等农作物。代表火山地貌的表现现象和形成过程不够系统，但能部分反映其主要特征，具有一定美学观赏价值。

25. 儒洪岭碎屑锥

儒洪岭碎屑锥位于石山镇建新村北西500 m处。包括东、西2个锥体（图3-1-25、3-1-26），东锥体高程100～170.5 m，底径200 m，外坡种满香蕉等经济作物。因火山规模小且大面积耕作，火山地貌不甚明显。

图 3-1-25　儒洪岭东岭现状　　　　图 3-1-26　儒洪岭西岭现状

26. 群香岭碎屑锥

群香岭碎屑锥位于永兴镇儒本村南侧，紧邻 G224 海榆中线。由北西、南东 2 个锥体组成：北西锥体高程 100～125.3 m，底径 250 m，内径 130 m，火口深 30 m，锥体北部见早期盗采火山渣形成的陡坎，火口外坡种满经济作物，火口内保持原生态；南东锥体高程 95～125.8 m，底径 180 m，规模小，火山地貌不明显，已作为耕作地，种植木瓜、木薯等经济作物。

27. 杨南岭碎屑锥

杨南岭碎屑锥位于石山镇杨南村南部。火山锥呈椭圆形，长轴长约 120 m，短轴约 50 m，为第四纪全新世火山多次喷发形成。火山口由火山灰、火山渣组成，火山灰呈灰黑色，火山渣呈暗紫色。火山口西侧有采石井，井口直径约 20 m，深约 18 m，现已回填。因人工采石，揭露出完整的火山岩相剖面（图 3-1-27），内有地质遗迹保护警

图 3-1-27　杨南岭火山岩相剖面

示牌。因早期采石活动，火山口破坏严重，火山地貌无法识别。

28. 永茂岭熔岩锥

永茂岭熔岩锥位于永兴镇儒林村东侧。高程 90～121.6 m，底径 850 m；锥体呈盾状，顶部为熔岩平台，无火山口，熔岩溢流单元保持完整；山顶有具有流纹构造的玄武质岩石。该熔岩锥处村庄密集，大部分为居民地，顶部建有小庙和微波站，火山地貌不明显。

29. 好秀岭干玛珥湖

好秀岭干玛珥湖位于石山镇好秀村，紧邻双池岭湿地玛珥。该玛珥湖呈椭圆形，南北长330 m，东西宽250 m，东高西低，西侧火口垣不明显，火口底较平坦，为村民耕作地，仅能大致反映火山地貌。

30. 双池岭湿地玛珥

双池岭湿地玛珥位于石山镇好秀村北东侧，紧邻道堂—石山公路。双池岭湿地玛珥是琼北火山群中最小的玛珥火山，由2座玛珥火山组成（图3-1-28），西高东低，西岭高程90～105 m，内径130 m，深15 m；东岭高程80～92 m，内径260 m，深12 m。双池岭四周的火山岩由层凝灰岩组成，具明显的层理，外坡倾角约10°，内坡倾角50°～65°。双池岭为第四纪晚更新世射汽岩浆喷发形成的低平火山口，雨季在2个火山口形成积水。为国内外少见的连体玛珥火山，具有较高的科研价值和旅游开发价值。已设保护警示牌。

图3-1-28　双池岭火山口航拍图

31. 儒黄岭干玛珥湖

儒黄岭干玛珥湖位于永兴镇儒本村东侧，紧邻G224海榆中线，为海口石山火山群国家地质公园内最大的干玛珥湖。呈椭圆形，高程83～107 m，南北长2 km，东西宽1.7 km，深度24 m，北东向缺口，雷虎岭熔岩流自此缺口流入，形成熔岩湖。儒黄岭火口底是一块极为平整的大面积土地，土地上绿草茵茵，犹如一块天然的大型足球场。儒黄岭干玛珥湖火口垣为火山碎屑岩，现为村民耕作地，风化层厚度大，仅见零星气孔状玄武岩残块，未见涌流凝灰岩出露，火口底大面积开荒。

32. 罗京盘干玛珥湖

罗京盘干玛珥湖位于永兴镇罗京村北西侧，紧邻G224海榆中线。为一负地形，高程60～95 m，内径950 m，深度35 m。火口底部平坦，中心位置凸起一个岩丘，为原火口位置，高7～8 m。底部田块呈辐射状，边坡为梯田，总体呈环状，形态酷似运动场（图3-1-29）。罗京盘形态完整，火山地貌与田园风光完美结合，具有较高的旅游开发价值。

33. 一字岭涌流凝灰岩锥

一字岭涌流凝灰岩锥位于石山镇杨佳村西侧一带，为射汽岩浆多期次喷发形成的玛珥火山，西侧涌流凝灰岩环保存完好，东侧受后期火山活动影响，已缺失。高程60～

图3-1-29　罗京盘火山口航拍图

96.6 m，延展长度约2 km。一字岭山脊基本保持原始状态，内、外坡经人工开荒，出露大量陡坎剖面，其岩壁上不同粒级涌流凝灰岩交替叠加，形成很规则的层理结构，具有较高的科研价值。一字岭涌流凝灰岩锥多期次射汽岩浆喷发过程（图3-1-30）：早期上升的玄武岩浆遇到地下水发生蒸汽爆炸，并伴随出现涌流，形成底径约1500 m的玛珥火山及基浪堆积物（一字岭涌流

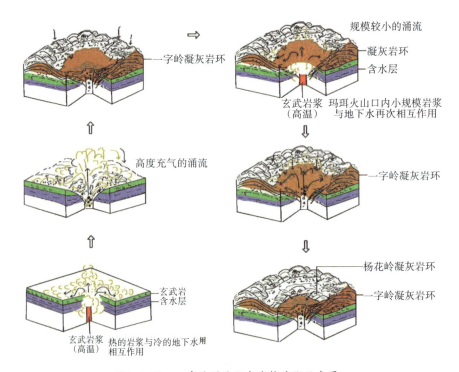

图3-1-30　一字岭涌流凝灰岩锥演化示意图

凝灰岩环），后期在玛珥火山内部，再次发生规模较小的上升的玄武岩浆与地下水的蒸汽爆炸，在玛珥火山口内部形成底径 750 m 的小型玛珥火山（杨花岭涌流凝灰岩环），早期形成的基浪堆积物（一字岭涌流凝灰岩环）成了杨花岭涌流凝灰岩环的外轮山。一字岭涌流凝灰岩锥为国内唯一一处可地表观察到多期次射汽岩浆喷发形成的火山机构，具有较高的科学研究价值。

34. 仙人洞熔岩隧道

仙人洞熔岩隧道位于石山镇荣堂村北侧。前人资料记载，仙人洞长约1200 m，为海口火山群中最长的熔岩隧洞，洞内有纵向的边槽、岩阶、绳状流纹等熔岩流动留下的痕迹。本次调查对仙人洞进行实测：洞口高 2.8 m，宽10.5 m，主体延展方向 310°，洞内宽度变化不大，高度变化为 2.2～5.2 m，362 m 后延展方向变为 60°，且洞宽度变小，为 6 m；沿该方向延展 41 m 后分为 310°和 350°方向 2 个小支洞，北西方向支洞洞口大小 0.3 m×0.6 m，北偏西方向支洞口大小 0.2 m×0.8 m，因两支洞口太小，人员无法继续前行，故未继续进入调查。本次实测仙人洞延展长度 403 m，并向北、北西方向可进一步延伸。洞内发育边槽、岩阶、绳状流纹等熔岩流动遗留的痕迹，洞顶见数个气洞，现为蝙蝠栖息地；局部隧道顶塌方，可见后期形成的具柱状节理玄武岩。

35. 七十二洞熔岩隧道

七十二洞熔岩隧道位于石山镇荣堂村，紧邻石山镇。由多条熔岩隧道在此交汇而成，且因隧道多处塌陷而被分割成数十个熔岩隧道段而得名。根据前人实测，七十二洞熔岩隧道全长 780 余 m（图 3-1-31），主洞高度 3～4 m，宽度约 20 m，景观极为丰富，有纵横交错的熔岩隧道系统，有由洞顶局部塌陷而形成的塌陷坑和"天窗"，有由 2 个"天窗"之间的残留洞顶构成的"天生桥"，有由洞顶岩块沿节理崩落并堆积在洞底而构成的"洞中岩堆"，有由一

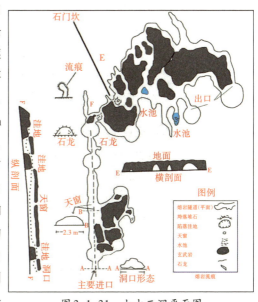

图 3-1-31　七十二洞平面图

长条熔岩隧道整段陷落而构成的"塌陷谷"。七十二洞熔岩隧道天然出露，代表熔岩隧道演化的现象完整清晰，能为熔岩隧道的形成、演化、消亡提供重要依据，具有较高的科学研究价值和美学观赏价值。根据七十二洞展布特征，其熔岩流来自东侧的玉库岭。因公园管理单位已对其进行详细测量调查，本次工作未对其做进一步调查工作。

36. 火龙洞熔岩隧道

火龙洞熔岩隧道位于包子岭混合锥北东侧山腰。该洞具有独特的上下和左右双层结构的熔岩隧道。洞内岩壁有千姿百态的熔岩钟乳和熔岩棘，洞底有一池清水，洞顶水滴溅落，叮当作响，美妙动听。因公园管理单位已对其进行详细测量调查，本次工作未对其做进一步调查工作。

37. 乳花洞熔岩隧道

乳花洞熔岩隧道位于包子岭混合锥北东侧山腰。该洞长一二百米，洞内岩壁有千姿百态的熔岩钟乳和熔岩棘，具有较高的美学观赏价值。因公园管理单位已对其进行详细测量调查，本次工作未对其做进一步调查工作。

38. 鸦卜洞熔岩隧道

鸦卜洞熔岩隧道位于雷虎岭山腰处，因传说有乌鸦聚集洞中而得名。由南、北2个熔岩洞组成，洞口相距30 m。北边洞口狭小，洞肚较宽，曲折幽深，形如游龙。洞中岩石犬牙交错，千奇百怪，难以名状，现实游人尚不敢贸然进入。南边洞口宽10 m，高5 m，呈拱形（图3-1-32）。此处洞中有洞，洞上有洞，洞下也有洞，洞洞相通。因人为堆石堵洞，本次调查工作仅实测23 m后便无法前行。

图3-1-32　鸦卜洞南洞口

39. 卧龙洞熔岩隧道群

卧龙洞熔岩隧道群为一大型熔岩洞群，位于永兴中学后。整段隧道近似圆形，内壁烘烤硬壳呈灰黑色，光滑发亮并带明显的擦痕，酷似蛇纹，故名卧龙洞。洞内边槽和岩阶位于洞底两侧的岩壁，前者是熔岩流夹带的岩块刻蚀壁而成，后者呈阶梯状，是熔岩流动的遗迹（是熔岩向两侧翻卷的产物）。本次工作对其中2处人员可进入隧道进行实测，但均因途中人为堆石堵洞而调查中止，实测深度分别为61 m、50 m。

四、地质遗迹价值特征

（一）自然属性

1. 科学性

海口石山火山群国家地质公园地质遗迹区地质遗迹众多，火山最典型的特点在该区均有发现，这些地质遗迹均具较高的科学研究价值、美学观赏价值及科普价值。

2. 完整性、稀有性和观赏性

海口石山火山群国家地质公园地质遗迹区是典型的火山地质遗迹，各火山机构保存完好，火山口、火山底、火口内坡、火口垣、火山锥外坡、坡麓陡坎等地貌及各火山剖面段岩性连续出露。代表性地质遗迹有风炉岭混合锥、七十二洞熔岩隧道、一字岭涌流凝灰岩岩相剖面Ⅰ、风炉岭混合锥岩相剖面、包子岭混合锥、吉安岭混合锥、雷虎岭混合锥、昌道岭碎屑锥、双池岭湿地玛珥、罗京盘干玛珥湖、一字岭涌流凝灰岩锥、仙人洞熔岩隧道、火龙洞熔岩隧道等。

风炉岭混合锥岩相剖面代表了世界级地质遗迹风炉岭混合锥的形成过程。

包子岭混合锥火山地貌保存较完整，北东侧山腰具2条熔岩隧道，与风炉岭混合锥合称"马鞍岭火山"，列入《世界火山名录》，具有较高的美学观赏价值。

吉安岭混合锥为琼北地区唯一具内寄生火口的混合锥，其火山地貌保存完整，为雷琼地区具内寄生火口混合锥的典型，具有较高的美学观赏价值。

雷虎岭混合锥规模比风炉岭混合锥大近一倍，其火山地貌亦保存完整，火山口环壁呈阶梯状，底部宽广平坦，如同一个天然体育场，极具美学观赏价值。其西北侧有2个熔岩隧洞，其中南侧洞口宽10 m，高5 m，呈拱形，延伸百余米，其内除了熔岩钟乳、岩阶、边槽等构造，还发育数个气洞，成为蝙蝠的良好栖息场所，可激发游人探险欲望。

昌道岭碎屑锥形态与风炉岭相似，但火口内径和深度皆超过风炉岭，因尚未开发，火山口保持原始状态，极具观赏价值。同时昌道岭所在区域是园区内仅次于风炉岭的火山景观相对密集地区。

双池岭湿地玛珥是国内外少见的连体玛珥火山，火山地貌保持完好，具有较高的观赏价值。

罗京盘干玛珥湖火山地貌与田园风光的完美结合，国内少见，具有极高的美学观赏价值。

一字岭涌流凝灰岩锥是多期次射汽岩浆爆发形成的玛珥火山，也是国内唯一一处地表可见多期次射汽岩浆爆发形成的玛珥火山，具有较高的观赏价值。

仙人洞熔岩隧道全长400余m，属大型熔岩隧道，洞内有纵向的边槽、岩阶、绳状流纹等熔岩流动留下的痕迹，具有较高的观赏价值。

火龙洞熔岩隧道是具有独特的上下和左右双层结构的熔岩隧道，洞内岩壁有千姿百态的熔岩钟乳和熔岩棘，具有较高的观赏价值。

3. 规模面积

海口石山火山群国家地质公园地质遗迹区隶属海口市管辖。共有38个地质遗迹区、2个地质遗迹点，涵盖火山机构各类地质遗迹资源，且与其他资源相互协调配套，总面积约9.48 km²。区内居民较少，地质遗迹范围的土地权属问题比较容易解决，保护与开发该地质遗迹面积较适宜。

4. 保存现状

海口石山火山群国家地质公园地质遗迹区基本保持自然状态，未受到或极少受到人为破坏，区内火山锥、火山湖、火山台地等火山岩地貌景观基本保持完好，为较完整齐全的火山地质遗迹。现已作为国家地质公园进行保护开发，有11处列为国家级地质遗迹。

（二）社会特征

1. 通达性

海口石山火山群国家地质公园地质遗迹区位于海南省海口市秀英区石山、永兴两镇，距离海口市中心约15 km，距离G98高速出口在5 km范围内，交通较便利。

2. 安全性

该地质遗迹区周围有危险体，岩石风化较强烈，有一定危险，不过采取措施可控制。

3. 可保护性

该地质遗迹区位于世界级地质公园内，采取有效措施能够得到保护，存在一些自然破坏因素，可通过人类工程加以保护。

五、地质遗迹成因

（一）形成时代

在距今约65～150 Ma，火山活动有6次喷发作用形成，从早至晚，有早更新世和晚更新世。火山活动频繁，与喜山构造运动密切有关。海南岛北部沿东西向王五—文教构造带发生裂解，构造带以南地壳以隆升作用为主，而其北面则由南至北发生阶梯状下陷，形成东西向的断陷盆地，琼州海峡由此生成，海南岛从此与大陆分离。海口石山火山群国家地质公园的形成主要在距今3～100 Ma，盆地内并接受了厚达3000 m的海相沉积。

火山活动基本上发生在王五—文教构造带以北。海南岛火山活动频繁，具有多期次喷发的特点。就其分布规模大小而论，从早到晚，火山活动呈现出弱—强—弱，并趋于衰竭的特点。最早的火山喷发活动发生在中新世—上新世，距今约120 Ma；中、晚更新世火山喷发活动达到高峰，距今约1.2 Ma。火山喷发形成琼北大面积的基性火山岩地貌。同时在火山口附近抛出大量的玄武岩熔岩碎块，杂乱堆积，形成如今规模巨大的火山口、火山台地、碎屑锥、熔岩隧道等景观。

（二）地质遗迹景观成因

海南岛火山地貌景观类各地质遗迹成因基本相近，海口石山火山群国家地质公园主要由火山喷发、流动、风化剥蚀等地质作用而形成，气派极为壮观。在由36座火山口形成的火山群带，马鞍岭火山口最为典型，高山海拔222.6 m，为琼北最高峰，火山口直径130 m。马鞍岭火山口是世界上最完整的死火山口之一，其四周分布着大小30多座拔地而起的孤山，它们都是火山爆发形成的。同时也形成如今石山火山群国家地质公园如此之多的地质遗迹景观奇迹，如火山锥、火山口、火山湖、熔岩隧道（图3-1-33）。

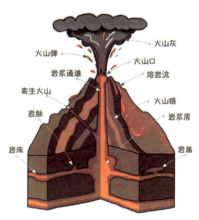

图3-1-33　火山各机构示意图

1. 火山锥的形成

在岩浆涌出地面的通道（火山口）附近，当岩浆活动停止后，由于各种火山喷出物冷却凝固和堆积，形成圆锥状山丘，这就是火山锥。碎屑锥属于火山碎屑物，是在火山爆发时，当岩浆接近地面，黏度过高，气体不易逸出，于是累积的压力越来越大，把熔岩炸碎而喷发，喷出的物质便是火山岩屑。火山碎屑流堆积物由晶体、火山玻璃碎片、浮岩、火山渣（富镁铁质成分）和岩屑组成，含量比例变化很大，取决于岩浆成分和碎屑流的成因。风炉岭混合锥、浩昌岭混合锥、道堂岭碎屑锥、昌道岭碎屑锥等周围30多座孤山就是典型的火山锥地貌。

2. 火山口的形成

由于该地区火山的剧烈喷发，火山口下方深处的岩浆房被掏空，无法支撑上方山体的重力，造成以火山口为中心的部分火山锥体向下塌陷，形成巨大的环形破火山口，如马鞍岭火山口。

3. 火山湖的形成

由于雨水汇集到了火山口中，就形成了山顶上的火山湖，如该地区内的好秀岭干玛珥湖、双池岭湿地玛珥、儒黄岭干玛珥湖、罗京盘干玛珥湖。

4. 熔岩隧道的形成

在熔岩内部自然形成的管道，当熔岩流动时，由于表面冷却较快，形成一层硬壳，而内部的高温熔岩在地硬壳的保护下继续保持高速流动，当火山喷发结束后，管道中的熔岩继续潜流，熔岩流尽，便形成一个巨大的熔岩隧道。如果从顶部慢慢滴下的热熔岩遇冷变硬，便形成了一个个钟乳石般的熔岩钟乳。如七十二洞熔岩隧道、仙人洞熔岩隧道、卧龙洞熔岩隧道群、火龙洞熔岩隧道、乳花洞熔岩隧道、鸦卜洞熔岩隧道。

第二节 儋州峨蔓火山地质遗迹基本特征

一、地理环境特征

（一）交通位置

儋州峨蔓火山地质遗迹区位于海南岛西部，儋州市北西方向的峨蔓镇，其地理位置中心坐标为109°16′48″E，19°51′29″N，隶属儋州市峨蔓镇管辖。其范围西南自盐丁村起，北东至长沙村，南东自春历村起，北西至北部湾海岸，面积约27 km²。距儋州市那大镇50 km，距洋浦国家经济开发区20 km，距离G98高速公路约30 km，海南岛环岛旅游公路通过地质遗迹区，交通十分便利。

（二）自然环境

该区属热带海洋性季风气候，阳光充足，气候温润，干湿季节分明。年平均气温26℃，1月平均气温18℃，极端最低气温13℃，7月平均气温29.1℃，极端最高气温36℃以上。雨量较少且分布不均，雨量主要集中在5月至10月，11月至翌年4月为旱季，雨量仅占全年降雨量的15%左右。易受强热带风暴或台风袭击，平均每年1～3次。

该地质遗迹区域内经济以渔业为主。峨蔓湾水浅石多，利于浅海捕捞，现已发展成儋州市重要的渔港之一，水产品较丰富；农业以种植水稻、甘蔗、芝麻和豆类为主；工业不发达，主要为手工业作坊，经济相对落后。区植被为红树林、农业植被、人工林等。红树林为热带海岸潮间带特有的水生乔灌木群落类型。它在涨潮时在海水中，在退潮时又出现在海滩上，故又被称为"海底森林"。主要分布在峨蔓港至盐丁海湾一带。分布规模较小，多为次生类型。红树林树种31个，分属17科21属，其中乔木树种17个，即木榄、海莲、尖瓣海莲、角果木、白骨壤、红榄李、海桑、杯萼海桑、海南海桑、拟海桑、卵叶海桑、木果楝、艮叶树、王蕊、海芒果、杨叶肖槿、黄槿；灌木树种12个，即秋茄、红树、红海榄、海漆、桐花木、瓶花木、老鼠勒、小花老鼠勒、榄李、水椰、水莞花、佛焰包猫尾木；蕨类2个，即卤蕨、尖叶卤蕨。

该区红树林原生群落呈乔木状，高3～4 m，胸径5～12 cm；次生群落多呈灌木状，高1～2 m。红树林支柱根、气根发达，纵横交错，盘根错节，果实具有"胎生"现象。

农业植被多为水稻、甘蔗，以及木薯、番薯、花生、菠萝、荔枝等。水稻分布于火山岩台地低洼地段，具有水利灌溉条件，甘蔗、木薯等分布于地形相对较缓、风化土层较厚的地段。在水利灌溉设施较完善的条件下，火山岩分布区农业植被生长状况较好。

人工林主要分布于玄武岩台地地形较陡及农业植被间或分布的岛状地段，树种多为桉树、木麻黄等。

龙门、盐丁地区位于北部湾东部。海洋生物种群丰富，有马鲛鱼、红鱼、鲳鱼、鱿鱼、墨鱼、门鳝、石斑、海参、对虾、带鱼、螃蟹、白蝶贝、珍珠、海鳗等。

（三）地形地貌

儋州峨蔓火山属于火山口地貌，有5个火山口呈北西走向分布，最高的兵马山火山口海拔高度208 m，其附近还有数个火山口，构成底部直径达1500 m的火山口群。笔架岭周围则主要是由火山熔岩和凝灰岩堆积而成的火山台地，海拔标高多在20～60 m。靠海岸地带，主要是由火山熔岩或风化的红土、松散的砂砾组成的滨海平原，宽度窄，海拔标高一般在10 m以下。

峨蔓湾地形较平坦，主要为海成Ⅰ级和Ⅱ级阶地，海拔高度为1.3～24.7 m，比高为23.4 m，总体宽度较窄。地貌以海成Ⅰ级阶地和沙堤为主，主要为起伏沙地和玄武岩风化红土及玄武岩礁石，整个海岸线曲折多姿。

（四）人文概况

峨蔓镇位于儋州市西北端，东南邻木棠镇，西南与三都镇接壤，北濒北部湾。陆地面积91.22 km²，有2.97万人，管辖13个村委会、110个自然村。农业以种植业、养殖业为主，工业以风力发电能源为主。当地居民主要是汉族，语言主要为儋州话、普通话。该地区民风朴实，民情丰富，调声、山歌等非物质文化遗产独具风格，这些都是发展地质遗迹保护及建立省级地质公园的一大优势。

二、地质及水文地质特征

（一）地质特征

　　儋州峨蔓火山地质遗迹分布区地处琼北断陷盆地西北侧，南侧有王五—文教深大断裂构造，该断裂是雷琼断陷的南界，控制着琼北地区的基性岩浆活动，对晚第四纪水系发育及其地貌形态起控制作用。区域以第四纪早更新世玄武岩广布为特征。南、西南沿海地带则发育第四纪松散沉积地层和火山沉积岩层。区域断裂构造以北东向和北西向断裂为主，北西向断裂控制着笔架岭火山口的分布。区内火山活动均剧烈，伴随火山喷发，火山口及附近堆积厚厚的集块岩锥，火山口周围则广布火山熔岩和火山沉积碎屑岩。区内地表水系不发育，属于干旱地区，但地下却赋存火山岩裂隙水或第三系松散地层孔隙裂隙地下水（图3-2-1）。

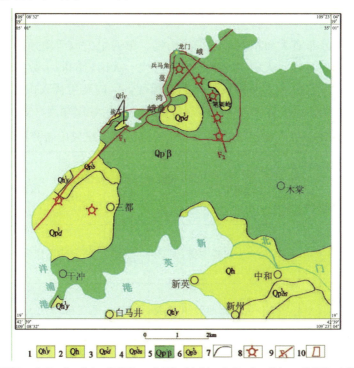

　　1. 烟墩组：砂砾、砂、黏土、海滩岩 2. 全新统（未分）：砂砾、砂、黏土 3. 道堂组：灰褐色橄榄玄武岩、沉凝灰岩。上段为褐灰色、灰黑色粉质黏土、砂质黏土，含较多凝灰岩风化残留体；中段为褐灰色、灰褐色橄榄玄武岩；中下段为玄武质沉凝岩晶屑凝灰岩、凝灰质含砾砂岩 4. 八所组：粉细砂、含细砾中粗砂 5. 下更新统：玄武岩 6. 北海组：粉质黏土、砂、含玻璃陨石砂砾 7. 地质界线 8. 火山口位置 9. 断层及编号 10. 地质遗迹分布地段

　　图3-2-1　儋州峨蔓火山地质遗迹区域地质图

1. 地层

该区地层比较简单，除第四系松散沉积层外，出露主要岩石为第四系下更新统玄武岩和道堂组基性火山熔岩及火山碎屑沉积岩，现将地层主要特征分述如下。

第四系沉积物，可分为2个部分，在木棠亚期火山喷发岩之上分布有上更新统的海滩岩或全新统的中粗砂。

全新统河流冲积和滨海相：含泥砂沉积及火山熔岩海滩岩，分布在峨蔓海边一带，主要由玄武岩砾石、卵石、砂、生物碎屑组成，有时被生物碎屑（主要为珊瑚碎屑）胶结，厚度0～7 m。海岸边常被灰、灰白、灰黄色中粗粒砂或粒土质砂覆盖。

全新统滨海相烟墩组：小范围分布于三都区西部滨海，岩性主要为海滩岩、砂砾岩、砂。

晚更新世北海组：小范围分布于三都区西部滨海，岩性主要为砂砾、砂。

2. 火山岩

该区内分布有大面积的第四纪火山岩，第四纪火山活动强烈。根据火山岩上下地层的时代、火山岩所夹地层的时代、火山岩的测年数据、火山岩的风化壳的发育程度及火山机构保存完整程度，区内新生代火山作用共有3次火山喷发活动，每个旋回大体与地层单位的一个岩性组相当（表3-2-1）。

表3-2-1 儋州峨蔓火山地质遗迹区第四纪火山岩分期表

喷发时代			喷发序次			主要岩性	埋深/m	分布情况	代表性火山	接触关系	喷发环境
纪	世	期	旋回	韵律	期次						
第四纪	全新世	石山期	3	4	4	橄榄玄武岩、含集块、火山角砾橄榄玄武岩	地表	龙门、白沙穴	龙门、白沙穴	下伏为道堂组	陆相
	晚更新世	道堂期	2	3	3	沉凝灰岩	地表	张屋村	张屋村	上覆为全新世石山期火山岩；下伏为北海组、多文组或更老地层	海相
						玄武岩	地表	峨蔓	德义岭		陆相
	中更新世	多文岭期	1	1	1	橄榄辉石玄武岩、辉石玄武岩	地表	玉堂、木棠、朱屋	兵马山、笔架岭	上覆为晚更新世道堂期；下伏为下更新统或更老地层	陆相

第一喷发旋回：时代为第四纪中更新世，由1个喷发韵律陆相玄武质熔岩构成（多文组），火山岩主要由橄榄辉石玄武岩、辉石玄武岩构成，主要分布于洋浦区大部，玉堂、木棠、朱屋一带。

第二喷发旋回：时代为第四纪晚更新世，由陆相玄武质岩—陆相玄武质沉凝灰岩构成，组成2个喷发韵律，形成道堂组玄武岩类岩石和沉凝灰岩，主要出露于峨蔓、德义岭一带。

第三喷发旋回：时代为第四纪全新世早期，由1个喷发韵律陆相玄武质熔岩构成，形成石山组玄武岩类岩石，主要分布于区内西北部龙门、白沙穴一带。

第四系下更新统玄武岩，主要分布在笔架岭火山群及其周围大片地区，为峨蔓地区出露最广的岩石。根据岩矿鉴定的结果，主要为橄榄玄武岩，岩石风化呈灰色，斑状结构，气孔状构造。斑晶主要由斜长石、辉石和橄榄石组成，粒径大小一般是0.2～4.5 mm不等。其中斜长石呈自形板柱状，双晶发育；辉石呈自形—半自形柱粒状，解理发育；橄榄石呈半自形柱粒状，表面光滑或裂纹发育，裂纹间常见伊丁石化现象。基质主要由斜长石和少量玻璃质、铁质及橄榄石等组成。其中斜长石呈细长条状，粒径大小都小于0.15 mm，呈不规则状分布，其粒间有玻璃质、铁质及橄榄石等分布，构成交织结构。按产状和结构划分，该区火山岩可分为火山熔岩和火山碎屑岩两大类。前者主要分布于笔架岭周围火山台地及海岸带，以岩被状产生；后者主要分布于笔架岭火山群各个火山锥，其火山碎屑粒径从火山口向四周由粗变细。火山口附近由粒径0.1～0.6 m的集块岩混杂堆积，形成底座直径约1500 m、比高约100 m的巨型集块岩锥。形状以不规则块状为主，属于火山爆发相的产物。随着距离火山口越远，火山碎屑岩的粒径越细，最后形成层状的火山—沉积碎屑岩，分布于火山锥近围的阶地，以各粒径集块岩和火山角砾岩为主。

第四系下更新统道堂组凝灰岩、层凝灰岩和火山角砾岩及火山渣互层，主要分布在距笔架岭3 km处张屋村附近的公路边。片石村一带分布有大片层凝灰岩，黄褐色，由火山岩屑、晶屑组成，层状近水平产出。火山角砾岩呈深褐色，以中基性成分为主，具明显的角砾状，角砾大小不等，从1～15 mm均有，分选性差，角砾中有石英、长石、黑云母等晶屑和玻屑。角砾占55%～65%，黏土矿物以伊利石为主，少量蒙脱石，黏土矿物占18%～20%，厚度大于1.5 m。火山渣呈棕黑色，结构疏松，呈多孔状构造，以非晶态玻璃质成分为主，主要由火山尘和火山浮尘组成，未见黏土矿物，含硅、钙、铝、铁较多，钾、钛其次。厚度0～1.05 m。按喷发类型及搬运方式，属火山喷发—沉积相的产物。

3. 地质构造

由于该区域出露地层时代较新，各种构造现象不明显，加之植被发育，地表掩盖，难于详细观察。地表为玄武质岩石风化的红土、层凝灰岩，均呈水平状产出，或略向西、北西方向倾斜。

在该地质遗迹区内发现2条断裂（F15）。一条位于三都公堂—峨蔓一带，走向大致55°，断裂北西侧为走向北东的局部正异常，南东侧为走向近东西的局部负异常。断裂总体表现为10～130 γ断续延伸的线性正异常带，沿该断裂两侧有火山口分布，新生代火山岩喷发与该断裂有着密切的关系，该断裂北西盘上升，而南东盘下降。受该断裂作用，公堂岭北面海岸中新近纪海口组由于抬升而直接出露。

另一条命名为F_2的断层，呈北西走向，从北西的兵马角，经笔架岭、春历岭，至南东的刘荳岭。沿此断层有多处火山口分布，对笔架岭火山群起到控制作用。

（二）水文地质特征

根据地层含水性及地下水赋存条件，该区域地下水以火山岩基岩裂隙孔洞水为主，其次为第四系松散岩类孔隙水潜水及第三系固结类孔隙承压水。其含水性分述如下。

1. 第四系松散岩类孔隙水潜水

第四系松散岩类孔隙水潜水主要为松散岩类孔隙潜水和火山岩裂隙孔洞水。

松散岩类孔隙潜水：分布于第四系全新统、烟墩组、北海组的孔隙中，小范围分布于三都区西部滨海，岩性主要为海滩岩、砂砾岩、砂。主要赋存于该层的砂砾孔隙中，富水性弱，主要承受大气降水的补给，其径流条件受到地形控制，由地势较高处往低洼处径流，以渗流或泉的形式排泄出地表，最后汇入大海。

火山岩裂隙孔洞水：区域上主要出露第四纪早更新世玄武岩，其次为晚更新世道堂组玄武岩—火山碎屑。含水层呈层状、似层状产出，各期次的火山岩间无明显的隔水层，互相连通。火山口周围含水层厚度较大，向四周台地逐渐变薄。熔岩隧道、天然井、气泡洞穴、各种孔洞、裂隙等充水，蕴藏着丰富的地下水，但含水性不一。地下水主要接受大气降水及地表水体补给，经径流至台地前缘排泄，形成独特的补径单元。在火山岩台地区，部分潜水垂向排泄补给下部承压水。地下水等水位线形态受地形控制。赋存于火山岩裂隙孔洞及断裂中，沿基岩裂隙径流，于低洼处以泉或渗流形式排泄，富水性与岩体裂隙、孔洞发育程度成正相关。

2. 第三系固结类孔隙承压水

含水层分布在全区域，岩性为肉红色贝壳砂砾、岩贝壳砂岩，分属琼北自流盆地第二、第三承压含水层。

第二承压含水层厚度一般为7～27 m，其中峨蔓地区最厚，达到47.8 m。承压水赋存于海口组贝壳砂砾、岩贝壳砂岩中，顶板埋深5.12～193.47 m，往南西逐渐变浅，标高一般为76～23.6 m，峨蔓地区最低121 m，含水层向北西沿海倾斜。地下水位埋深，峨蔓地区最深39 m，向海和新英湾变浅，沿海地区3 m左右，并普遍自流。该含水层富水性好。

第三承压含水层岩性主要为中粗砂、含有砾中细砂，松软—半固结状态。厚度23～36 m，埋深58～84 m，水位标高2.8～4.5 m，富水性中等。

第二、第三含水层间均有页状黏土、亚黏土的隔水层。

两个含水层的补径排条件基本相同，主要靠火山口群潜水垂直补给，其次是南部边缘第四系潜水侧向渗入。火山岩高台区，上层水垂直补给下层水；滨海平原区，地下水位下层比上层高，下层水越流补给上层水。

区域内主要为火山岩，地层岩性坚硬，结构较为致密，工程地质、环境地质条件较好，无崩塌、滑坡等不良地质现象。

三、地质遗迹及人文景观特征

儋州峨蔓火山地质遗迹景点较多，大致可以分为火山口景区、火山被（台地）景区、火山海岸景区、海积海蚀景区。此外，该区自然景观、人文景观配套资源也很丰富。其中主要的地质遗迹景点有火山沉积剖面、笔架岭火山口集块岩锥、峨蔓湾、龙门激浪、层状凝灰岩、火山洞穴、火山岩礁石、海蚀岩、片石村凝灰岩、火山泉等。自然景观、人文景观主要有红树林、仙人掌、珊瑚礁、盐丁村千年古盐田、海防林、人工洞穴、百年古灯塔、风力发电场等。还有享誉海内外的非物质文化遗产——儋州调声、儋州山歌等风土人情。（具体位置见图3-2-2，地质遗迹景点见表3-2-2）

表3-2-2 儋州峨蔓火山主要地质遗迹景点及其他景点一览表

序号	景点位置	地理坐标/m		典型地质遗迹及其他景观点	景区分类
		X	Y		
1	兵马角	2201514	36632517	火山口、熔岩锥	火山被(台地)景区(Ⅱ)
2	龙门村海边	2200983	36632083	海滩边火山岩礁石、陡峭海岸	
3	龙门附近	2201482	36632163	海蚀岩、火山岩礁石、形成岬角	
4	龙门正南300 m	2200725	36632002	火山熔岩、海蚀岩柱	
5	兵马角	2200803	36632057	35 m高的海边灯塔	
6	新房村南西400 m	2201027	36632364	熔岩窟窿洼地	
7	龙门激浪南600 m	2200878	36632797	直径6 m、高20 m的风力发电站群	火山海岸景区(Ⅲ)
8	海岸	2200446	36632280	第四纪全新统沙滩、贝壳滩	
9	白沙穴村北约1.1 km海岸	2199973	36632238	火山熔岩、海滩岩	
10	上浦村	2198097	36631700	第四纪全新统沙滩	
11	下浦村	2197531	36631823	受保护红树林	海积海蚀景区(Ⅳ)
12	下浦村	2197433	36631317	第四纪全新统沙滩	
13	下浦村	2197277	36631855	古盐田、泉眼	
14	张屋村东500 m	2197502	36632931	典型凝灰岩沉积相剖面	火山被(台地)景区(Ⅱ)
15	片石村	2198653	36635402	大范围裸露层状凝灰岩	
16	笔架岭	2197848	36634776	火山口集块岩锥,集块岩高大、集中	火山口景区(Ⅰ)
17	笔架岭	2197520	36634682	兵马山火山口高208 m碎屑岩锥	
18	笔架岭	2197128	36634759	火山口集块岩锥	
19	笔架岭西侧区域	2199704	36633819	熔岩被分布广	火山被(台地)景区(Ⅱ)
20	盐丁村	2196544	36628193	砚台式、石板式、沙地式古盐田	海积海蚀景区(Ⅳ)

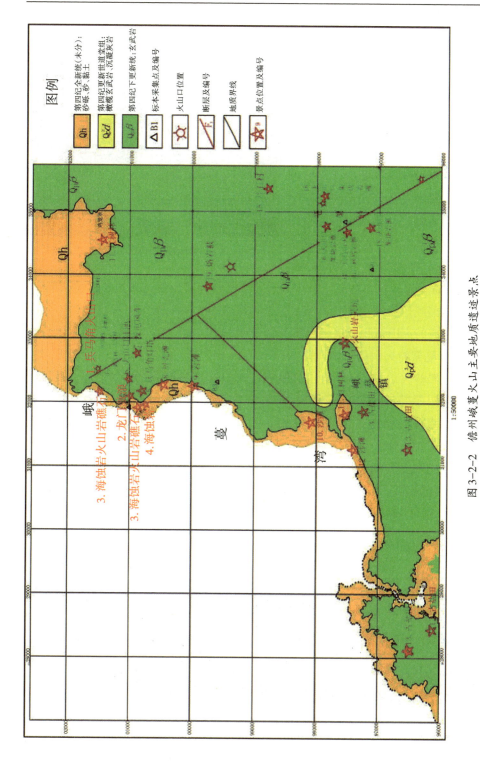

图 3-2-2 儋州峨蔓火山主要地质遗迹景点

（一）地质遗迹景观特征

主要的地质遗迹景观特征描述如下。

1. 火山沉积剖面

该剖面位于张屋村一带，离火山口约 2 km 的靠海方向分布有一系列火山碎屑沉积物，最典型的是层状的凝灰岩以及夹于其中的火山角砾岩，构成十分完整的火山口喷发由粗至细的沉积系列。其中火山角砾岩夹层厚度

图 3-2-3　张屋村笔架岭火山沉积碎屑岩

0.5～1 m，分布较为稳定。据前人的普查资料，火山灰分布面积达 8 km²，资源量达亿吨。所谓火山灰其实是一套由凝灰岩、层凝灰岩、火山角砾岩及火山渣组成的火山沉积碎屑岩（图 3-2-3）。

2. 笔架岭火山口集块岩锥

笔架岭火山群由 5 个火山锥组成。火山锥之间相距 200～500 m，因形似毛笔笔架而得名，属于碎屑锥。其岩性为玄武质火山集块岩，杂乱堆积，形成底面直径约 1500 m、比高约 100 m 的巨大集块岩火山锥，与海口琼山地区其他火山口一样是火山多期次喷发的产物，属于中心式喷发。离火山口较远的地方，主要沉积了凝灰岩或凝灰质火山角砾岩。形成了具有火山喷发—沉积由粗到细沉积系列特色的笔架岭火山群（图 3-2-4 至图 3-2-6）。

图 3-2-4　笔架岭火山锥

图 3-2-5 规模巨大的火山集块岩锥　　　图 3-2-6 笔架岭火山集块岩

该区火山最典型的特点是火山口附近巨大的火山集块岩，单个集块岩大者 0.5～0.6 m，小者 0.1～0.2 m，密集杂乱堆积成底宽直径达 1500 m、标高约 208 m、比高约 100 m 的火山集块岩山峰（兵马山火山锥），实属少见。离火山口约 2 km 的靠海方向分布有一系列火山碎屑沉积物，最典型的是层状的凝灰岩以及夹于其中的火山角砾岩，构成十分完整、规模巨大的火山口喷发由粗至细的沉积系列。其中火山角砾岩夹层厚度 0.5～1 m，分布较为稳定。该区火山集块岩锥之高大、火山灰层之厚宽，省内十分罕见，也是国内少有的地质遗迹景观。另外，该区米黄色的层凝灰岩、凝灰岩大面积裸露于笔架岭周围，尤其在其北东片石村一带层位稳定，分布广，呈半固结状，微向海岸倾斜。

3. 峨蔓湾

峨蔓湾是儋州第一湾，是我国保存最好的尚未开发的海湾之一，全长约 15 km。海湾依山面海，呈近南北走向，沙粒洁白松软，礁石形态各异，海蚀岩形态奇特，海水清澈透明，能见度 3～7 m。所有这些景观构筑了一幅人间仙境的美丽风景画。峨蔓湾岸段的玄武岩台地及海岸，主要是早更新世和晚更新世火山熔岩构成的。长期以来历经风化和风浪撞击、侵蚀作用，沿岸形成了陡峭的海蚀崖、海蚀柱及海蚀平台、火山岩礁石，成为海南岛火山熔岩海岸中海蚀地貌发育最典型的岸段。这些奇形怪状的火山岩海岸地貌的形成与其所属的岩性、节理发育及抗蚀力有密切关系。兵马角岸段，因海浪对组成沿岸的岩性产生不等量的侵蚀，形成向海凸出的陡峭岬角。从陡峭岩壁剖面上，可以看出剖面物质结构是由气孔状的玄武岩、火山角砾岩、凝灰岩以及含火山灰的海相砂层等相覆盖而成的，而且玄武岩的柱状节理相当发育。由于玄武岩与凝灰岩等火山岩的岩性及其抗蚀力的差异，海岸产生不等量的侵蚀后退；又因玄武岩的柱状节理发育，形成一堵高度约25 m的海蚀陡崖。沿岬角及其南北两侧岸段的陡崖，波浪沿节理缝侵蚀，使有的排石孤突岸外成为海蚀柱，构筑了既奇特又秀丽的峨蔓湾地质景观（图3-2-7至图3-2-12）。

图3-2-7　峨蔓湾地质遗迹景观

图3-2-8　远看峨蔓湾熔岩

图3-2-9　峨蔓湾陡崖

图 3-2-10　火山岩礁石

图 3-2-11　峨蔓湾沙滩

图 3-2-12　海上海蚀柱

4. 龙门激浪

　　"龙门峭石势嵯峨，远望潮来卷白波。漫道艰难惊蜀道，吾乡仍有险途多。"这是清代拔贡陈有壮所题的一首七言绝句，诗中所描绘的虽不是儋州的龙门，但儋州"龙门激浪"同样拥有诗中所描述的景观。"龙门激浪"是儋州八景之一。"龙门"原为熔岩隧道的一部分，形同一个隧道。熔融岩浆依地势由火山口周边向四周溢流，黏稠熔浆中的高温高压气体，在其溢流冷凝过程中，气泡汇集成大气泡或大气管，因而在凝结成岩时留下杏仁状小孔洞或熔岩空洞、熔岩隧道。熔岩隧道、熔岩空洞多分布于火山口附近，一般为 1~2 km，其长轴方向与熔岩流动方向一致。龙门熔岩隧道大体呈拱形，宽 12.3~14.5 m，高 6~7 m，洞顶玄武岩厚 0.8~2.5 m。洞内玄武岩体节理裂隙发育，洞顶较薄，岩体较破碎，致使整体稳定性降低，局部发生坍塌，形成拱形石门，人称"南天第一门"。龙门呼啸，因海水澎湃，海浪高时，如喷泉一般直飞近 10 m 高，水雾散开来，飘散到人的脸上，如春雨蒙蒙，令人清爽至极。站在嵯峨峭石上，望着层层巨浪卷白波而来，气势无人可挡，撞于石门，鸣声如鼓，回响 10 余里，故得名"龙门激浪"（图 3-2-13）。

5. 层状凝灰岩

层状凝灰岩是一种压实固结的火山碎屑岩。主要由粒径小于2 mm的晶屑、岩屑及玻屑组成。碎屑物质小于50%，分选性差，填隙物是更细的火山微尘。质软多孔隙，层状构造发育。在张屋村、片石村一带，层状凝灰岩大面积裸露。该区米黄色的层层凝灰岩，其层位稳定、分布广，呈半固结状，微向海岸倾斜（图3-2-14、图3-2-15）。

图3-2-13 "龙门激浪"洞穴（"龙门"）

图3-2-14 片石村裸露的凝灰岩

图3-2-15 张屋村层状凝灰岩

（二）自然人文景观特征

1. 红树林

红树林是指生长在热带、亚热带低能海岸潮间带上部，受周期性潮水浸淹，以红树植物为主体的常绿灌木或乔木组成的潮滩湿地木本生物群落，是中国保护物种。一排排整齐而又有生机的红树林，沿着峨蔓湾滨海乡村

图3-2-16 下浦村红树林

公路的岸边形成雄伟的景观，犹如整齐站岗的士兵在保护着这片神秘而又宁静的海湾，把峨蔓湾点缀得更加妖艳迷人（图3-2-16）。

2. 兵马角灯塔

兵马角灯塔是20世纪30年代时日本侵略者为了从外面运输物资而建立

的灯塔。后来，灯塔还经过几次修建。现在看到的灯塔修建于20世纪90年代初，2010年初装上太阳能自动灯。灯塔塔高40 m，直径3 m，塔的高度、亮度都达到了国际标准。如今，这座灯塔真正成了峨蔓镇渔民的守护神，它像一位慈祥的母亲，日夜瞭望大海，为茫茫大海中的每一艘渔船提灯引路，护佑平安（图3-2-17）。

图3-2-17　兵马角灯塔

3. 盐丁村千年古盐田

享誉省内外的盐丁村千年古盐田，位于盐丁村海岸边，处处彰显古老朴素的火山岩文化。从居民的房屋到日常用的石台、石椅、石磨等，均用当地的火山岩建造。勤劳智慧的人们改变了"煮海为盐"的传统制盐方法，开创了"日晒制盐"的先进制盐模式，盐丁村也是我国最早的一个日晒制盐点之一。千年古盐田形态各异

图3-2-18　盐丁村千年古盐田

的砚式、板式石盐槽，错落有致地分布在一垄垄农田周围，像一颗颗散落的黑珍珠，弯弯曲曲的卵石道蜿蜒其间，像一条条珍珠项链（图3-2-18至图3-2-20）。

图3-2-19　盐丁村砚式（近）、
板式（远）盐槽

图3-2-20　盐丁村一角

4. 峨蔓风力发电场

峨蔓镇的风力发电场是由龙源风力发电有限公司投资9.6亿元兴建的。该项目于2008年5月动工，是海南省首个大型的风力发电场，分两期投资建设，其中一期总投资4.8亿元，规划装机容量为100兆瓦，每座风力发电机组每小时设计发电量为4.9千瓦，年发电量为1.8亿度，产值5000余万元。峨蔓风电场现有33台乳白色的风力发电机，巨大的风车在海水清澈、植被茂盛、天空蔚蓝的环境中巍然耸立，构成一道亮丽的风景线（图3-2-21）。

图3-2-21　峨蔓湾海边风力发电场　　　　图3-2-22　演唱队伍唱儋州调声

5. 儋州调声

儋州调声产生于西汉时期，发源于海南省儋州市北部沿海三都、峨蔓、木棠一带，是一种以儋州方言演唱，体裁近似民间小调的汉族民间歌曲（图3-2-22）。

6. 东坡书院

东坡书院距峨蔓镇约23 km，位于那大镇和峨蔓镇之间，占地2500 m²，是儋州市著名的人文景观，享有"天南名胜"之称。东坡书院是集文献、楹联、碑刻、雕塑、器具、井泉、书画等七大类于一体的人文景观。现阶段，为更好地宣传东坡文化，书院内开设了奇石馆和东坡饮食文化茶艺馆，以丰富游览项目，吸引来自世界各地的游客（图3-2-23）。

图3-2-23　东坡书院　　　　　　　　图3-2-24　洋浦经济开发区

7. 洋浦经济开发区

洋浦经济开发区是由邓小平同志批示、1992年3月经国务院批准设立的国家级开发区，它集特区、保税区、开发区政策于一身，是中国改革开放的"综合试验田"（图3-2-24）。洋浦经济开发区坐落在面积约350 km²的半岛上，由海拔100 m以下的台地和阶地平原组成。洋浦湾为海南唯一天然深水良港，港区弯曲如耳轮形，海岸线长24 km，陆地直线约8 km，水最深处24.6 m，可容纳大小船舶几百艘，万吨轮可自由进出。

8. 儋耳郡城遗迹

儋耳郡城遗迹位于三都镇州坡新村东600 m处，西北接南滩海，西汉楼船将军杨仆建。如今尚存墙基、古庙残墙、神坛、石磨、香炉、古井等。据《儋县志》记载，汉时有海河入城，可停船舶；郡城周长约1361 m，高4.3 m，用石筑成，城内建有亭榭、古塔、庙宇等。该地区自然景观、人文景观资源具配套性，是开展地质遗迹保护及建立省级地质公园的最佳选择。

四、地质遗迹价值特征

（一）自然属性

1. 科学性

笔架岭及峨蔓湾地质遗迹具有较高的科研价值。该区火山最典型的特点是火山口附近巨大的火山集块岩，密集杂乱堆积成底宽直径达1500 m、标高为208 m、比高约100 m的火山集块岩山峰。离火山口约2 km的靠海方向分布有一系列火山碎屑沉积物，最典型的是层状的凝灰岩以及夹于其中的火山灰，构成十分完整的火山口喷发由粗至细的沉积系列。因此，笔架岭火山群及其周围熔岩和火山碎屑岩沉积堆积岩及其剖面是研究琼西北火山活动期次、类型、火山机构、机理等课题的最佳场所之一。

海南岛的海岸是我国闻名遐迩的热带海岸，海岸类型繁多，海岸曲折。峨蔓湾的海岸更具有特色，是在琼北坳陷的基础上，由新生代的火山熔岩构成的台地。峨蔓湾海岸为研究该地区海蚀地貌的形成及其发展速率提供了一座天然的宝库，世界各地研究港湾海岸形成与演变的专家学者纷纷慕名而来。

2. 观赏性

笔架岭的主峰叫兵马山，岭中三峰并峙横排如笔架之状，最高峰高208 m，山顶时有云雾，也称"笔架笼烟"，乃儋州八景之一。清朝举人学正文题诗："诸峰削旧插天高，仿佛云端架玉毫，夜静露深花入梦，朝晖雾散见离韬。"1963年观通站组建之初称为笔架岭观通站，但因笔架岭名声太小，加之观通站位于兵马角，而兵马角是重要的航海标志，所以后来为了便于记忆，海军将笔架岭观通站更名为兵马观通站（简称"兵马站"），但是，现在除了部队一直沿用此名外，当地老百姓都叫该地区为笔架岭。

笔架岭火山口地质遗迹主要是北西走向的5个火山口形成的列阵状火山口群，火山口之间相距数百米，峰间地形较低，远看像一个笔架，形象逼真。火山口周围则分布有一系列火山沉积碎屑岩和火山熔岩，火山集块岩锥之高大，景象十分壮观。火山口挺立于北部湾之滨，每日晨曦，云雾缭绕，蔚为壮观。而附近另一处著名景点——龙门激浪，则是新近喷发的火山熔岩隧道在海浪的冲击下及洞中巨石的坠落后遗留的地质遗迹。每当海浪袭来，涛声千雷吼，碎浪万珠喷，分外惊险壮观。

峨蔓湾是儋州第一湾，是我国保存最好的尚未开发的海湾之一，全长约15 km。海湾依山面海，呈近南北走向，沙粒洁白松软，礁石形态各异，海水清澈透明，能见度3～7 m。所有这些景观构筑了一处人间仙境的美丽景象。

3. 规模面积

儋州峨蔓火山地质遗迹资源与其他资源相互协调配套，其范围西南自盐丁村起，北东至长沙村，南东自春历村起，北西至北部湾海岸，面积约27 km²。区内居民较少，隶属儋州市峨蔓镇管辖。该地质遗迹范围的土地权属问题比较容易解决，保护与开发该地质遗迹面积较适宜。

4. 完整性和稀有性

笔架岭地质遗迹区火山最典型的特点是火山口附近巨大的火山集块岩，单个集块岩大者0.5～0.6 m，小者0.1～0.2 m，密集杂乱堆积成底宽直径达1500 m、标高约为208 m、比高约100 m的火山集块岩山峰（火山锥），实属少见。离火山口约2 km的靠海方向分布有一系列火山碎屑沉积物，最典型的是层状的凝灰岩以及夹于其中的火山角砾岩，构成十分完整的火山口喷发由粗至细的沉积系列。其中火山角砾岩夹层厚度0.5～1 m，分布较为稳定。据前人的普查资料，火山灰分布面积达 8 km²，资源量达亿吨。所谓火山灰其实是一套由凝灰岩、层凝灰岩、火山角砾岩及火山渣组成的火山沉积碎屑岩。该区火山集块岩锥之高大、火山灰层之厚宽，省内十分罕见，也是国内少有的地质遗迹景观。另外，该区内米黄色的层凝灰岩、凝灰岩大面积裸露于笔架岭周围，尤其在其北东片石村一带层位稳定，分布广，呈半固结状，微向海岸倾斜，省内也很少见。

峨蔓湾海岸线曲折，海岸类型及海蚀地貌多样，既有雪白松软的沙滩，又有峥嵘的火山岩礁石和海岸火山洞穴，既有古代的沙堤，又有现代的贝壳堆积，还有成层的片石—凝灰岩和粗细不一的火山角砾岩及清澈的火山泉，景观十分秀丽，最令人叫绝的是海上海蚀石柱，犹如在海上行驶的帆船。因此，峨蔓湾在省内乃至国内同类型海岸中都极少见，具有典型性和稀有性。

5. 保存现状

儋州峨蔓火山地质遗迹区包括笔架岭火山口群、峨蔓湾沙滩和陡峭火山岩海岸、张屋火山灰剖面、龙门激浪、火山洞穴、片石凝灰岩等天然景点。峨蔓湾中有大片的红树林代表着海岸原生态特色，红树林顽强地生长着，守护着这块贫瘠但不失生机的土地，犹如一排排卫士在保卫着这片神秘而美丽的海湾。从高处俯瞰整个地质遗迹区域，峨蔓湾、夕阳、海浪、沙滩、海鸥以及远处朦胧的笔架岭，构筑了一处和谐、壮丽的雄伟景象，使人尽享幽旷抒怀之感。

（二）社会特征

1. 通达性

儋州峨蔓火山地质遗迹区位于海南岛西部，儋州市北西方向的峨蔓镇，距儋州市那大镇 50 km，海南环岛旅游公路直接通达，交通十分便利。

2. 安全性

该地质遗迹区周围有危险体，主要为火山岩石风化较强烈，有一定危险，不过采取措施可控制。

3. 可保护性

该地质遗迹区位于省级地质公园内，采取有效措施能够得到保护，存在一些自然破坏因素，可通过人类工程加以保护。

五、地质遗迹成因

（一）形成时代

儋州峨蔓火山地质遗迹属于地貌景观大类，属于火山地貌景观和海蚀、海积地貌景观类，笔架岭一带火山口活动至少有2次喷发作用形成，从早至晚，有早更新世和晚更新世。其中，早更新世喷发的玄武岩在1.19 ± 0.22 Ma。晚更新世道堂组第四段在1.68 ± 0.41 Ma。

其间，区内地壳升降运动频繁，使得中新统与上新统、上新统与更新统以及更新统内部不同岩石地层单位间存在不整合接触关系。其中，新近系与第四系间的不整合面应该是一次相对比较重要的事件记录，地壳沉降幅度达到最高峰，引起大范围的海侵，第四系直接超覆于新近系之上，使得新近系除了局部见到外，基本上以隐伏状分布。1.68 ± 0.41 Ma以来，由于地壳隆升，海水全面退出区内，火山岩地貌得以展现。

（二）地质遗迹景观成因

1. 笔架岭火山群

笔架岭火山群由5个火山锥组成。火山锥之间相距200～500 m，因形似毛笔笔架而得名，属于碎屑锥。其岩性为玄武质火山集块岩，杂乱堆积，形成底径约1500 m、比高约100 m的巨大集块岩火山锥，与海口琼山地区其他火山口一样是火山多期次喷发的产物，属于中心式喷发。离火山口较远的地方，主要沉积了凝灰岩或凝灰质火山角砾岩，形成了具有火山喷发—沉积由粗到细沉积系列特色的笔架岭火山群。

2. 峨蔓湾岸段玄武岩台地及海岸

此外主要是早更新世和晚更新世火山熔岩构成的。长期以来历经风化和风浪撞击、侵蚀作用，沿岸形成了陡峭的海蚀崖、海蚀柱及海蚀平台、火山岩礁石，成为海南岛火山熔岩海岸中海蚀地貌发育最典型的岸段。这些奇形怪状的火山岩海岸地貌的形成与其所属的岩性、节理发育及抗蚀力有密切关系。兵马角岸段，因海浪对组成沿岸的岩性产生不等量的侵蚀，形成向海凸出的陡峭岬角。从陡峭岩壁剖面上，可以看出剖面物质结构是由气孔状的玄武岩、火山角砾岩、凝灰岩以及含火山灰的海相砂层等相覆盖而成的，而且玄武岩的柱状节理相当发育。由于玄武岩与凝灰岩等火山岩的岩性及其抗蚀力的差异，海岸产生不等量的侵蚀后退；又因玄武岩的柱状节理发育，形成一堵高度约25 m的海蚀陡崖。沿岬角及其南北两侧岸段的陡崖，波浪沿节理缝侵蚀，使有的排石孤突岸外成为海蚀柱，构筑了既奇特又秀丽的峨蔓湾地质景观。

3. 龙门激浪

龙门激浪其实是一处火山洞穴经漫长的地质作用而形成的。关于它的形成机理，目前有两种解释：一种是火山隧道说，认为它是在火山喷发，基础火山熔岩从火山口向海边地处流动过程中，因火山气体及地貌等因素形成的火山隧道在海岸边遗留的洞穴；另一种是外部营力说，认为此处位于海岸的凹部，两侧玄武质熔岩伸向海外，每当巨浪袭来，此处首当其冲，其岩性较软弱部位受骇浪长期侵蚀，加上重力作用，洞顶岩石坠落形成海蚀洞。至于哪种解释更符合实际，有待加强研究。

玄武岩海岸在海浪长期冲蚀作用下，由于玄武岩气孔发育，抗风化作用弱，底部被掏空产生空洞，岸段容易发生坍塌；玄武岩柱状节理发育，加剧了沿柱状节理面滑塌的发生，形成近直立的崖壁海岸，潮间带形成玄武岩砾滩。玄武岩台地中地下孔洞裂隙水接受大气降雨补给，大气降雨入渗系数大（少见地表径流），地下水在依地势径流过程中，在地形低洼地带汇集成地表小溪流，在海岸地形适宜地段入海，因海岸近直立，有一定高差，形成微型的海岸瀑布，也是此段海岸的一大特色。

第三节　临高角地质遗迹基本特征

一、地理环境特征

（一）交通位置

临高角地质遗迹位于临高县北部沿海，是临高县城的最北端岬角，在美夏区昌拱村边，距临高县城10 km，中心地理坐标为109°42′21″E，20°00′41″N；高山岭（火山口）位于临高县城西北部3.6 km，中心地理坐标为109°39′14″E，

19°55′59″N；百仞滩（玄武岩柱状节理）位于临高县城东北部4 km，文澜江河床中，中心地理坐标为109°43′28″E，19°56′12″N。各处都有公路直通，交通较便利。

（二）自然环境

临高县处于低纬度，属于热带季风海洋性气候，阳光充足，季风明显，温度高且多雨，但雨量分配不均，年平均气温25℃，年平均降雨量1800 mm左右，冬春雨水少，夏秋多风雨。临高境内地表水流主要有文澜江、东红河，流域面积分别为776 km²、494 km²。地表水为二级水质，不符合饮用标准。地下水顶板埋深一般在70～130 m，主要为松散、固结岩空隙承压水。

该地质遗迹区域内经济以渔业为主。临高海湾地势平缓，利于浅海捕捞，现已发展成临高县重要的渔港之一，水产品较丰富；农业以种植水稻、甘蔗、芝麻和豆类为主；工业不发达，主要为手工业作坊，经济相对落后。

（三）地形地貌

该地质遗迹区位于琼州海峡南岸，地势平坦。南部有马鞍岭、大寒岭、美郎岭和黑岭，中部偏东南有多文岭，北部偏西有高山岭，都在海拔300 m以下，整个地势南高北低，由南向北倾斜，如手掌状。地貌上属于火山岩台地，滨海平原及文澜河中、下游为平原区。临高县可分为北部沿海、中部平原及东部和南部丘陵3个地区。临高角位于临高北部沿海最北端，为平缓熔岩台地向琼州海峡延伸的一处火山岩岬角。

（四）人文概况

1950年，中国人民解放军为解放海南利用木帆船横渡琼州海峡，首先在临高角登陆。为纪念人民解放军，1995年，"解放海南纪念塑像"在临高角隆重奠基。现在临高角被列为国家国防教育示范基地，已辟为旅游开发区。

二、地质及水文地质特征

（一）地质特征

临高县地质基底主要为中更新世玄武岩。临高角地质遗迹区域主要出露中更新世玄武岩，沿海一带形成海湾一级冲洪积阶地。岩性表现为橄榄玄武岩、玻基橄辉岩、辉斑玄武岩熔岩，占临高县北部大部分，并形成高山岭和多文岭两大火山区，土壤质地为砖红壤土。其次地层沉积有河流洪积和海边冲积，北部沿海一带有沉积形成的新老冲积层，主要有上更新统八所组和上全新统烟墩组，形成海湾一级阶地沉积、海成一级沙堤沉积、冲洪积一级阶地沉积。岩性为砂质黏土、泥炭、贝壳碎屑砂、砂砾等（图3-3-1）。

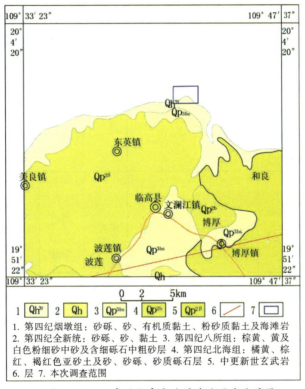

图3-3-1 临高县临高角地质遗迹区域地质图

1. 地层

全新统河流冲积和滨海相：含泥砂沉积及火山熔岩海滩岩，分布在峨蔓海边一带，主要由玄武岩砾石、卵石、砂、生物碎屑组成，有时被生物碎屑（主要为珊瑚碎屑）胶结，厚度0～7 m。海岸边常被灰、灰白、灰黄色中粗粒砂或粒土质砂覆盖。

全新统滨海相烟墩组：小范围分布于北部、西部滨海区，岩性主要为海滩岩、砂砾岩、砂。

早更新世北海组：分布于临高县城、波莲及滨海部分区域，出露面积较大，岩性主要为粉细砂、含砾中粗砂。

2. 火山岩

该区内分布有大面积的第四纪火山岩，第四纪火山活动强烈。根据火山岩上下地层的时代、火山岩所夹地层的时代、火山岩的测年数据、火山岩的风化壳的发育程度及火山机构保存完整程度，区内新生代火山作用共有1次火山喷发活动，每个旋回大体与地层单位的一个岩性组相当（表3-3-1）。

表3-3-1 临高县临高角地质遗迹区第四纪火山岩分期表

喷发时代			喷发序次			主要岩性	埋深/m	分布情况	代表性火山	接触关系	喷发环境
纪	世	期	旋回	韵律	期次						
第四纪	中更新世	多文岭期	1	1	1	橄榄辉石玄武岩、辉石玄武岩	地表	东英、新盈	高山岭、百仞滩	上覆为晚更新世道堂期；下伏为下更新统或更老地层	陆相

第一喷发旋回：时代为第四纪中更新世，由1个喷发韵律陆相玄武质熔岩构成（多文组），火山岩主要由橄榄辉石玄武岩、辉石玄武岩构成，主要分布于区域西部的调楼、新盈、东英、高山岭一带，出露面积较大。

第四系下更新统玄武岩，主要分布在高山岭火山口及其周围大片地区，为地区出露最广的岩石。主要为橄榄玄武岩，岩石风化呈灰色，斑状结构，气孔状构造。斑晶主要由斜长石、辉石和橄榄石组成，粒径大小一般是0.2～4.5 mm不等。其中斜长石呈自形板柱状，双晶发育；辉石呈自形—半自形柱粒状，解理发育；橄榄石呈半自形柱粒状，表面光滑或裂纹发育，裂纹间常见伊丁石化现象。基质主要由斜长石和少量玻璃质、铁质及橄榄石等组成。其中斜长石呈细长条状，粒径大小都小于0.15 mm，呈不规则状分布，其粒间有玻璃质、铁质及橄榄石等分布，构成交织结构。按产状和结构划分，该区火山岩可分为火山熔岩和火山碎屑岩两大类。

3. 地质构造

该区构造欠发育，没有大的构造通过，但节理裂隙发育，主要为玄武岩柱状节理，分布在文澜江下游及沿岸，形成了百仞滩。

（二）水文地质特征

根据地层含水性及地下水赋存条件，该区域地下水以第三系固结类孔隙承压水、火山岩基岩裂隙孔洞水为主，其次为第四系松散岩类孔隙潜水。其含水性分述如下。

1. 第三系固结类孔隙承压水

含水层分布在全区域，岩性为肉红色贝壳砂砾、岩贝壳砂岩，分属琼北自流盆地第一、第二、第三承压含水层。

第一承压含水层分布在临高美台地区，承压水赋存于贝壳碎屑岩中，厚度约13 m，埋深约40 m，水位埋深约30 m，往南东、北西及西3个方向逐渐变浅，含水层向北西沿海倾斜。该含水层富水性主要受厚度、透水性及所处汇流部位控制。第一隔水层岩性为页状黏土、亚黏土，厚度一般为16～35 m。

第二承压含水层厚度一般为5.6～95 m，承压水赋存于贝壳砂砾、岩贝壳砂岩中，地下水位埋深0～117 m，普遍自流。该含水层富水性好至中等贫乏。

第三承压含水层岩性主要为中粗砂、含有砾中细砂松软—半固结状态。厚度在7～72 m，埋深21～220 m，水位标高3.6～83 m，富水性中等。

第二、第三含水层间均有页状黏土、亚黏土的隔水层。

3个含水层的补径排条件基本相同，主要靠火山口群潜水垂直补给，其次是南部边缘第四系潜水侧向渗入。火山岩高台区，上层水垂直补给下层水；滨海平原区，地下水位下层比上层高，下层水越流补给上层水。

2. 火山岩基岩裂隙孔洞水

该地下水主要赋存于玄武岩裂隙孔洞及其断裂中，含水层岩性主要为第四纪中更新世玄武岩橄榄辉石玄武岩。地下水主要接受大气降水及地表水体补给，沿基岩裂隙径流，于低洼处以泉或渗流形式排泄，富水性与岩体裂隙发育程度相关。

3. 第四系松散岩类孔隙潜水

第四系松散岩类孔隙潜水主要赋存于全新统、烟墩组、北海组的海滩岩、砂砾岩、砂粒孔隙中。地下水主要承受大气降水的补给，往低洼处径流，以渗流或泉的形式排泄出地表，汇入地表河流，最终注入大海。

区域内主要为火山岩，地层岩性坚硬，结构较为致密，工程地质、环境地质条件较好，无崩塌、滑坡等不良地质现象。

三、地质遗迹及人文景观特征

（一）地质遗迹景观特征

临高角地质遗迹类型属火山岩地貌，是火山熔岩台地（第四纪中更新世玄武岩，距今67万年）受海水长期冲蚀或新构造运动影响，形成大面积的第四纪堆积层及局部出露玄武岩的地貌特征，火山熔岩基底有的受河流冲刷裸露柱状节理（百仞滩），有的受海水冲蚀形成天然拦礁石堤，仅有火山口地区（高山岭）缓凸于临高平原地。所以区域内形成的地质遗迹景观主要有：临高角（玄武岩熔岩海岸）、高山岭（火山口）、百仞滩（玄武岩柱状节理）。主要地质遗迹景点见表3-3-2、图3-3-2。

表3-3-2 临高角地质遗迹点一览表

序号	位　置	地理坐标/m		地质遗迹点名称	地质遗迹类型	景区分类
		X	Y			
1	临高角北端	2214413	37364896	玄武岩拦潮堤	火山岩地貌	临高角
2	临高角东海岸	2213659	37365596	黄金海岸	海积地貌	
3	火山湖周边	2205551	37357316	火山角砾岩	火山岩地貌	高山岭
4	高山岭山顶	2205551	37357316	火山湖	火山机构	
5	文澜江下游	2206395	37364973	玄武岩柱状节理——百仞滩	火山岩地貌	文澜江

1. 临高角（玄武岩熔岩海岸）

临高角是火山熔岩台地被海水冲蚀的"残余物"，几乎被夷平，仅存小规模面积的玄武岩出露于海岸岬角直伸大海，平坦又宽广，夹玄武岩碎石铺

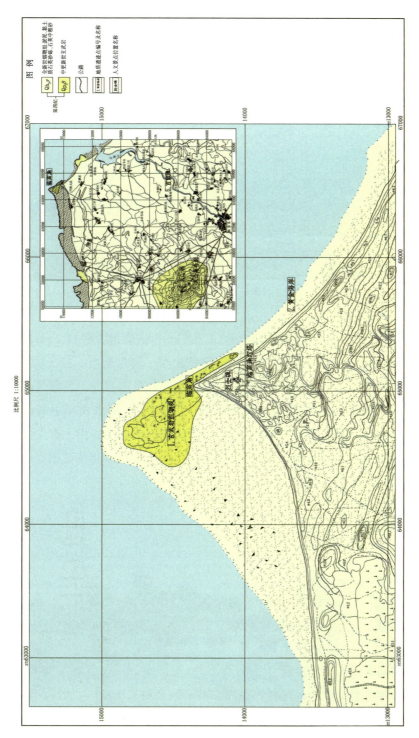

图 3-3-2　临高角地形地质及景点分布图

设于其岩被上。形成 250 m 宽的天然拦潮礁石堤（图 3-3-3），岬角两端的海滩因地质基底（玄武岩）较浅且平缓，退潮之时海滩向海延伸的宽度在 200 m 以上（图 3-3-4）。海滩为含铁砂质，呈红褐色，压实度好，踩踏不易凹陷，呈浅土红色，太阳辉照可见金灿灿、名副其实的"黄金海岸"，面积约 0.5 km²。

图 3-3-3　临高角玄武岩海蚀柱及拦潮堤　　　图 3-3-4　黄金海岸

2. 高山岭（火山口）

高山岭（火山口）位于临高县城西北 3.6 km、临高角西南 11.2 km 处，是省级自然保护区，海拔高度 193 m，山脊呈北西—南东走向，长 3 km，宽 2 km，面积约 6 km²。由火山喷发形成，岩性为火山玄武岩，灰黑色气孔状块状构造。山顶有火山口遗迹形成的火山湖（千镜湖），湖水长年不涸，呈梨状，长 120 m，宽 90 m，水深 2 m 左右。此山古称毗耶山，山上有先汉时印度婆罗门教的毗耶大师来此立的"毗哪梵文石碑"和 1314 年修建的高山神庙等古迹，是海南重要的历史文物（图 3-3-5）。

图 3-3-5　高山岭高山神庙及瞭望塔

3. 百仞滩（玄武岩柱状节理）

百仞滩位于临高县文澜江下游，临高角正南 7.3 km，距离文澜江出海口 6.8 km。裸露于河床的玄武岩基石——地质基底玄武岩发生柱状节理，受河水长年冲蚀，菱形的柱状节理的棱角被冲蚀成浑圆状。受上游水坝拦截水位下降，从水坝位置开始约 500 m 长的河床出露基岩，河床宽度有 60 m 左右，面积 0.3 km²。出露的柱状节理玄武岩受流水侵蚀作用形成百态异石，像人头聚簇，古称"百人头滩"。由于河床弯曲，流水湍急，遇有落差的岩石拦阻形成瀑布，伴随浪花涛声，是闻名于临高一带的县级自然保护区（图 3-3-6、图 3-3-7）。

图 3-3-6　百仞滩玄武岩柱状节理　　图 3-3-7　流水冲刷玄武岩柱状节理

（二）人文景观特征

临高角有古烽火台，有百年前建造的灯塔，灯塔高 22 m，灯光可照数十里，是著名的国际航标。这里海岸水浅滩广，1950 年 4 月 17 日，中国人民解放军为解放海南利用木帆船横渡琼州海峡，首先在这里登陆。为纪念解放军解放海南岛，1995 年 4 月 17 日，"中国人民解放军四十五周年纪念大会暨解放海南纪念塑像奠基仪式"在临高隆重举行，并在此设立解放军纪念碑公园供游人游览（图 3-3-8、图 3-3-9）。

图 3-3-8　临高角灯塔　　　　　　图 3-3-9　人民解放军纪念碑

四、地质遗迹价值特征

（一）自然属性

1. 科学性

临高角是典型的火山熔岩台地海岸。区域内具有完整的火山构造、火山岩被、火山岩地貌、火山岩海岸及第四纪火山岩风化堆积层。对于研究琼北新构造运动、火山喷发机理等具有较高科学研究价值。

2. 观赏性

该地质遗迹区内有省内少有的水浅滩广的沙质海滩，这里海水清澈、风平浪静、椰林洒绿、阳光充足，是优美的天然泳场，还建设了人民解放军纪念公园，在省内具观赏价值。

3. 规模面积

临高角典型地质遗迹区包含临高角、高山岭及文澜江百仞滩，面积约6.8 km²，隶属临高县管辖，与其周围的其他资源相互协调配套，区内的人口稀少，周围人口密集，为人们的生活及全域旅游提供合适之处。

4. 完整性

该区域内海滩主要出露第四纪全新世烟墩组，是第四纪的堆积物；海岸线小面积出露中更新世玄武岩，构成伸向大海的拦潮堤，近似水平产出，海蚀夷平现象明显。与附近的高山岭火山锥、火山湖、火山台地及文澜江下游百仞滩玄武岩柱状节理、河流侵蚀火山岩地貌等景观可组成较完整齐全的火山地质遗迹。地质遗迹出露规模较大，景点较多，具有较完整的火山喷发—剥蚀—沉积系列机制。

5. 保存现状

海南岛内琼北地区第四纪火山活动频繁，是我国主要的火山地区之一，临高角火山地质遗迹规模较大，火山构造较齐，火山地貌较全，尤其是临高角海岸的金色沙滩，滩阔水浅，沙柔浪静，砂层含铁较高，呈红褐色，与岛东岛南的沙滩不同，在海南十分稀有。海南岛新近纪的火山锥、火山口数十座，但是保留有完好的火山湖的十分稀有。而临高县高山岭面积1万多 m²的火山口湖高悬于海拔190 m的山顶上，常年不枯，省内独有。百仞滩火山岩及柱状节理露头在河水中时掩时露，省内少有。临高角海岸带环境保护良好，无人为破坏现象，地质遗迹自然保存现状良好。

（二）社会特征

1. 通达性

临高角地质遗迹区位于海南岛北部沿海，是临高县城的最北端岬角，距临高县城 10 km，高山岭（火山口）位于临高县城西北部 3.6 km，百仞滩（玄武岩柱状节理）位于临高县城东北部 4 km，各处都有乡镇公路通达，交通较为便利。

2. 安全性

该地质遗迹区周围有危险体，主要为玄武岩石风化物，有一定危险，不过采取措施可控制。

3. 可保护性

该地质遗迹区位于县级地质公园内，采取有效措施能够得到保护，存在一些自然破坏因素，可通过人类工程加以保护。

五、地质遗迹成因

（一）形成时代

临高角玄武岩拦潮礁石是第四纪中更新世火山喷发的产物，距今 67 万年，由 1 个喷发韵律陆相玄武质熔岩构成（多文组）。火山岩主要由橄榄辉石玄武岩、辉石玄武岩构成，主要分布于区域西部的调楼、新盈、东英、高山岭一带，出露面积较大。经过后期的改造，风化剥蚀，形成如今的火山地貌景观点。

（二）地质遗迹景观成因

高山岭地区火山机构发育较全，有火山锥、火山口、火山湖、火山集块岩及火山碎屑物，为不可多得的火山地质遗迹。

1. 火山锥的形成

在岩浆涌出地面的通道（火山口）附近，在岩浆活动停止后，由于各种火山喷出物冷却凝固和堆积，形成圆锥状山丘，成为火山锥。碎屑锥属于火山碎屑物，是在火山爆发时，当岩浆接近地面，黏度过高，气体不易逸出，于是累积的压力越来越大，把熔岩炸碎而喷发，喷出的物质便是火山岩屑。火山碎屑流堆积物由晶体、火山玻璃碎片、浮岩、火山渣（富镁铁质成分）和岩屑组成，含量比例变化很大，取决于岩浆成分和碎屑流的成因。如高山岭就是典型的火山锥地貌。

2. 火山口的形成

由于该地区火山的剧烈喷发，火山口下方深处的岩浆房被掏空，无法支撑上方山体的重力，造成以火山口为中心的部分火山锥体向下塌陷，形成巨大的环形破火山口，如高山岭就是不可多得的火山口地质遗迹。

3. 火山湖的形成

由于雨水汇集到了火山口中，就形成了山顶上的火山湖，火山岩台地出露的微带气孔构造状的玄武岩，出露形态呈平缓层状，受海蚀作用出露于海岸，海滩上大面积出露第四纪全新世烟墩组中细砂、砂砾覆盖于第四纪中更新世玄武岩之上，附近的火山口地区（高山岭）地貌呈缓锥状，受外营力地质作用的侵蚀，整体地貌平缓，并总体向北方逐渐倾斜，其间零星出露玄武岩。中更新世喷发形成的玄武岩基本已经被侵蚀夷平，未被风化剥蚀的玄武岩受海蚀、侵蚀作用，小规模出露在临高角岬角，形成了天然的拦潮堤。

4. 百仞滩柱状节理

玄武岩火山喷出时遇冷，如接触到空气或水，就会从垂直方向进行收缩，沿着与熔岩流动方向垂直的角度裂开，形成非常规则的几何形状，如六边形的柱状节理，这种节理常见于基性熔岩、酸性熔岩中。百仞滩柱状节理分布在文澜江河床中，受河流冲刷裸露，呈人头状，甚为奇特。

第四章　侵入岩地貌景观类地质遗迹特征

第一节　琼中百花岭地质遗迹基本特征

一、地理环境特征

（一）交通位置

百花岭地质遗迹区位于琼中黎族苗族自治县营根镇西南方6 km处，是五指山腹地，距海口市132 km，距离224国道8 km，距G98海三高速琼中互通出口13 km，有盘山的水泥公路到达，交通相对便利。

（二）自然环境

琼中百花岭位于热带季风区北缘，有独特的热带山地气候特征，昼夜温差大于10℃，冬季温暖，夏季凉爽，年平均气温22℃，年最高温度33℃，年平均日照时间1743 h，年平均雨量为2444 mm。琼中山脉发育广阔，是海南三大河流的起源，河网密度达1.32 km/km²。积雨面积2600多km²。该处地质遗迹地表水资源丰富，瀑布的水源主要来自大气降水。

百花岭南靠五指山山脉，北向琼中县城，海拔在200～1000 m，山体峻峭。低海拔地段（海拔400 m以下）植被以人工林为主，高海拔地段天然环境良好。植被分带为：灌木草原植被（海拔200～500 m）、稀树灌木林带（海拔500～750 m）、次生杂木林带（海拔750～1000 m）。灌木草原植被主要为稀树灌丛或草坡，灌木以野牡丹、桃金娘为主。稀树灌木林带的灌木类有黄牛木、山苍子、野芝麻、野牡丹、山黄麻、油甘等，主要树种为马尾松、枫香、青皮等，灌木多为桃金娘、野牡丹。次生杂木林带的主要树种有山茶、樟树、枫香等。

百花岭地质遗迹分布区境内野生动物种类繁多，品种珍贵，被喻为"动物的王国"。主要有猕猴、海南兔、穿山甲、黑熊、食蟹獴、野猪、箭猪等。鸟类有鹭、鸠、啄木鸟、啄花鸟、鹃鸟、鹰等。区内野生植物种类也不少，树木类有700多种，主要有子京、母生、坡垒、青皮、绿楠南亚松等。

（三）地形地貌

琼中主要呈花岗岩穹隆地貌，地势西南高北东低，山脉连绵不绝。海南三大山脉有2个主峰坐落于琼中，分别是五指山和黎母山。百花岭隶属五指山山脉，在五指山的东北边缘，海拔1100 m，地势陡峻。

（四）人文概况

琼中自海南自由贸易港上升为国家战略以来，经济建设和社会各项事业取得较大发展，各项经济指标多年来始终保持平稳较快增长，为海南省经济社会发展做出了巨大的贡献。截至2019年末，境内常住人口约为18.02万人，主要为汉、黎、苗族等。黎、苗族多居住于山区或较偏僻的丘陵地带，现仍保留着淳朴的民俗、民风。百花岭地区是黎苗文化的发祥地之一，这里有具代表性的黎、苗族土著文化及民族风情，尤其是黎、苗族最具特色的节日"三月三"。

二、地质及水文地质特征

（一）地质特征

该区域内未出露有地层，出露有大面积的岩浆岩侵入。百花岭地区岩浆岩活动强烈，岩浆岩出露面积广。经历了海西—燕山期的岩浆岩活动，形成早白垩世中酸性火山岩（$K_1\alpha-\lambda$）、晚侏罗世闪长岩（$J_3\delta$）、中侏罗世花岗岩（$J_2\gamma$）、中侏罗世二长花岗岩（$J_2\eta\gamma$）、二叠纪至三叠纪花岗岩（$P-T\gamma$）等岩体。区域内大的断裂、断层构造不够发育（图4-1-1）。

百花岭隶属五指山山脉，出露主要岩性为花岗岩，据1：5万琼中幅以岩石谱系单位填图划分，该区出露的侵入岩有：晚三叠世多斑状黑云母二长花岗岩、晚三叠世中细粒斑状黑云母二长花岗岩、中侏罗世中粒—粗粒黑云母二长花岗岩。经过本次详细调查，未发现该区内有大的断裂、断层等地质形迹，但是节理裂隙构造较发育，并以垂直节理为主。

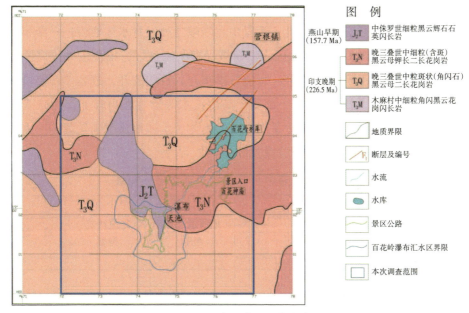

图例

燕山早期
(157.7 Ma)
J_2T　中侏罗世细粒黑云辉石英闪长岩

印支晚期
(226.5 Ma)
T_3N　晚三叠世中细粒(含斑)黑云母钾长二长花岗岩

T_3Q　晚三叠世中粒斑状(角闪石)黑云母二长花岗岩

T_3M　木麻村中粗粒角闪黑云花岗闪长岩

地质界限

F_1　断层及编号

水流

水库

景区公路

百花岭瀑布汇水区界限

本次调查范围

图4-1-1　百花岭景区区域地质图

（二）水文地质特征

该区内地下水类型主要为基岩裂隙水，含水层岩性为三叠纪黑云母二长花岗岩，地下水主要接受大气降水补给，沿节理裂隙渗入。地下水径流受地形及节理裂隙控制，由高处往低处径流，总体上地下水由西南往北东径流，最终在低洼处排泄出地表，汇入百花岭水库。据统计，百花岭地区降雨渗入系数为0.047。百花岭瀑布源头在海拔700 m的第二峰，集水面积约2 km²。水流至低处在百花岭水库汇集，百花岭水库水位标高311 m左右，水深30 m左右。水体面积为0.7 km²。

地质遗迹分布区内主要为印支期花岗岩，花岗岩致密坚硬，结构稳定，工程地质、环境地质条件较好，无崩塌、滑坡等不良地质现象。

三、地质遗迹景观及人文景观特征

（一）地质遗迹景观特征

百花岭地区地处热带雨林山区，植被茂密，风化土层较厚，只有崖壁大面积裸露基岩，岩石多以滚石堆积或零星基岩状态出露。总体为花岗岩峰林地貌地区，是海南省雨水最充沛、植被最稠密的地区之一，加之山体沟谷集水面积较广，又能汇集于一处，于是山体陡峻之处发育水体地貌——瀑布景观（百花岭瀑布）。百花岭地区天然植被保存状态良好，植被按海拔高度分带较好，生长的树种花样众多，每逢春季花开，百花齐开，故名"百花岭"。山体坡面较陡，陡崖的青林、百花、高山流水等景观在山脚下都能映入视野。以上种种，构成以百花岭瀑布为主的山体、水体地质遗迹景观群。主要地质遗迹点见表4-1-1，分布位置见图4-1-2。

表4-1-1 琼中百花岭地质遗迹点一览表

序号	位　置	地理坐标/m		地质遗迹点名称	地质遗迹类型	景　区
		X	Y			
1	百花岭东北侧（670 m标高）	2102199	37374962	双龙吐珠	水体地貌:瀑布	百花岭瀑布
2	百花岭东北侧（540 m标高）	2102350	37375085	灵丹妙药	水体地貌:瀑布	百花岭瀑布
3	百花岭东北侧（450 m标高）	2102439	37375211	天女散花		
4		2102439	37375211	白虎潭	水体地貌:潭	
5	百花岭东北侧山脚	2104450	37376481	百花岭水库	水体地貌:湖泊	百花村
6	百花岭山脉	2101906	37374189	百花岭山峦	花岗岩峰林地貌	百花岭山区

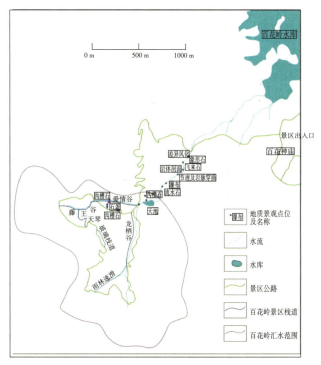

图4-1-2　琼中百花岭地质遗迹位置分布图

1. 石蛋

花岗岩石蛋又称为花岗岩球状风化。球状风化是岩石出露地表接受风化时，由于棱角突出，易受风化（棱角几何形态上接触外界面积较广，球形是单位体积表面积最小的立体几何形态），棱角逐渐缩减，最终趋向球形的风化过程（图4-1-3）。

2. 沟槽石

燕山期侵入岩主要出露于百花岭700 m标高以上的汇水溪谷流域，多以滚石状态零散分布于较平缓的溪谷（爱情谷）。沟槽石主要分布于景区海拔700～790 m标高的溪谷（爱情谷），岩块大小3～10 m，岩性为细粒黑云角闪闪长岩，岩石呈灰绿色，具细粒结构，块状构造。滚石裸露受风化形成沟槽，沟槽

图4-1-3　百花岭石蛋

宽10～30 cm，深10～30 cm。沟槽宽与深协调，形态圆润，多呈平行排列，亦有不规则状（图4-1-4、图4-1-5）。

图4-1-4 沟槽石 　　　　　图4-1-5 沟槽石

3. 飞来石

崩塌滚石自然堆积屹立，1 m左右的花岗岩滚石块，小面积接触下端岩石而屹立不倒，即飞来石。飞来石原本与下面基岩是一体的，主要是由于有2组交叉的节理切割裂解，形成飞来石雏形，此时期其周围仍被岩石包裹着。后来由于下部山体的不断抬升，在风化剥蚀、流水、重力崩塌等作用下，最终形成了突兀于平台之上的飞来石（图4-1-6）。

图4-1-6 飞来石

4. 百花岭瀑布

百花岭地区峰峦叠嶂，植被茂盛，年均降雨量2044 mm，主峰高1100 m，山体岩性为印支期花岗岩，岩石致密坚硬，隔水性好。山体标高在680～1100 m的山脊线有围成集水面积达2 km²的汇水区。大气降雨及岩石缝隙地下水水流会汇集山沟流向低处。水流到了汇水区最低处"金龙吐珠"的位置，地形突然变陡，水流直泻而下，形成落差达300 m的百花岭瀑布。降雨季节瀑布宽达5 m，枯水期则宽3 m，分三级直泻而下。一级瀑布水流是从2座山峰间喷出，状如"双龙吐珠"；二级瀑布两侧稀树灌木杂草丛生，相传长有传奇草药，能治百病，故得名"灵丹妙药"；三级瀑布水波循崖直下，犹如天女散花般，故称"天女散花"（图4-1-7、图4-1-8）。

图4-1-7　百花岭瀑布近景　　　　　　图4-1-8　百花岭瀑布

5. 溪谷

百花岭汇水区溪谷支流众多，分布有爱情谷、龙栖谷，东西向440～700 m，海拔700～790 m，宽2～7 m，较缓，热带雨林植被茂密，多见花岗石滚石。沿途地质岩体景观有"爱情方舟"（沟槽石）、"月老石"（沟槽石）（图4-1-9至图4-1-11）。

图4-1-9　爱情谷

图 4-1-10　龙栖谷近景

图 4-1-11　龙栖谷

6. 百花天池

百花天池位于百花岭瀑布的上端，面积 3000 m² 左右，由 2 条溪谷汇水而形成，集水面积约为 2 km²，在爱情谷东西向 440 m、龙栖谷南北向 700 m 左右，常年流水不枯（图 4-1-12）。

图 4-1-12　航拍百花天池

7. 百花水库

百花水库是在百花岭山脉下端人工修建拦堤坝的人工水库，建于 2001 年，拦截由百花岭流下的水汇集于此。水库面积 0.7 km²，水位最深 30 m，为琼中营根镇生活用水水源。站在大坝可眺望百花岭，百花岭映在水库水面上，形成一幅美丽的山水画（图 4-1-13）。

图 4-1-13　航拍百花水库

8. 百花岭山峦

百花岭隶属五指山山脉，为五指山山脉最东北端山体。主峰海拔1100多 m。山体山脊线以北西—南东向为主，长度跨越6 km。像巨龙盘于琼中大地，同周围的山体（毛限山、冲门岭等）形成连绵叠嶂的山峦地貌，巍峨蜿蜒，山体植被茂密，峰尖云雾缭绕，构成一幅优美的山峦画（图4-1-14）。

图4-1-14 琼中遥望百花岭山脉

（二）人文景观特征

1. 观音神庙

观音神庙位于百花岭东侧山麓景区入口处，气势雄伟，飞檐重宇，雕梁画栋，金碧辉煌。庙边有一棵古老的榕树，枝伸根垂，据传树龄有好几百岁（图4-1-15、图4-1-16）。

图4-1-15 观音神庙

2. 百花廊桥

百花廊桥位于百花岭山系的北缘、营根镇的南边，是琼中县城到百花岭的主要通道，是全省首座具有黎苗特色的廊桥。长204 m，宽16 m，高18 m，桥上走廊建成中国古代宫殿式，红色廊柱加宫殿盖顶，是集通行、休闲、景观于一体的黎苗风情桥。百花廊桥的建成为百花岭旅游区增添一份美妙景观（图4-1-17）。

图4-1-16 庙前古榕

图 4-1-17　百花廊桥

四、地质遗迹价值特征

（一）自然属性

1. 科学价值

百花岭地区属花岗岩穹隆地貌，岩体岩性为晚三叠纪、中侏罗纪黑云母二长花岗岩，是琼中、五指山地区在海西—印支期、燕山期造山运动大规模侵入的岩浆岩岩体中的一部分，各期岩体侵入顺序完整，岩谱系列齐全，岩浆分异作用较明显，是海西—印支期、燕山期造山运动产物的典型代表，对研究海南岛地壳运动和演化具有科学价值。

2. 观赏价值

热带雨林气候条件，形成的青山、瀑布、湖泊景色怡人，区内发育的水体地貌（瀑布景观）是海南省流水最陡、落差最大的瀑布景点，堪称"海南第一瀑布"，具有观赏价值。

3. 面积规模

琼中百花岭隶属五指山山脉，属五指山国家森林公园的一部分，面积约 34.7 km²，规模较大、完整成片。

4. 完整性和稀有性

琼中百花岭岩浆岩出露面积是海南岩浆岩出露面积比较大的地区，在海南岩浆岩上被称为"琼中岩体"，以侵入岩为主的花岗岩山脉也较多，属花岗岩峰林地貌类型，能反映该构造类型地质遗迹景观的主要特征。花岗岩峰林地貌类型在海南岛稀有性一般，但该区发育的水体地貌瀑布景观，瀑布落差 300 m，岩壁峻陡分三级，旺水季宽达 50 m，省内少有。

5. 保存现状

百花岭地质遗迹区山体岩性稳定，植被茂密，自然状态保存良好，现已开发为国家级4A景区，无人为破坏现象，保存现状较为完好。

（二）社会属性

1. 通达性

百花岭地质遗迹区位于琼中黎族苗族自治县营根镇西南方6 km处，距离国道较远，但有盘山的水泥公路到达，交通相对便利。

2. 安全性

该区地质遗迹体主要以原始形态存在，周围存在一些危险体，主要为岩石风化，有一定危险，采取措施可控制。

3. 可保护性

该地质遗迹区位于景区公园内，地质遗迹能够得到保护，存在一些自然破坏因素，可通过人类工程加以保护。

五、地质遗迹成因

（一）形成时代

百花岭地质遗迹类型为花岗岩峰林地貌及水体地貌，山体岩性为燕山期、印支期花岗岩，是发生于270～220 Ma的海西—印支造山运动及距今190～65 Ma的燕山运动岩浆侵入所形成的岩浆岩岩体。这两次大规模的造山运动造就海南岛中部的隆起，形成巍峨的百花岭。

（二）地质遗迹成因

百花岭形成了各种花岗岩地貌景观。此地区地壳岩基坚实完整，在后期的构造运动及风化剥蚀作用下，形成了百花岭地区山峦连绵、山体陡峻的地形，在降水充沛、植被发育、水源充足的背景下，沿着水系支流形成壮观天然瀑布和人工水库地貌景观。

1. 百花岭山峦

第一阶段，印支期造山运动，在距今约230 Ma的中生代（三叠纪）时期。海南岛由于岩层受到了强大的挤压、断裂，在强大的地应力和热力作用下，岛内中部地区地壳岩石发生重熔，掀起岩浆活动的高峰，发生大规模岩浆侵入活动，形成大面积的花岗岩，并使古生代时期沉积的岩层发生变形、褶皱、隆起，岩层深部发生变质重熔混合岩化。

第二阶段，燕山期造山运动，在距今约150 Ma的中生代（侏罗纪）时期。此时地壳已由柔性变为刚性，但地壳变动仍很强烈，在燕山运动的作用下，熔融岩浆沿断裂上升侵入形成新的花岗岩体，到中生代晚期（距今140~80 Ma），风化作用更趋强烈，气候转为干燥炎热，处于强烈的氧化环境之中，上覆地层被风化剥蚀。

第三阶段，燕山后期，在距今75~65 Ma时期。少量的基性、超基性闪长岩、辉长岩、煌斑岩沿花岗岩体节理断裂面充填，导致山脉岩体支离破碎，喜山运动（65 Ma）以来，百花岭地区花岗岩进一步抬升、风化、剥蚀，原先被各类岩脉切割的花岗岩裸露地表，再经新构造运动作用，岩石发生震动、位移、失衡滚落。此时气候转为温和湿润，大量植物、动物生长繁殖。百花岭山峦地区气候湿润多雨并形成热带雨林山脉。山脉岩体崩塌滚落形成了汇水跌水地形地貌。滚落的岩石经风化形成石蛋（球状风化）、敦煌壁画（条纹条带状混合研差异风化）、沟槽石（生物风化及雨水冲刷）、象形石等微地貌景观（图4-1-18）。

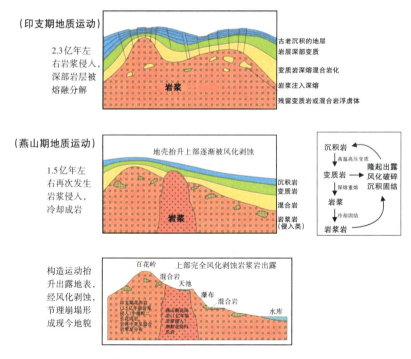

图4-1-18 百花岭景观地貌演化示意图

2. 飞来石

飞来石这一奇观是在地质变化过程中形成的。它与下部的基座平台原系一体，都是由燕山期、印支期形成的琼中岩体补充期侵入的中细粒斑状花岗岩所构成。花岗岩构造节理发育，由于北东和北西向的2组近直立节理和北西走向的近水平节理切割裂解，形成了长方柱的飞来石雏形，但此时期四周仍被岩石块包围着，上下仍为一体。后来在上体的不断抬升中，由于风化剥蚀、冰川流水和重力崩塌作用，最终形成了兀立于平台之上的飞来石奇观。

3. 石蛋

石蛋是球状风化的产物。百花岭花岗岩的球状风化主因是，岩石具有厚层或块状构造，发育3组交叉节理，难于溶解。岩石主要为等粒结构，被3组以上节理切割出来的岩石块，起初棱角分明，在风化过程中，棱角处首先风化，最后变为椭球形、球形。

4. 百花岭瀑布

瀑布在地质学上叫跌水，即河水在流经断崖地貌时垂直高空跌落形成，主要是岩体节理断裂构造形成。在百花岭瀑布区，主要发育3组近相互垂直的节理，一组节理为崖面，另外两组节理相互垂直或接近相互垂直，在垂向上与崖面方向的节理相互切割，地下水与地表水沿这3组节理裂隙渗入，使得岩石沿节理被水流作用切割成块，在重力作用下，脱离原岩，从而形成陡崖。瀑布的水源主要来自百花岭山脉700～1100 m标高的山峦汇水，在汇水流经陡崖时，形成瀑布（图4-1-19）。

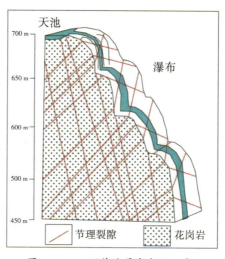

图4-1-19　百花岭瀑布成因示意图

第二节　昌江霸王岭地质遗迹基本特征

一、地理环境特征

(一) 交通位置

霸王岭国家级自然保护区位于昌江黎族自治县东南部,距昌江县城 (石碌镇) 26 km,有县级公路通达,交通较便利。其天然保护林面积为 786 km²,东至昌江黎族自治县与白沙黎族自治县边界,南至雅加大桥、峨弄峰,西至霸王岭林业局七叉河桥、王化水库驳岸,北至霸王岭林业局北界。东西长 14 km,南北宽约 13.5 km。其地理坐标为 109°02′40″E～109°08′24″E,19°06′13″N～19°12′12″N。

(二) 自然环境

霸王岭自然保护区处于我国典型的干湿交替的热带季风气候区。受五指山山脉影响,冬春偏东气流不能进入故暖和少雨,夏秋季则是西北风流的迎风面为雨水季节,多年平均气温 24.3℃,7 月份气温最高,极端最高温度 38.1℃,1 月份气温最低,极端最低温度 12.9℃。每年 5 至 11 月为雨季,12 月至翌年 4 月为旱季;多年平均降雨量 1928.4 mm,多年日最大降雨量 365.1 mm;多年平均蒸发量为 1899.6 mm;2 月份蒸发量最小,为 79.2 mm;7 月份蒸发量最大,为 202.6 mm。日照时间长,年均日照 2000 小时以上。

霸王岭是海南省著名的热带森林公园,属国家森林公园自然保护区,是国家一级重点保护野生动物海南长臂猿的居住地。这里动植物种类繁多,自然生态体系完好,有野生植物 2213 种,野生动物 365 种。禽类主要有野鸭、孔雀雉、白鹇鸡、鹦鹉、鹧鸪、大雁、燕子、布谷鸟、白头翁、杜鹃、黄莺、野鸡、八哥、鹩哥、啄木鸟、喜鹊等,人工饲养禽类有鸡、鸭、鹅、鸽等。哺乳动物有坡鹿、海南长臂猿、水鹿、黑熊、穿山甲、巨松鼠等;两栖动物有大绿蛙、青皮蛙等;爬行动物有眼镜蛇、金环蛇、金钱龟、捷蜥等。其中坡鹿和海南长臂猿为国家一级重点保护野生动物。主要农作物有水稻、木薯、番薯、芒果、甘蔗、龙眼、荔枝等，大面积种植橡胶、剑麻。耕作方式落后，生产水平较低下，经济相对落后，种植的芒果产量高、品种多，远销国内外市场。

（三）地形地貌

霸王岭国家森林公园属五指山余脉的西北侧，地形地貌复杂，以中低山地为主。山脉走向从南往北伸延，高端从雅加大岭（1518 m）经霸王岭（1519 m）、黑岭（1478 m）到七叉大岭（1248 m），山体坡度在20°～30°，陡坡处也有35°以上。原始森林保留较好，气候湿润，山体遍布大片天然草地及树木。

（四）人文概况

当地居民主要为黎族，主要语言有黎话、普通话，"三月三"等民情丰富，乡土风情淳朴。当地居民还保持着"山养我，我养山"的优良传统，他们敬畏自然、崇拜祖先，由此衍生的乡规民约也追求人与自然的和谐、人与人的和谐。

二、地质及水文地质特征

（一）地质特征

在区域地质构造上，霸王岭属于五指山隆起的西北部，在中生代后期由于陆壳复活，大规模岩浆活动形成了花岗岩穹隆地貌，以出露花岗岩为主。

该区域内主要出露地层有：上古生界石炭系南好—青天峡组，分布在区域的北部，出露范围较小，岩性主要为板岩、石英砂岩；二叠纪鹅顶组，分布在区域的西部，出露范围较小，岩性主要为粉晶质灰岩、灰岩；中生界白垩系鹿母湾组，分布在区域的东、东南部，出露范围较大，岩性主要为砂岩、石英质砂岩（图4-2-1）。

该区域内岩浆活动十分频繁，出露大片印支期花岗岩，岩浆岩主要有：中三叠世二长花岗岩（$T_2\eta\gamma$），分布在区域中部，出露面积较大；早三叠世正长花岗岩（$T_1\xi\gamma$），分布在区域中部，出露面积较大；中三叠世正长花岗岩（$T_2\xi\gamma$），分布在区域西北部，出露面积一般。

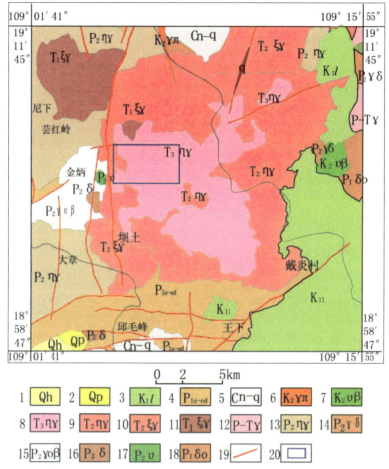

图4-2-1 昌江霸王岭地质遗迹区域地质图

1. 第四纪全新统：砂砾、砂、黏土 2. 第四纪更新统：砂砾、砂、亚黏土 3. 白垩纪鹿母湾组 4. 鹅顶组并层：生物屑粉晶灰岩，含石纹层灰岩 5. 青天峡组并层：板岩与石英砂岩互层 6. 晚白垩世花岗斑岩 7. 晚白垩世辉长辉绿岩 8. 晚三叠世二长花岗岩 9. 中三叠世二长花岗岩 10. 中三叠世正长花岗岩 11. 早三叠世正长花岗岩 12. 二叠纪至三叠纪花岗岩 13. 晚二叠世二长花岗岩 14. 略 15. 晚二叠世英云闪长岩 16. 晚二叠世闪长岩 17. 略 18. 早二叠世石英闪长岩 19. 断层 20. 本次调查范围该地质遗迹区地质表现以大规模的岩浆侵入为主，印支期造山运动时形成放射状的山系，各时期岩浆侵入大致呈环状分布，形成霸王岭地区高耸的花岗岩地形地貌。主要出露为印支期侵入岩，发生于270~220 Ma的海西—印支造山运动，大规模中酸性、酸性岩浆侵入活动，主要为中三叠世二长花岗岩，分布在区域中部，出露面积较大；早三叠世正长花岗岩，分布在区域中部，出露面积较大。岩性为二长花岗岩、花岗闪长岩、钾长花岗岩等。

此外，该调查区内还发育有花岗斑岩（$\gamma\pi$）、霏细斑岩（$\upsilon\pi$）、石英斑岩（$\lambda\pi$）、花岗岩（γ）等脉岩。

（二）水文地质特征

霸王岭国家级自然保护区内的地表水属海南昌化江系，森林公园内有昌化江支流的雅加河、通天河、荣兔河等几条小型支流，分别发源于雅加大岭、斧头岭、黄牛岭，迂回于霸王岭国家森林公园山林盆地之间，注入昌化江汇入北部湾大海，流程短、坡降大，最终落差高达1500 m。其中雅加瀑布落差150 m，平均径流0.8 m³/s，长年流水不断。

地下水类型主要为基岩裂隙水，地下水主要赋存于基岩裂隙中，接受大降水及地表水体补给，沿基岩裂隙径流，于低洼处以泉或渗流形式排泄，富水性与岩体裂隙发育程度相关。

区内无明显的断裂构造，无崩塌、滑坡等不良地质现象，区域内地质体稳定。

三、地质遗迹景观及人文景观特征

（一）地质遗迹景观特征

霸王岭国家森林公园面积较广阔（84.4 km²），山岭丛立，植被密集。但山岭岩性主要为三叠系花岗岩（2.5亿年印支期二长花岗岩），地质遗迹类型为花岗岩峰林地貌。山体经历印支期等时期的多次构造运动，发育不同方向的节理裂隙，经流水沿节理、裂隙面侵蚀风化和剥蚀作用，形成诸多石蛋、石柱、崖壁、裸露的巨型花岗岩岩基等花岗岩地貌。山岭海拔高（1500 m左右），雨水较丰富，热带雨林密集。受雨水流刷裸露出的花岗岩基岩形成瀑布（雅加瀑布、通天瀑布、情人谷瀑布）和诸多象形石（蟒王石、夫妻石等）。再加上自然植被保存良好，形成植物与岩石相融合的奇特自然景观（树抱石、石上榕等）。另外，霸王岭特有的自然景观有木棉花海、巨型树木，还有诸多珍贵的野生动植物（海南长臂猿等）。

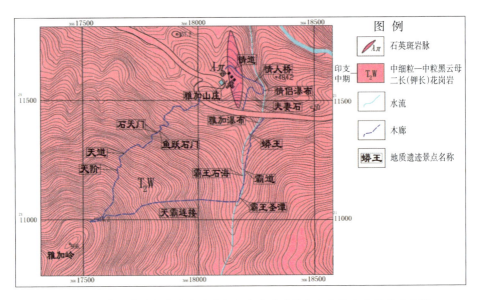

图 4-2-2　霸王岭国家森林公园雅加大岭地质遗迹点及自然人文景点分布图

　　霸王岭国家森林公园内主要的山岭有雅加大岭、七差大岭、霸王岭、斧头岭、黑岭。除斧头岭（陆相白垩系紫红色砂岩）外，其他山岭岩性均为三叠系二长花岗岩。基岩裸露形成瀑布及象形石的地质遗迹点主要集中在雅加大岭内，雅加大岭已经开发成旅游度假区，地质遗迹景点已按路线划分（情道、霸道、天霸连接、天道），4条路线相连接，从雅加大岭山脚的雅加度假村至雅加大岭的山腰观景台（图4-2-2）。七差大岭自然植被十分发育，风化形成的花岗岩滚石多被植被覆盖或被大树根系包裹，原始森林状态保存良好，主要的地质遗迹景点路线有"钱道"。另外山脊间由于雨水冲刷形成花岗岩滚石堆积而成的花岗岩滚石沟。综上所述，该处地质遗迹按集中区域划分为雅加大岭景区、七差大岭景区。霸王岭主要的地质遗迹景点见表4-2-1。

表4-2-1 霸王岭地质遗迹点一览表

序号	位置	地理坐标/m		地质遗迹点名称	地质遗迹类型	登山路线	景区
		X	Y				
1	雅加大岭北侧	2111542	36618285	情人谷瀑布	水体地貌:瀑布	情道	雅加大岭
2		2111480	36618250	夫妻石	花岗岩地貌:象形石		
3		2111406	36618258	雅加瀑布	水体地貌:瀑布	霸道	
4		2111360	36618213	蟒王石	花岗岩地貌:象形石		
5		2111304	36618194	壶穴	花岗岩地貌:水蚀穴		
6		2111183	36618191	霸王石海	花岗岩地貌:巨型花岗岩基岩		
7		2111092	36618175	霸王圣潭	水体地貌:潭		
8		2111366	36617826	石天门	花岗岩地貌:象形石	天道	
9	雅加大岭西侧	2110446	36615613	通天河瀑布	水体地貌:瀑布	无	
10	雅加大岭南侧	2111406	36618258	雅加石瀑	花岗岩地貌:花岗岩滚石堆	无	
11	雅加大岭观景台	2108441	36620145	雅加山峦	花岗岩地貌:峰林地貌	霸道	
12	七差大岭北侧	2115185	36621200	树抱石	花岗岩地貌:花岗岩滚石	钱道	七差大岭

雅加大岭主要地质遗迹景观有霸王石海、霸王圣潭、蟒王石、壶穴，沿登山路线"霸道""情道""天道"可见到雅加瀑布、情人谷瀑布、通天河瀑布等景观。

1. 水蚀穴

"霸道"全长400 m左右，裸露花岗岩宽约20 m，是雅加大岭富有流水的自高到低的一条沟线。雅加大岭的岩性为晚三叠世黑云母二长花岗岩。"霸道"受流水冲腐裸露完整的的黑云母二长花岗岩及少数滚圆的花岗岩滚石，岩石岩面光滑而且流水作用明显，岩面多为波纹状及有水臼生成，流水线还有几处深1 m多的水蚀穴形成。水蚀穴呈圆形，口径2 m左右，穴壁十分光滑。水流在岩面陡峻的地方形成瀑布（雅加瀑布），总体水流落差有110 m，形成的地质遗迹主要有深潭、水臼、象形石，如霸王圣潭、霸王石海、蟒王石、壶穴（图4-2-3、图4-2-4）。

图4-2-3　花岗岩岩基与水潭——霸王圣潭

图4-2-4　水蚀穴——壶穴

"情道"长约1 km，连接于"霸道"的北端，主要的地质遗迹景观有情人谷瀑布、夫妻石（图4-2-5）等。情人谷瀑布落差30 m左右，是节理发育的黑云母二长花岗岩形成的崖壁，在雨水充足之时，瀑布水雾纷扬，直泻而下，气势磅礴。

2. 花岗岩滚石

位于"霸道"西侧的登山路线，全长1.8 km，修建完整的木质长廊穿梭于茂密的热带雨林中，生长粗壮的古榕及珍贵树木，与巨型的花岗岩滚石相依形成石

图4-2-5　夫妻石（花岗岩）

天门（图4-2-6）、"鱼跃龙门"等景观。陡峭曲折的木质长廊直通山顶，被誉为"天阶"，另有奇特姿态的珍贵树种"母生五子"等自然景观。

图4-2-6　花岗岩滚石——石天门

图4-2-7　花岗岩岩基——枯水期的
通天河瀑布顶端

3. 通天河瀑布

通天河瀑布位于雅加大岭西侧，源头标高642 m，落差120 m左右，阶段山体坡度在50℃以上，宽约20 m，属未开发状态，流水一直流往山脚下标高为150 m左右的保山村，水流落差达到500 m。山体坡度大，植被又茂密，没有建设上山道路，在距离1.8 km外的七差镇保山村水泥公路远眺，雨季能见银光般的瀑布直泻而下，瀑布源头消失在雅加大岭的山脊线中，像能"通天"一样，故得名"通天河瀑布"（图4-2-7）。

（二）自然人文景观特征

1. 七差大岭景观

七差大岭与雅加大岭南北相望，热带雨林植被十分茂盛，基本无基岩裸露，是热带沟谷雨林和热带山地雨林垂直分布的典型。在这里随处可见各种生物根劈作用和树根环抱巨石，可以观赏到沟谷雨林的棕科群落、山地雨林的珍贵树种等，可以观察到附生和绞杀现象，如"腾绳""三叠元宝石""根瀑"（图4-2-8至图4-2-10）。

2. 七差景区

七差镇坐落于七差大岭、雅加大岭的山脚下，地势平缓，广泛生长木棉树和种植水稻，待春季木棉花盛开及水稻秧苗盛长，构成一幅木棉群落、满幅遍红的美丽景象（图4-2-11）。

图 4-2-8　腾绳

图 4-2-9　三叠元宝石

图 4-2-10　根瀑

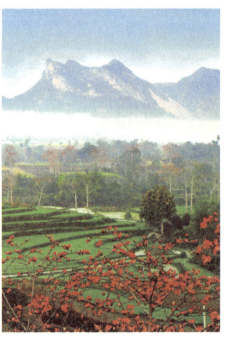

图 4-2-11　七差镇木棉红

四、地质遗迹价值特征

（一）自然属性

1. 科学性

霸王岭林区公路有琼西代表性的岩石谱系单元，对于研究地球地壳运动演化具有科学研究价值。

2. 观赏性

该地质遗迹区有形成瀑布、奇石、连绵山峦、浩瀚林海、古树参天、木棉群落等美妙景观，极具观赏价值。

3. 规模面积

昌江霸王岭地质遗迹区隶属昌江黎族自治县管辖，与其他资源相互协调配套，总面积为 84.4 km²。区内居民较少，该地质遗迹范围的土地权属问题比较容易解决，保护与开发该地质遗迹区面积较适宜。

4. 完整性和稀有性

海南岛内岩浆岩活动较丰富，由花岗岩组成的山脉多，如尖峰岭、吊罗山、黎母山，亦都是自然雨林保护区，自然属性相近，因此霸王岭稀有性一般，但自然状态保存良好。各种花岗岩岩体地貌景观齐全，岩性系列完整，范围广，高差大，侵蚀深，在省内花岗岩地貌中具有独特的代表性。霸王岭地质遗迹景观出露印支期花岗岩面积极广，其中印支晚期花岗岩从印支中期的花岗岩中侵入，形成环状构造，岩石类型丰富，以 I 型钙碱性系列花岗岩为主，印支期各阶段形成的花岗岩都有，区内花岗岩形成高挺山体。

5. 保存现状

大规模的岩浆活动构成了花岗岩穹窿地貌形态，霸王岭地区印支期各个时期的侵入岩均有出露且呈规律性分布，区域地质构造形态较完整，基本保持天然状态。

（二）社会属性

1. 通达性

昌江霸王岭地质遗迹区位于昌江黎族自治县南部霸王林场和王下乡地区，距昌江县城石碌镇 26 km，仅有县道到达，交通欠便利。

2. 安全性

该地质遗迹区有陡峭的高边坡，周围有危险体，岩石风化较强烈，有一定危险，采取措施可控制。

3. 可保护性

该地质遗迹区位于霸王岭国家森林公园内，采取有效措施能使地质遗迹得到保护，存在一些自然破坏因素，可通过人类工程加以保护，具有可保护性。

五、地质遗迹成因

（一）形成时代

霸王岭地区大面积出露三叠系花岗岩（大约形成于2.5亿年前）。区域地质上处于东西向昌江—琼海构造带南侧、琼西南北向断裂带北段金波断裂带南端，是印支期造山运动发生大规模中酸性、酸性岩浆侵入活动所形成的花岗岩体。

（二）地质遗迹成因

经后期多次地壳构造运动和漫长的风化作用，坚硬的花岗岩被冲刷、剥蚀、断裂、崩塌、滚落，形成瀑布、水潭、巨型球状滚石、崖壁、滚石堆等花岗岩地貌景观。

1. 水蚀穴

壶穴是基岩河床河沟上近似壶形的凹坑，是急流漩涡夹带砾石磨蚀河床而成。壶穴集中分布在瀑布、跌水的陡崖下方及坡度较陡的急滩上。

壶穴因河水急流中常有涡流伴生，砾石便挖钻河床，河流中断层、岩性不同或是跌水的下方在水流的磨蚀作用下，往往形成很深的坑穴。由于雨水令河水流量增加，带动上游的石块向下游流动，当石块遇上河床上的岩石凹处无法前进时，会被水流带动而打转，经历长时间后将障碍磨穿，形成一圆形孔洞。水流中携带的砾石对坑穴的侧壁进行不断刮擦，使得坑穴壁光滑如镜，其形似井，地貌学上称之为"壶穴"。

形成壶穴的因素首先是岩性。这里的花岗岩为中粗粒的花岗岩，且纵向、横向、水平3组节理（即裂缝）发育。河水夹带砂石很容易在节理面上产生磨蚀而形成壶穴。

其次是该地受夏季风的影响，年降雨量丰富，河流的流水就丰富，其侵蚀力就大，流水产生的漩涡携带砂石对河床基岩的磨蚀能力就越强大，壶穴也就易于产生。尤其是在瀑布、跌水、陡崖下方等地，更是壶穴集中分布的地带。

最后是风化作用。壶穴中往往有藻类、草本、灌木以及小树生长。它们在生长过程中分泌的有机物质，对壶穴的内部进一步进行生物风化，促进了壶穴的向深、向宽的方向发展。

2. 花岗岩滚石

花岗岩滚石是岩石出露地表接受风化时，由于棱角突出，易受风化。岩石由于节理发育，破坏了自身的连续性和完整性，增加了可透水性，是促进岩石风化的重要因素，因而岩石中节理密集之处往往风化最强烈，尤其是在几组节理交汇的地方。几组方向的节理将岩石切割成多面体的小块，小岩石块的边缘和隅角从多个方向受到温度及水溶液等因素的作用而最先被破坏，而且破坏深度较大，久而久之，岩石沿节理裂隙崩裂，变成花岗岩滚石。经过进一步的物理风化和化学风化联合作用最终形成球状风化，成为石蛋等。

3. 通天河瀑布

通天河瀑布主要是岩体节理断裂构造形成。在瀑布区，崖面断裂构造形成，同时发育2组近相互垂直于崖面的节理，地下水与地表水沿节理裂隙渗入，使得水流沿岩石节理和崖面溶蚀作用切割成块，在重力作用下，脱离原岩，从而形成陡崖。瀑布的水源主要来自霸王岭山区高汇水区，在汇水流经陡崖时，形成瀑布。

第五章 碎屑岩地貌景观类地质遗迹特征

第一节 琼海白石岭地质遗迹基本特征

一、地理环境特征

（一）交通位置

琼海白石岭地质遗迹区位于距琼海市嘉积镇西南方向 12 km 处的万泉河河畔，属嘉积镇管辖。距博鳌亚洲论坛永久会址 20 km，距东线高速公路白石岭互通 6 km，有旅游公路直达，交通十分方便。其面积约 16 km²，中心地理坐标为 110°23′24″E，19°10′21″N。

（二）自然环境

该区属于热带季风及海洋湿润气候区，气候宜人，年平均气温 24℃。1 月平均气温 18℃，极端最低温度 5℃；7 月平均气温 28.3℃，极端最高气温 39℃。雨量充沛，年均降雨量 2072.8 mm。干季和雨季分明，干季一般出现在 12 月至次年 4 月，雨季出现在 5 月至 11 月，尤其是 8 至 9 月，月均降雨量相当于干季降雨量的 2 倍。万泉河是区内最大的河流。日照充足，年均日照 1900 h。四季如春，终年无霜雪。

该区域周边居民以汉族为主。主要发展旅游业，附近居民主要种植水稻、木薯、番薯、菠萝、胡椒等，大面积种植槟榔、橡胶，耕作方式落后，生产水平较低下。因为这里交通发达，离市区较近，是发展旅游业的好地方，经济相对较发达。

（三）地形地貌

该区地形总体是白石岭高，四周低，登高岭是白石岭最高山峰，高度为

328 m。绝对高度15.5～328 m，相对高差312.5 m。地貌属剥蚀丘陵区，周边为剥蚀平原、河流冲洪积平原区，地势平坦。

（四）人文概况

该地区方言以海南方言为主。民族有汉族、苗族、黎族等。琼海民间文化艺术种类丰富，包括琼剧、苗族山歌、舞龙、舞狮、舞灯等民间歌舞以及椰雕、刺绣、编织等民间工艺。

二、地质及水文地质特征

（一）地质特征

该地质遗迹区域内发育白垩系下统鹿母湾组、白垩系上统报万组、第四系更新统（未分）、第四系更新统北海组、第四系全新统、第四系全新统烟墩组。

第四系全新统烟墩组：小面积出露，分布在区域的东部滨海地区，岩性为砂、砂砾。

第四系全新统、第四系更新统（未分）：分布于万泉河两岸，为河流冲洪积相，岩性主要为砂砾、黏土质砂等。

第四系更新统北海组：分布于九曲江、中原一带，岩性主要为砂、亚砂土等。

白垩系上统报万组：分布于地质遗迹区及周边，岩石呈浅褐色，凝灰质粒状结构，斑杂状构造，岩性为砂岩、砂砾岩、砾岩组。

白垩系下统鹿母湾组：分布于龙江、阳江地区，岩性为砂岩、泥岩等。

白石岭地区岩浆活动较剧烈，岩浆活动形成此区晚三叠纪（角闪石）黑云母二长花岗岩、碱长花岗斑岩（$T_3\eta\gamma$、$T_3k\gamma\pi$），晚侏罗纪花岗岩（$J_2\gamma$），晚白垩纪钠长白岗石、花岗斑岩（$K_2\pi k$、$K_2\gamma\pi$）。

该区域附近分布东西向区域性昌江—琼海深大断裂，是海南岛主要的四条深大断裂之一。该断裂横贯东方、昌江、白沙、琼中、屯昌和琼海等市县。它是一条规模巨大、以断裂带为主，夹有东西向褶皱带的断褶构造带，断续延长在200 km以上。在新生代，该构造带继续活动，控制着多处地热田的分布。白石岭东西向分布的温泉景观，便是其活动的产物（图5-1-1）。

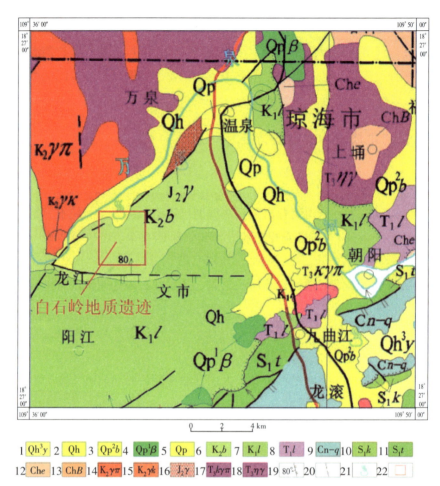

1. 烟墩组：砂砾、砂、黏土、海滩岩 2. 全新统（未分）：砂砾、砂、黏土 3. 北海组：亚砂土、砂、含玻璃陨石砂 4. 下更新统：玄武岩 5. 更新统（未分）：黏土、砂、砂砾 6. 报万组：长石砂岩、泥岩 7. 鹿母湾组：砂砾岩、长石石英砂岩、粉砂岩、泥岩、安山—英安质火山岩 8. 岭文组：砾岩、砂岩、粉砂岩、泥岩 9. 南好组—青天峡组：砾岩、含砾不等粒石英砂岩、砂岩、岩屑长石砂岩、板岩、结晶灰岩 10. 空列村组：石英岩、绢云石英粉细砂岩、绢云板岩、千枚岩、结晶灰岩 11. 陀烈组：变质石英细砂岩、粉砂岩、碳质板岩、碳质千枚岩、绢云板岩、千枚岩 12. 峨文岭组：云母石英片岩、石英云母片岩、长石石英岩、晶质石墨矿层 13. 抱板群：云母石英片岩、长石石英岩、黑云斜长片麻岩 14. 花岗斑岩 15. 钠长白岗岩 16. 花岗岩 17. 碱长花岗斑岩 18.（角闪石）黑云母二长花岗岩 19. 实测逆断层倾向及倾角 20. 隐伏或物探推测断层 21. 热水泉 22. 地质遗迹分布地段

图 5-1-1　白石岭地质遗迹区域地质图

　　该地质遗迹区的主要地层为白垩系上统报万组，砾石多呈次圆状，少数为次棱角状，颗粒大小不一，分布杂乱，分选性差，粒径大小一般是2～40 mm，其间由砂质（火山岩屑）、粉砂质、泥质（绢云母）等胶结，构成凝灰质砾状结构（图5-1-2）。

图5-1-2　凝灰质砂砾岩

　　在该区内未发现有侵入岩出露。

　　在该区内，构造较发育，其中龙江至文市东西向断层较发育，该断层是一条实测及推测逆断层，其产状往北倾，倾角为80°；近有龙江至温泉东北向断层，该断层是一条实测及推测逆断层，其产状往西北倾，倾角为78°。此外，该地区节理、裂隙都十分发育。

　　（二）水文地质特征

　　该区内地下水类型主要为松散岩类孔隙水、基岩裂隙水。

　　松散岩类孔隙水：第四系全新统，岩性为砂砾石、含砾粗砂、砂、砂土及黏土等。地下水主要赋存于该层的砂砾孔隙中，主要承受大气降水的补给，往低洼处径流，以渗流或泉的形式排泄出地表，最终汇入万泉河流入大海。

　　白垩系上统报万组基岩裂隙水：该区大面积出露，含水层岩性为砂砾岩、砂岩，地下水主要接受大气降水及地表水体补给，赋存于基岩裂隙及断裂中，沿基岩裂隙径流，于低洼处以泉或渗流形式排泄，富水性与岩体裂隙发育程度相关。

三、地质遗迹景观及人文景观特征

(一)地质遗迹景观特征

白石岭位于琼海市万泉河南岸,海拔最高度为328 m。白石岭群峰是由1.05亿年前的上白垩统白色和灰白色砂岩、砂砾岩、砾岩组成,岩石裸露风化为白色,故名"白石岭"。白石岭地质遗迹分布区包括登高岭、公仔岭、衬布岭、三牛岭,矗立在万泉河河畔,群峰凌空,巨石怪立,深涧峡谷,洞壑幽渊莫测,竹林丛生,绿树成荫。地质遗迹景点详见位置分布图及图内表格(图5-1-3)。

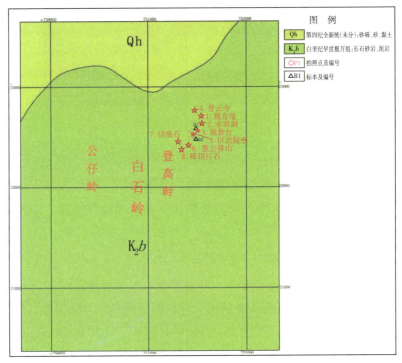

图5-1-3 白石岭地质遗迹景点位置分布图

1. 登高岭

登高岭发育于1.05亿年前的上白垩统,是由灰白色砂砾岩组成的。登高岭是白石岭最高峰,岩石呈浅褐色,海拔328 m,有3块巨石组成的奇观:一块呈蛋形的巨石,一半夹在两块巨石之间,一半倒悬半空,看上去摇摇欲坠,但有惊无险。从不同角度观看这块巨石,其形状各异。从高处俯视,如金龟望月;从岭下仰望,似奔腾之骏马,栩栩如生。巨石旁边有一个石洞,疾风吹来，石洞里不时发出瑟瑟之音韵，煞是迷人。山状变化万端，移步换形。山上怪石嶙峋，千姿百态，石洞幽深，神奇莫测。每当云雾缭绕，山峰忽隐忽现，变化万千，犹在虚无缥缈之中，远处是万泉河（图5-1-4）。

图 5-1-4　登高岭山峰

2. 岩壁

此处为一高陡的岩壁，笔直光滑，是典型的丹霞地貌，在流水侵蚀和风化作用下形成。流水沿着岩石节理裂隙渗入，同时带走一些易于溶蚀的碎屑物质；风化作用也使得岩石变得更易崩落，一部分岩石离开母岩，从而形成了一面高陡的岩壁。文人墨客们在崖壁上提字，表达美好愿望。现在景区将此处开发成为攀岩圣地（图5-1-5）。

图 5-1-5　岩壁

3. "愚公移山"石景

白垩系上统报万组紫红色砂岩经过流水切割、风化剥蚀作用，最终形成了白石岭现在的大小不一、形态各异、杂乱无章的岩石，给人以不同的遐想，煞是迷人。在靠近峰顶的地方，有一处景点，是由风化剥蚀崩落堆积的岩石，形似愚公移山，惟妙惟肖（图5-1-6）。

图5-1-6 "愚公移山"石景　　　　　图5-1-7 公仔岭和衬布岭

（二）人文景观特征

1. 民间传说

在登高岭两侧的公仔岭和衬布岭成犄角状，其间是半天然水库，好似三龙戏珠。传说，清朝玄学大师洪必芳一生周游天下，一日游到此处，发现这里不但山水秀丽，而且天地灵气尽藏其中，为藏龙卧虎之地，远观形如故宫太和殿，意为登科进仕。洪先生死后要葬于此处，由于该岭陡如刀削，人与棺木只好借助绸布爬吊上山顶，得名"衬布岭"。道光年间，洪家后人洪荣果然高中状元。然而洪荣为官贪赃枉法，被道光皇帝下旨刑场问斩。张岳崧为其说情担保，才免其死罪，但待人策马到刑场时，洪荣已人头落地。后家人将其尸葬于白石岭。送葬到山腰时，雷雨大作，天崩地裂，公仔岭裂开一道大裂缝，深10多m，宽2m，长30多m（图5-1-7）。

2. 观音池

在白石岭景区入口不远处，矗立一座白色的观音像，前面为一池子，每年都有大量的游客和村民在此许愿祈福（图5-1-8）。

图5-1-8　观音池

3. 官塘温泉度假区

官塘温泉度假区位于白石岭山脚下，区内环境优美、风光宜人，有经专家鉴定的"世界少有，海南无双"的温泉热矿水，日流量达万吨，温度70℃~90℃。官塘温泉富含偏硅酸和氟、锶、溴锂等多种对人体健康有益的微量元素，区内已建造了多家温泉度假酒店，如官塘温泉休闲中心、富海温泉度假村、官塘温泉度假山庄、财建温泉宾馆。

4. 红色娘子军纪念园

红色娘子军纪念园是为纪念第二次国内革命战争时期诞生的"中国工农红军第二独立师女子军特务连"而建造的文化旅游区。位于琼海市嘉积镇街心公园，雕像由花岗石雕刻而成，坐北向南，高3.7 m，连底座总高6.8 m。座基石板铺设，四周呈六角形，围以石栏杆，占地面积40 m²。雕像后面是园林花圃等。雕像将红军女战士脚穿草鞋、肩背竹笠，风尘仆仆的一代巾帼英雄的气概充分展现。雕像底座正面有胡耀邦金字题词"红色娘子军"。底座背面刻有如下文字："红色娘子军即中国工农红军第二独立师女子特务连。1931年5月1日创建于乐会县（今属琼海市）第四区革命根据地。她们在中共琼崖特委领导下，出色地完成了保卫领导机关、宣传发动群众等任务，并配合主力部队作战，在伏击沙帽岭、火攻文市炮楼、拔除阳江据点及马鞍岭狙击战中，不怕牺牲，英勇杀敌，为琼崖革命立下了不朽的功勋，斯为妇女解放运动之旗帜，海南人民之光荣，娘子军革命精神永存！"该纪念园现为省级重点革命纪念建筑物保护单位（图5-1-9）。

图5-1-9　红色娘子军纪念园

四、地质遗迹价值特征

（一）自然属性

1. 科学性

地质遗迹是地球演化过程中地质信息的良好载体，对人类认识地球、认知我们所处的客观世界具有极其重要的意义。白石岭分布有砂砾岩、长石石英砂岩、粉砂岩、泥岩、安山—英安质火山岩，反映了形成时代的沉积堆积物是在相当长的地质历史时期形成的，是地质信息的良好载体，对研究古地理、古气候的演变有重要意义，特别是在该地区，对了解万泉河河道以及官塘温泉的成因都有一定的意义，是普及地质科学知识的良好场所。

2. 观赏性

在白石岭诸峰中，登高岭是海拔最高的，也是最为险峭的，俯瞰岭下，人们会情不自禁地吟出唐代诗人杜甫的那句"会当凌绝顶，一览众山小"（《望岳》）的诗句，而岭下万泉河与白石岭交相辉映，山临水，水绕山，让人看后不禁怦然心动。白石岭有八景，分别是石柱擎天、金钟驾驰、青狮眺目、翠屏拥月、崆峒筛风、苍牛喷雾、花岗蔚彩、碧沼储云。从"崆峒筛风"上登300级台阶，便是白石岭最佳景观"石柱擎天"。清代本地举人王崇佑诗曰："巍巍群山峙荒原，一色莹光拂紫恒。未有阶梯从级蹑，总无藤葛敢扳牵。清尘半洁空中地，绿树偏绕云里根，欲问何年轻奠定，猛然遐想到虞轩。"此特生动地描绘了"石柱擎天"高耸入云及其幽清纯静的境界，若身处境中，感受必倍加新奇。山岭顶上有一千吨巨石，颜色苍白，悬于空中，但有惊无险。从不同角度观看这块巨石，其形状各异。巨石旁边有一个石洞，疾风吹来，石洞里不时发出瑟瑟之音韵，煞是迷人。自古人们皆赞此石不仅以其自然的美姿迷人，而且以天籁之仙乐醉人，大异于他处之景。

3. 规模面积

白石岭位于海南省琼海市西南方向，海拔328 m，为琼北最高峰，占地20 km²，已经建设成为海南一处名胜风景区。

4. 完整性与稀有性

白石岭是由1.05亿年前的上白垩统白色和灰白色砂岩、砂砾岩、砾岩组成，岩石裸露风化为白色。白石岭海拔高度328 m，群峰凌空，怪石林立，身涧峡谷，洞壑幽深渊莫测，沿岭1308级傍山石阶贴崖而上。白石岭的陡、险、峻、幽等令人陶醉，在省内具有一定的典型性与稀有性。

5. 保存现状

白石岭是一个集热带原始自然生态和原生态"峰式"文化为一体的大型生态区，并具有深厚的历史文化沉淀，素有"海南第一岭""珠崖奇观""鳌头独占"的美誉。白石岭景区由公仔岭、登高岭、衬布岭、三牛岭等群峰组成，矗立在万泉河畔。群峰凌空，巨石怪立，深涧峡谷，热带的奇花异草，竹林丛生，绿树成荫。攀上登高岭眺望，北侧为林木苍翠的山麓，玉带状的万泉河曲折，环绕白石岭群峰流过，缓缓流向南海。登高岭石峰因流水侵蚀和风化作用，形态多姿，变幻多端，形成了号称"新娘门""新娘房""新娘椅""仙人井""风廊""仙人脚印"等的景观。目前由于景区正在改造建设当中，游人较少，该地质遗迹总体保护利用较好。

（二）社会属性

1. 通达性

琼海市白石岭地质遗迹区位于琼海市嘉积镇西南方向 12 km 处的万泉河河畔，距博鳌亚洲论坛永久会址 20 km，距东线高速公路白石岭出口处 6 km，有旅游公路直达，交通十分方便。

2. 安全性

该地质遗迹区有陡峭的边坡，周围有危险体，岩石风化较强烈，有一定危险，采取措施可控制。

3. 可保护性

该地质遗迹区位于国家 4A 级风景区白石岭公园内，采取有效措施能使地质遗迹得到保护，存在一些自然破坏因素，可通过人类工程加以保护，具有可保护性。

五、地质遗迹成因

（一）形成时代

白石岭的山体主要是由距今 1.05 亿年的上白垩统沉积的白色和灰白色凝灰质砾岩、砂岩组成，属冲积扇、湖河沉积环境。岩性以细粒长石砂岩为主，夹钙质泥岩、粉砂质细砂岩、长石粉砂岩。以紫红色薄—中厚层状泥质细粒长石砂岩夹粉砂岩的出现作为该组底界，与下伏鹿母湾组紫灰色凝灰岩夹火山角砾岩呈整合接触，未见顶。厚度 385.5～1439 m。

（二）地质遗迹成因

1. 白石岭

白石岭上白垩统沉积的细粒长石砂岩，在冲积扇、湖河沉积环境下，经过多次地壳构造运动，不断抬升。经过的地质作用以外力地质作用为主。外力作用包括风化作用和地面流水地质作用，它主要表现在温度变化等因素的影响下，岩石在原地发生的机械破坏作用。它使岩石裂开或崩解，形成大小不等的碎块，但其成分并未发生变化。白石岭沉积而成的岩石导热性较差，热传递速度较慢。在白天，阳光照射时，岩石表面温度升高，体积膨胀，但其内部却因其传热较慢而膨胀较慢，因而会造成岩石表层和内部之间产生一些细微破裂；在夜间，岩石表面因散热较快冷却缩小也较快，而内部仍保存着外部传来的部分热量，还保持膨胀状态，因而会造成垂直岩石表面的一些细微张裂。久而久之，微裂隙会逐渐扩大，最后造成岩石表层的"层状剥落"现象。经过长年累月的风化作用，一些长石类的矿物易被溶蚀，随着水流被带走，一些不易溶蚀风化的石英矿物留下，成为山峰，又使岩石不断地被剥蚀，逐渐形成弧形的山峰。

在化学风化作用过程中，水起着重要的作用。自然界不存在纯水，在大气降水中溶解了或多或少的气体（如 O_2、CO_2）以及其他可溶性物质，使雨水成为酸性或碱性的复杂溶液。岩石和土壤孔隙中的地下水溶解了丰富的气体和矿物质。雨水和土壤水中 CO_2 的含量常可达20%或更多，若在有机体的作用下，地下水中的 CO_2 甚至可达10%。CO_2 溶于水中就成为碳酸（H_2CO_3）。同时，天然水中还有相当数量的 O_2 及铵盐等，溶解了上述气体离子的溶液深入岩石的孔隙，可缓慢地与岩石发生反应并进行溶解。

白石岭地区地面流水的水源主要为大气降水和万泉河流水。流水的侵蚀作用以机械侵蚀作用为主，它包括水流的冲蚀作用及其所携带碎屑物的磨蚀作用。白石岭经过风化作用和流水的侵蚀作用，最后形成现在形态多姿、变幻多端的样子。群峰主要由三牛岭、衬布岭、公仔岭、登高岭4座山峰组成。山下建有林场和水库，风景秀丽宜人。因此白石岭自古至今都是登高游览的风景胜地。

2. 岩壁

上白垩统沉积的细粒长石砂岩，在地质作用下，形成多组的节理裂隙，地表水及地下水沿着裂隙入渗，不断带走可溶性矿物，使得裂隙不断扩大；经过长期的物理化学作用，一部分岩石脱离母岩，在地重力作用下，不断崩塌失稳，从而形成高陡的岩壁。

第二节　东方鱼鳞洲地质遗迹基本特征

一、地理环境特征

（一）交通位置

东方鱼鳞洲地质遗迹区位于海南省东方市八所镇西南的海滩上，距八所港约 2 km，距 G98 高速八所互通约 13 km，有旅游公路直达，交通十分方便。其地理位置坐标为 108°36′50″E，19°05′58″N。

（二）自然环境

该区域属热带季风海洋性气候区，旱湿两季分明，降雨量偏小，日照充足，蒸发量大。年平均气温 24℃。1 月平均气温 18.4℃，极端最低气温 1.4℃；7 月平均气温 29℃，极端最高气温 38.8℃。日均日照时数最多达 9.5 h。季风特性明显，每年 11 月至翌年 3 月盛行北风和东北风，4 月至 10 月盛吹西风和西南风。年平均风速为 4.8 m/s，为全岛之最。年平均降雨量 1150 mm，沿海地带雨量稀少，仅 900 mm 左右。年平均蒸发量达 2596.8 mm，年均蒸发量大于年均降雨量，为全省之最。

（三）地形地貌

该区域地形较平坦，主要为海成阶地，是一座雄峙滨海的砂岩孤峰，峰高 90 m，比高为 89.11 m。地貌以海成 Ⅱ 级阶地为主，沙滩地，标高在 6 m 以下，沙滩洁白，主要为起伏沙地和砂岩礁石。

（四）人文概况

东方市常住人口约为 44 万人，属多民族聚居市，主要为汉、黎、苗族等。黎、苗族多居住于山区或较偏僻的地带，现仍保留着淳朴的民俗、民风。江边乡是黎、苗族文化的发祥地之一，这里有具代表性的黎、苗族土著文化及民族风情，船形屋是典型的最具特色的黎、苗民族文化。

鱼鳞洲附近的居民大部分已经搬到市区居住，少部分主要以打鱼为生，经济相对较发达。东方烤乳猪是海南省内著名的美食；此外，这里海产品丰富，高价值海产品有40多种，有马鲛鱼、乌鲳鱼、青干鱼、红鱼等。

二、地质及水文地质特征

（一）地质特征

区域上，鱼鳞洲地质遗迹出露的地层主要有第四系更新统北海组、第四系更新统八所组、第四系全新统、第四系全新统烟墩组、第三系中新统佛罗组，地层发育不全。该区经历了多期构造运动，形成不同时期的岩浆侵入，这些构造运动控制着此区地质、地貌的演变。侵入岩有二叠世—三叠世花岗岩、早三叠世（角闪石）黑云母二长花岗岩（$T_1\eta\gamma$）、中侏罗统黑云母二长花岗岩（$J_2\eta\gamma$）。鱼鳞洲区域未发现有断裂、断层等地质现象（图5-2-1）。

1. 烟墩组：砂砾、砂、黏土、海滩岩　2. 全新统（未分）：砂砾、砂、黏土　3. 八所组：粉细砂、含细粒中粗砂　4. 北海组：亚砂、砂、含玻璃陨石砂砾　5. 鹿母湾组：砂岩、长石石英砂岩、粉砂岩、泥岩、安山—英安质火山岩　6. 黑云母二长花岗岩　7. （角闪石）黑云母二长花岗岩　8. 花岗岩　9. 热水泉　10. 地质遗迹分布地段

图5-2-1　鱼鳞洲地质遗迹区域地质图

该地质遗迹区的地层有以下几组。

第四系全新统烟墩组：分布于西部滨海区，岩性主要为砂砾、砂、黏土质砂、海滩岩。

第四系八所组：分布于市区北东及南西部，岩性主要为粉细砂、含细砾中粗砂。

第三系佛罗组：分布于鱼鳞洲孤峰地区，岩性主要为蚀变含砾质岩屑杂砂岩，岩石呈浅黄白色，变余含砾质砂状结构，疏松块状构造。岩屑成分主要由岩屑（石英岩、石英砂岩、粉砂岩等）和石英组成。这些碎屑颗粒一般呈次棱角状，分布不均匀，分选性差，粒径大小一般是0.05～2 mm不等，有些颗粒较粗大，砾级达到8 mm；颗粒间由泥质经蚀变大都变成绢云母雏晶和粉砂质等胶结，构成变余含砾质砂状结构。

通过本次详细地质调查，在该区内未发现有侵入岩出露。

该区内未发现有大的构造、断裂等地质现象。鱼鳞洲裂隙、节理较发育，裂隙宽度10～50 mm，长度1～8 m。沿裂隙、节理有铁质淋虑。由于强烈的风化作用和重力地质作用，砂岩岩块从峰顶、峰壁断裂崩塌，巨大的岩块从孤峰中坠落下来杂乱堆积于海边，大者单体有数立方米。有部分岩块将要崩塌，行人在下面行走，十分危险。

（二）水文地质特征

根据地层含水性及地下水赋存条件，该区地下水类型以第四系松散岩类孔隙潜水含水层为主，其次为砂岩裂隙水，其含水性分述如下。

第四系孔隙潜水含水层：分布全区，含水层岩性为第四系全新统烟墩组砂砾、砂、黏土质砂、海滩岩，第四系八所组粉细砂、含细砾中粗砂。富水性与含水层厚度相关，地下水主要受大气降水的补给，由岸边往滨海径流，最后汇入北部湾。

砂岩裂隙含水层：地下水主要赋存于第三系佛罗组基岩裂隙中，含水层岩性为含砾质岩屑杂砂岩，其含水量贫乏。地下水主要受大气降水的补给，其径流条件受到地形控制，由地势较高处沿裂隙往低洼处径流，以渗流或泉的形式排泄出地表，最后汇入北部湾。

鱼鳞洲孤峰地区没有发现大的断裂、断层，但是孤峰节理、裂隙十分发育。在鱼鳞洲孤峰的西南部发育几条较大的裂缝，裂缝长 1～3 m，宽 0.2～0.8 m，随时都有崩塌的危险。

三、地质遗迹及人文景观特征

（一）地质遗迹景观特征

鱼鳞洲地质遗迹景观主要有孤峰灯塔、巨型坠石堆、崩落海滩岩、风化洞穴、沙滩、旧盐田等。这些景观形态各异，千姿百态，具有很高的观赏价值，分为砂岩孤峰景区、坠石海滩岩景区、沙堤景区、港口景区四大类（表5-2-1、图5-2-2）。

表5-2-1　东方市鱼鳞洲主要地质遗迹景点一览表

序号	景点位置	地理坐标/m		景点名称	景区分类
		X	Y		
1	鱼鳞洲山峰顶上	2112897	36564528	孤峰灯塔	砂岩孤峰景区（Ⅱ）
2	鱼鳞洲山脚下	2112887	36564480	巨型坠石堆	坠石海滩岩景区（Ⅲ）
3		2112821	36564474	崩落海滩岩	沙堤景区（Ⅰ）
4		2112826	36564527	风化洞穴	
5	海边	2112580	36564579	沙滩	
6	鱼鳞洲东部	2112618	36565148	万人坑	港口景区（Ⅳ）
7		2112523	36565286	纪念碑	
8	鱼鳞洲东南部	2112227	36565851	旧盐田	
9		2111640	36565433	风电站发电风车	

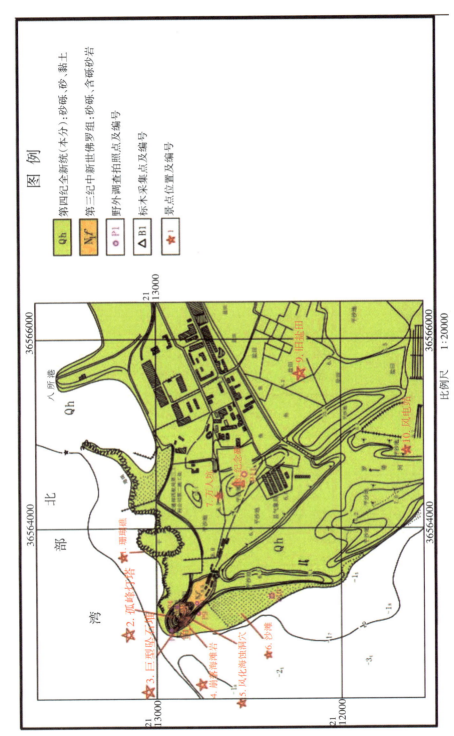

图 例

Qh 第四纪全新统(本分):砂砾、砂、黏土

N₂f 第三纪中新世佛罗组:砂砾、含砾砂岩

⊙P1 野外调查拍照点及编号

△B1 标本采集点及编号

★1 景点位置及编号

图 5-2-2 鱼鳞洲地质遗迹地形地质及景点分布图

比例尺 1:20000

1. 孤峰灯塔

在鱼鳞洲的山顶上，有一座古灯塔，现在已经改建为太阳能自动灯塔。灯塔是鱼鳞洲的标志，也是东方市的标志，它是北部湾重要的航标。孤峰上的灯塔，每天静静地守候神秘而又宁静的海湾，为过往船只指明方向，指引着回家的路，在这远离市区与繁华的大海之滨，它

图 5-2-3　古灯塔

默默地工作着，奉献着自己的一切。正是"登洲一望千帆过，巨轮进出吾点航"（图 5-2-3）。

2. 巨型坠石堆

在鱼鳞洲西部、西南部海边上，堆积着大量的巨型坠石，坠石直径 0.5～3 m。这些巨型的岩石都是从鱼鳞洲山上滚下来的，岩性是砂岩，形态胜似人像。现如今到鱼鳞洲游玩、垂钓、绘画的人们都在这些巨石上留下足迹（图 5-2-4）。

图 5-2-4　鱼鳞洲西部海边崩落的巨石

图 5-2-5　天然的洞穴

3. 风化洞穴

风化洞穴是在鱼鳞洲山下由于风力作用形成的 2 个天然岩洞，高约 3 m，长约 4 m，宽约 2 m。自古以来，当地外出打鱼的渔民遇到大风大浪的时候，就在这里躲避。久而久之，当地人对这里产生了深厚的感情。目前，当地居民在洞里供奉着几尊菩萨，供信徒朝拜。因此，该处地质遗迹洞穴保护状况总体良好，景点未被人为破坏（图 5-2-5）。

（二）人文景观特征

鱼鳞洲附近的自然景观和人文景观资源十分丰富。东南侧约2 km处发育蜿蜒曲折的现代沙堤，堤上建有海南省第一批风力发电站。此外还有八所港、东方化工城、红兴温泉、国家级大田坡鹿自然保护区、海滨公园等资源，地质遗迹配套性比较完善。

1. 八所港

1943年4月，八所港建成。八所港位于东方市境内，地处海南西部工业走廊和琼西南热带高效农业基地出海口。濒临北部湾，区位优势十分明显，属国家一类开放口岸，与全国沿海各港以及全球20多个国家和地区通航贸易往来，口岸服务机构齐全，是环北部湾经济圈主要的贸易港口（图5-2-6）。

2. 东方化工城

东方化工城坐落在海南省东方市城区以南地带。站在鱼鳞洲上向东方化工城的方向望去，只见浓荫覆盖、绿色逼人，管线错落、罐塔林立，宛如画中一景，画中之画（图5-2-7）。

图5-2-6 八所港码头

图5-2-7 化工厂远景

3. 红兴温泉

红兴温泉位于东方市八所镇东南方向，距八所镇约10 km，在高坡岭水库附近，面积10 km²。温泉流量大，久旱不竭，日流水量为300多吨，水温60℃，最高水温80℃，终日热气蒸腾，烟气弥漫。温泉区里小泉眼星罗棋布。温泉水元素丰富，含有氟、硅、铁、硫黄、硝磺等矿物质，对皮炎有一定的治疗作用，开发前景广阔。

4. 大田坡鹿自然保护区

大田坡鹿自然保护区位于东方市大田镇境内，距市区八所12 km。大田坡鹿是世界珍稀动物，属于我国一级重点保护野生动物。此前由于大规模垦荒，缩小了坡鹿的生存环境，为此，1976年10月国家建立大田坡鹿自然保护区。站在大田坡鹿自然保护区十几米的瞭望塔上举目四望，保护区内芳草萋萋、池塘片片、绿树掩映，犹如名师不经意间挥就的一幅山水画。通过望远镜，可以发现浓绿中一抹抹淡黄的流影，穿梭在绿草矮树丛中，那是坡鹿轻盈跳跃的姿态，真是一幅美极了的画。

5. 海滨公园

八所港海滨公园位于东方市八所港区，是一处沿着八所港布局得体的半月形公园。由八所港投资兴建，是游客观海、游泳、度假、休闲的好地方，富有滨海港口的特点。公园内椰风海韵醉人心扉，树木花草成林成荫，亭台楼阁错落有致，假山喷泉安排得体，曲桥幽洞布局适宜，尤其是海上楼阁蔚为壮观。

6. 万人坑纪念碑

1943年4月，八所港建成。在建港期间，劳工在日本侵略者的屠刀和皮鞭下受尽压迫，累死、饿死、病死、被打死的不计其数，最后只幸存下2000人左右。日本侵略者在八所港港口东南方约1 km处的荒滩上，挖了约200 m²的大坑，将死亡劳工者全抛到坑里焚烧掩埋，造成白骨累累的"万人坑"。在大坑30 m远的地方还有2间日军当年用青砖修建的劳工监狱被保存下来。这是日寇侵琼、掠夺中国人民财富、残杀中国劳工的罪证。1988年，海南省政府在"万人坑"上立了"日军侵琼八所死难劳工纪念碑"，这里遂成为海南省爱国主义教育基地。2008年4月，东方市政府重新修建设立（图5-2-6）。

图5-2-8　日军侵琼八所死难劳工纪念碑

7. 鱼鳞洲的民间传说

鱼鳞洲位于东方市八所港西南侧的海滩上，离它约40 km的昌化江畔有一燕窝岭，与它遥遥相望，故两处合称为"夫妻岭"。这里古往今来都流传着一个凄美的故事。

古时候，鱼鳞洲一带的海滩上有个黎族村寨，聚居着不少黎族同胞。寨中有一对恩爱夫妻，男叫贝吉，20多岁，女叫天燕，刚满18岁，他们过着男耕女织的幸福生活。贝吉的父亲，原是这个黎寨的"奥雅"（黎寨头人），却不幸病死了。全村人见贝吉能弓善刀，武艺高强，力大过人，都一齐推举他接任黎寨的"奥雅"。果然贝吉带领黎族同胞刀耕火种，防御外敌，共同为乡亲们创造幸福生活和美好未来。

有一年，一位大商人带上随从护卫，开了十几艘装满货物的大船来到此处。为防海盗，他们住进这个黎寨，以此作为据点，把载来的商品运往各地销售。同时，换回很多渔业、农业产品，准备运往闽粤等地销售，赚取金银财宝。一天，天燕在染纱，商人路过，看见天燕体态丰盈，容貌似花，白里透红的瓜子脸上嵌着一双明亮的眼睛，还挂着一对小酒窝，十分惹人喜爱。这位商人已年近花甲，却是个好色之徒，一见天燕，垂涎三尺，顿生邪念，想纳天燕为妾，然后带回家中。商人回到住处之后，马上派人去了解，才知道天燕并非未婚姑娘，乃是本寨"奥雅"贝吉之妻。商人为了夺得天燕，决定拆散这对夫妻，为此，他不惜重金，给了随从五千两银子。随从护卫得此重赏之后为了报答商人，立刻进村抢人。为了爱情，贝吉率领全寨同胞奋起反抗，跟他们展开殊死搏斗。全寨同胞在贝吉的率领下，同心合力，英勇奋战，但商人护卫多武器多，贝吉见形势不妙，迅速带领全寨同胞退至深山老林。商人的护卫立即跟踪追击，并扬言要贝吉交出天燕，否则，全部杀头。这时，天燕在丈夫贝吉和全寨同胞的掩护下，抄小路，穿树林，渡过昌化江，爬上燕窝岭的石洞里躲起来。虽然天燕脱险，但贝吉和全寨同胞落入了包围之中。然而，他们不顾生死，饮酒同盟："决不屈服，血战到底！"他们与商人护卫作战三天三夜，最后只剩下贝吉一个人突围。为寻爱妻天燕，贝吉当机立断，快速下河，游至江心，却不幸遇难。贝吉的尸体，随着昌化江的流水漂入了茫茫大海。当时，海龙王被贝吉的男儿气概感动，立即下令所有虾兵蟹将来护送贝吉的尸体回到海滩上。躲在燕窝岭上的天燕听到了丈夫身亡的消息，肝肠寸断，最后气绝身亡。天燕死后变成了一只金丝燕，从此不管春夏秋冬，衔鱼鳞、搬泥沙，掩埋贝吉的尸首。就这样，埋土越来越高，天长日久，变成了一座突起的小山峰，岩石重叠，状似鱼鳞，后人称之为"鱼鳞洲"。

从此以后，天燕化身的燕子在鱼鳞洲石洞内居住，不愿离开丈夫贝吉，夫妻之情，天长地久。今天，雄伟的鱼鳞洲，已然是人们流连忘返的游览胜地。

四、地质遗迹价值特征

（一）自然属性

1. 科学性

地质遗迹是地球演化过程中地质信息的良好载体，对人类认识地球、认知我们所处的客观世界具有极其重要的意义。鱼鳞洲地质遗迹是新近时期形成的，反映了母岩形成时代的地壳活动状况。且鱼鳞洲更具海岸特色，将成为地质知识普及的基地，成为引导人们走进大自然、学习大自然的最好的天然课堂。

在鱼鳞洲以南的砂质海岸，岸线较为平直，大致呈南北向延伸。八所河在鱼鳞洲南侧岸段流注北部湾。在河口南侧发育一条向北延伸的沙嘴，导致入海口门段也向北偏移，而鱼鳞洲南侧则发育了一条向南延伸的沙嘴。在毗邻岸段上形成两条对峙延伸的沙嘴，反映这两个毗邻岸段沿岸飘沙运移的趋向。由于鱼鳞洲屹立突岸外海滨，波浪产生折射并使沿岸飘沙改变运移方向，当冬季北西向风浪入射时，泥沙向南运移，形成向南延伸的沙嘴；当夏季南西向波浪盛行时，鱼鳞洲以南岸段的沿岸飘沙向北运移，八所河口沙嘴（鱼鳞洲南侧）就是这个飘沙向北迁移的标志。以上这些现象都是研究鱼鳞洲地质遗迹分布区海岸形成的重要素材，具有较高的科研价值。

2. 观赏性

鱼鳞洲是在海边上的一座孤峰，其山石重叠，状似鱼鳞，真是"海上三山何处觅，分明此境是神仙"（唐之莹《鱼鳞洲》）。清康熙年间鱼鳞洲就已经被列为"海南八景"之一。同时鱼鳞洲也是罗带河入海处，海河相交，咸淡适宜，港湾水浅沙白，微波荡漾，是理想的天然海浴场，也是垂钓最理想的地方之一。鱼鳞洲东部是碧波万顷的八所港，港内的轮船来往穿梭，风景美丽。鱼鳞洲顶观望，海天一色，翩翩帆影，矫矫海燕，尽收眼底。鱼鳞洲以南，是东方化工厂，厂内一片繁忙的景象，给宁静的海湾增添了一丝工业化的生机。

3. 规模面积

鱼鳞洲地质遗迹范围包括鱼鳞洲、八所港码头、日军侵琼八所死难劳工纪念碑和死难劳工的万人坑、蜿蜒曲折的现代沙堤，面积约20 km²，区内居民较少，属于东方市八所镇管辖，土地权属问题比较容易解决，地质遗迹保护开发面积较适宜。

4. 完整性和稀有性

鱼鳞洲地质遗迹属于地貌景观大类，只有一座孤峰屹立于海滨，砂岩孤峰四周的巨型坠岩，以及由这些巨型坠岩构成的崩塌地灾景观和坠岩海岸，省内实属少见，是一处不可多得的孤峰＋坠岩滩＋海蚀混合型地质遗迹。鱼鳞洲为整个海南岛最西端，地理位置比较独特，又有比较独特的地貌，在省内具有一定的典型性和稀有性。

5. 保存现状

鱼鳞洲是一座挺拔陡峻的滨海石山，峰高90 m，因其峰岩重叠，状似鱼鳞而得名。鱼鳞洲西奇石遍布，碧波万里，浪击石崖激起千簇"雪花"；鱼鳞洲南是一片平白细软的沙滩。鱼鳞洲的魅力不仅是因为它具有引人入胜的一排排风车、千姿百态的海岸礁石、银灰色和金黄色的沙滩以及清澈见底的近岸海域，更重要的是它的地理位置、特殊的自然资源以及近岸海域有丰富的水产资源及独特的生态系统。鱼鳞洲周围已经成为投资开发、经济活动地带。目前该地区依托八所港、东方化工城等正在建设东盟贸易度假区。

（二）社会属性

1. 通达性

鱼鳞洲地质遗迹区位于东方市八所镇西南的海滩上，距八所港约2 km，有旅游公路直达，交通十分方便。

2. 安全性

鱼鳞洲地质遗迹区为陡峭的砂岩陡崖，周围有风化的危岩体，岩石风化较强烈，有一定危险，采取措施可控制。

3. 可保护性

该地质遗迹区位于北部湾东海滨区，人类活动、海水海风对地质遗迹破坏的可能性较大，存在一些自然破坏因素，但可通过人类工程加以保护。

五、地质遗迹成因

（一）形成时代

鱼鳞洲孤峰三面环海，一面连着沙滩耸立于大海之滨。在古—新近纪阶段，距今约23.3 Ma的中新世晚期，海南岛西南沿海一带沉积了较大范围佛罗组的砂岩、含砾砂岩等碎屑岩，隐伏分布于东方、乐东、三亚等地沿海地带。后来受喜马拉雅运动的影响，这一带地壳上升，原先形成的碎屑岩，有的上升为山峰，有的仍隐伏于地下。

（二）地质遗迹景观成因

1. 鱼鳞洲孤峰

鱼鳞洲孤峰在大海的衬托下显得格外醒目、挺拔。其成因是内外力地质动力综合作用的结果。上升为山峰的鱼鳞洲由于其岩性主要为含砾砂岩、砂岩，岩性较坚硬，且岩层较厚，抗风化能力较强，得以保留至今。鱼鳞洲上升为山峰后，它经受的地质作用以外动力地质作用为主，主要包括海蚀地质作用和物理风化地质作用。

海蚀地质作用主要表现为海浪和潮汐对海岸的冲刷和撞击。鱼鳞洲地属北部湾之滨，海浪巨大的冲击力长期对构成其山体的砂岩、含砾砂岩反复撞击，在岩石较软和节理发育的部位，逐步形成海蚀洞，进而形成海蚀崖和海蚀柱，因此鱼鳞洲实际上是海蚀作用残留于海岸边的海蚀柱孤峰地质遗迹。

2. 巨型坠石堆

鱼鳞洲巨型坠石堆是在物理风化地质作用下形成的。由于鱼鳞洲所处的特殊地理位置和气候条件，它孤悬海岸，四周平坦，缺少植被，气候炎热，时有台风侵袭。长期的风吹雨打和昼夜的温差变化，构成山体的岩石热胀冷缩，发生机械破坏，岩石岩裂隙或节理裂隙开始崩解。在重力作用和海蚀作用的共同作用下，裂开的岩块和岩屑自然坠落，在孤峰山体的四周散落，一方面使孤峰逐渐缩小，岩壁陡直，另一方面孤峰脚下较小的岩块、岩屑被海浪搬运冲走，较大块的巨大坠石则散布于孤峰脚下及海岸边，形成独特的崩塌地质遗迹和杂乱的礁石海岸景观。因此，鱼鳞洲地质遗迹类型属于海蚀海积景观，也属于山体崩塌景观。

第六章 碳酸盐岩地貌景观类地质遗迹特征

第一节 昌江皇帝洞地质遗迹基本特征

一、地理环境特征

（一）交通位置

昌江皇帝洞地质遗迹区位于昌江黎族自治县南部的王下乡五勒岭下，隶属王下乡管辖，其中心地理坐标为 109°08′20″E，18°57′47″N。该地质遗迹区属霸王岭腹地，生态环境基本保持原生态。东临白沙黎族自治县，西靠东方市，南与乐东黎族自治县交界。距县城石碌镇 60 km，离霸王岭林业局 31 km，在昌江最偏远的乡镇，有硬化水泥公路直接到达洞口的山脚下，交通相对便利。

（二）自然环境

该区属于昌江最边远的山区，管辖权所在地王下乡下辖 4 个村委会 13 个自然村，常住人口 2500 人。区内水系发达，河流众多，主要河流有南尧河、洪水河、荣兔河，三大河流交汇于牙迫村注入昌化江，河道总长 150 km。主要农作物有水稻、玉米、山兰稻、木薯、橡胶。耕作方式落后，生产水平较低下。这里基本没有工业，生活用品都是从外面购买，经济相对落后。

该地质遗迹分布区的禽类主要有野鸭、孔雀雉、白鹇鸡、鹦鹉、鹧鸪、大雁、燕子、布谷鸟、白头翁、杜鹃、黄莺、野鸡、八哥、鹩哥、啄木鸟、喜鹊等，人工饲养禽类有鸡、鸭、鹅、鸽等；哺乳动物有坡鹿、海南长臂猿、水鹿、黑熊、穿山甲、巨松鼠等；两栖动物有大绿蛙、青皮蛙等；爬行动物有眼镜蛇、金环蛇、金钱龟、捷蜥等。其中坡鹿和海南长臂猿为国家一级重点保护野生动物。

（三）地形地貌

昌江皇帝洞地质遗迹区地形总体南北高、中间低，南尧河从中间穿过，绝对高度240～600 m，相对高差360 m。地貌上属低山丘陵区，喀斯特地貌。沟谷发育，地势陡峻，南尧河右岸有近乎直立的峭壁。地表植被发育，灌木及杂草茂密，森林覆盖率在80%以上，通行和透视条件较差。

（四）人文概况

该处地质遗迹离县城较远，位于边远山区，当地居民主要为黎族，主要语言有黎话、普通话，民情丰富，乡土风情淳朴。当地居民还保持着"山养我，我养山"的优良传统，敬畏自然、崇拜祖先，由此衍生的乡规民约也追求人与自然的和谐、人与人的和谐。2018年，被命名为第二批"绿水青山就是金山银山"实践创新基地；2020年，被评为第六届全国文明村镇；2021年，被海南省委、省政府授予"海南省脱贫攻坚先进集体"称号……所有的这些都是皇帝洞地质遗迹保护和开发建设的一大优势。

二、地质及水文地质特征

（一）地质特征

皇帝洞地区区域上出露的地层主要有奥陶系南碧沟组、志留系下统陀烈组、志留系下统空列村组、石炭系南好组—青天峡组、二叠系下统峨查组—鹅顶组、二叠系上统南龙组、白垩系下统鹿母湾组、白垩系上统报万组（图6-1-1）。

该区经历了多期构造运动，形成不同时期的岩浆侵入，这些构造运动控制着此区地质、地貌的演变。侵入岩有二叠纪黑云母二长花岗岩（$P\eta\gamma$）、晚二叠纪闪长岩（$P_2\delta$）、晚二叠纪黑云母二长花岗岩（$P_2\eta\gamma$）、中三叠纪（角闪石）黑云母二长花岗岩（$T_2\eta\gamma$）、早三叠纪黑云母花岗闪长岩（$T_2\gamma\delta$）、中侏罗纪黑云母正长花岗岩（$J_2\xi\gamma$）。该区域构造十分复杂，有5条近东北—西南向的断层，断层产状大部分往西北倾，倾角约75°；有4条近东西向的断层，断层产状大部分往北倾，倾角约50°。此外，皇帝洞地区南北向、东西向节理较为发育。

该地质遗迹区内出露的地层有：白垩系下统鹿母湾组，砂砾岩、长石石

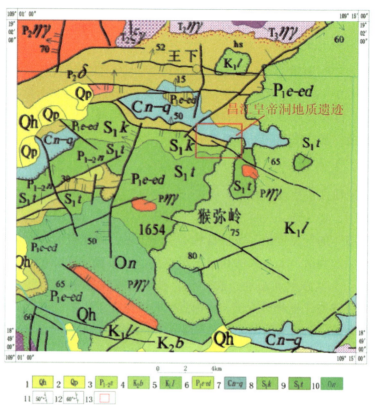

1. 全新统（未分）：砂砾、砂、黏土 2. 更新统（未分）：黏土、砂、砂砾 3. 二叠系上统南龙组：泥岩、粉砂岩、长石石英砂岩 4. 报万组：长石砂岩、泥岩 5. 白垩系下统鹿母湾组：砂砾岩、长石石英、粉砂岩、泥岩、安山—英安质火山岩 6. 二叠系下统峨查组—鹅顶组：石英砂岩、板岩、硅质岩、粉晶灰岩、生物碎屑灰岩、含燧石纹层灰岩 7. 石炭系南好组—青天峡组：砾岩、含砾不等粒石英砂岩、砂岩、岩屑长石砂岩、板岩、结晶灰岩 8. 志留系下统空列村组：石英岩、绢云母石英粉细砂岩、绢云板岩、千枚岩、结晶灰岩 9. 志留系下统陀烈组：变质细砂岩、粉砂岩、碳质板岩、碳质千枚岩、绢云板岩、千枚岩 10. 奥陶系南碧沟组：石英岩、千枚岩、变质粉细砂岩、板岩、变质基性火山岩 11. 实测正断层倾向急倾角 12. 实测逆断层倾向急倾角 13. 地质遗迹分布地段

图 6-1-1　皇帝洞地质遗迹区域地质图

英砂岩、粉砂岩、泥岩、安山—英安质火山岩；二叠系下统峨查组—鹅顶组，石英砂岩、板岩、硅质岩、粉晶灰岩、生物碎屑灰岩；石炭系南好组—青天峡组，砾岩、含砾不等粒石英砂岩、砂岩、岩屑长石砂岩、板岩、结晶灰岩。

　　皇帝洞发育于二叠系下统鹅顶组层位，岩性为石灰岩，岩石呈灰黑色，微晶结构，层纹构造，主要由方解石和少量碳质及石英等组成。其中方解石呈他形微粒状，彼此镶布，并显示定向排列，其间散布着碳质点和粉砂质石英，该层岩性稳定。

侵入岩在该区域上出露于北部七叉地区，地质遗迹区内未发现有侵入岩出露。

该区节理裂隙、构造、褶皱发育，在地质遗迹区东南方向，有一条向北倾的平移断层，平移错距较大。在南尧河两岸，节理裂隙、褶皱较发育。

（二）水文地质特征

根据地层含水性及地下水赋存条件，该区地下水以碳酸盐岩裂隙溶洞水、基岩裂隙水为主，其次为第四系松散岩类孔隙潜水含水层，其含水性分述如下。

碳酸盐岩裂隙溶洞含水层：地下水主要赋存于碳酸盐岩的裂隙溶洞中，岩性主要为二叠系下统峨查组—鹅顶组的灰岩、白云质灰岩，厚度小于100 m，节理、裂隙、溶洞较发育，泉眼不发育，由于地势较高，可溶岩多为浅部发育，多在侵蚀基准面以上，故其含水量贫乏。地下水主要承受大气降水的补给，其径流条件受到地形控制，由地势较高处沿裂隙、溶洞往低洼处径流，以渗流或泉的形式排泄出地表，最后汇入南尧河。

基岩裂隙含水层：地下水主要赋存于基岩裂隙中，含水层岩性为石炭系南好组—青天峡组砾岩、含砾不等粒石英砂岩，志留系下统空列村组石英岩、石英粉砂岩，白垩系下统鹿母湾组砂砾岩、石英砂岩，含水量贫乏。地下水主要承受大气降水的补给，其径流条件受到地形控制，由地势较高处沿裂隙、溶洞往低洼处径流，以渗流或泉的形式排泄出地表，最后汇入南尧河。

第四系松散岩类孔隙潜水含水层：主要由残积土、砂砾质黏土、石英砂岩、变质石英砂岩碎块等组成。厚度0～3.3 m。地下水主要赋存于残积土、石灰岩碎块中，其水位受季节影响，接受大气降水补给，沿残积土、石灰岩碎块等的孔隙径流，于低洼处以渗流形式排泄至南尧河。

该地质遗迹分布区内主要为白垩统鹿母湾组的砾岩、粗砂岩、砂岩、粉砂质泥岩夹绢云母化凝灰质砂岩；二叠统鹅顶组的生物灰岩、微晶灰岩、砾屑灰岩夹燧石条带；石炭系青天峡组的板岩、变质砂岩夹结晶灰岩；志留统空列村组的变质石英砂岩、变质泥质砂岩、石英岩。地层岩性坚硬，呈块状展布，结构较为致密，工程地质、环境地质条件较好，无崩塌、滑坡等不良地质现象。

三、地质遗迹景观及人文景观特征

（一）地质遗迹景观特征

碳酸盐岩是在地下水和地表水长期溶蚀、溶滤作用与内动力地质作用下所形成的独特喀斯特地质景观遗迹。皇帝洞山脚下是南尧河，南尧河景色非常怡人。皇帝洞与南尧河完美结合，形成了人间仙境般的美妙风景。该区地质遗迹景观及其他景观资源十分丰富，大致分为洞内景区和洞外景区两大块。主要景点有溶洞奇观、河流风光、悬崖绝壁、苍茫林海、深山幽谷、黎村风貌等（表6-1-1、图6-1-2）。

表6-1-1　昌江皇帝洞地质遗迹景区景点表

景点序号	位　置	地理坐标/m		景点名称	景观类	景　区
		X	Y			
1～5	皇帝洞洞内	2137374	36660440	皇帝洞溶洞奇观	地质遗迹：石钟乳、石幔、石笋、大厅、台阶、石花	洞内景区（Ⅰ）
6		2137471	36660294	南尧河河流风光		
7	南尧河岸边	2137531	36659501	悬崖绝壁	自然景观	洞外景区（Ⅱ）
8		2137549	36661004	苍茫林海		
9		2137946	36661715	深山幽谷		
10	洪水村	2138823	36660458	王下乡黎村风貌	人文景观	

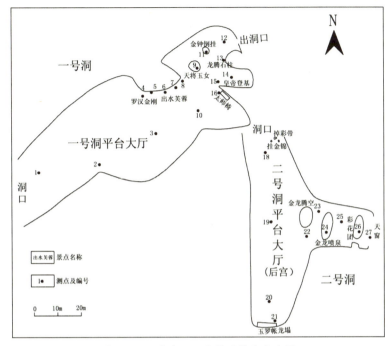

图 6-1-2 皇帝洞洞内景区景点分布图

1. 皇帝洞

皇帝洞分为一号洞和二号洞。一号洞洞口面向西偏北10°，距山脚约13 m。洞由北东向南西伸延，长105 m，宽40 m，高18 m，像大厅一样，面积约3574 m²，可容纳上千人。洞底平坦，东高西低，向南倾斜，洞内小径蜿蜒曲折。洞里大厅呈拱形，平坦宽敞，气势雄伟。游人踏入洞口，洞中群燕飞舞，喇唧呢喃，在欢歌笑迎游人（图6-1-3）。洞内钟乳石多姿多彩，有的像罗汉金刚、天将玉女，有的像出水芙蓉、亭立鸡冠，仿佛人工雕刻而成，惟妙惟肖。

图 6-1-3 皇帝洞一号大厅

图 6-1-4 "皇帝登基"像（石幔）

洞内正方左面的半空中，悬挂一巨石，似乎摇摇欲坠，使人提心吊胆，仔细观看却牢固异常，人们称之为"金龙腾空"。在洞的东南方，有一自然形成的15级台阶，一平台上有90 m长的天然形成的太师椅，椅上坐着一石人，两侧站有两排石卫士，酷似"皇帝登基"之景，故得名"皇帝洞"（图6-1-4）。后面则是"皇宫"，室内石景琳琅满目，石床上的玉罗帐色泽莹白。壁上全是玻璃管状的鹅蛋石组成的景观，状似蚕茧，有些地方喷射似的长出石花，有似珊瑚的，有似莲花的，丛丛簇簇，玲珑剔透，真是稀世奇观。前门有3片横石，甚像挂金锦、吊彩带，气派非凡。门后有一石柱，支撑着洞顶，柱身形迹如雕龙绘凤。顶上有一通天洞口（天窗）。

二号洞长80 m左右，宽27 m，中间有垂直分叉洞径，分叉洞径宽20 m，整个洞的洞高25 m左右，洞底平坦，面积约239 m²。二号洞的景点主要有挂金锦、玉帐龙榻、金龙腾空、金龙喷泉、彩花团等。

皇帝洞景点分布及平面形态见表6-1-2、图6-1-5。

表6-1-2　皇帝洞洞内景区景点表

地质遗迹	景点区	位　置
皇帝洞一号洞	入洞口	测点1
	一号洞平台大厅	测点2、3、10
	罗汉金刚	测点4
	出水芙蓉	测点5、6、7
	天将玉女	测点8、9
	金钟倒挂	测点11
	出洞口	测点12
	龙腾石柱	测点13
	皇帝登基	测点14、15
	太师椅	测点16
皇帝洞二号洞	挂金锦	测点17
	二号洞平台大厅	测点18、19、20
	玉罗帐龙塌	测点21
	金龙喷泉	测点22
	金龙腾空	测点23
	彩花团	测点24、25
	天窗	测点26、27

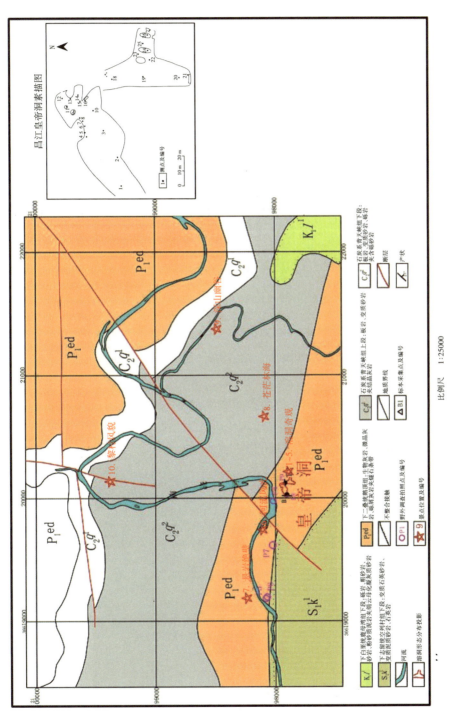

比例尺　1:25000

图6-1-5　皇帝洞平面形态及景点分布图

2. 南尧河

在皇帝洞前，可以看到南尧河。南尧河系海南第二大河流昌化江的重要支流。全长41 km，流域面积371 km²，总落差1347 m。南尧河河水清澈见底，河流弯弯曲曲，河两旁是茂密的森林和奇形怪状的石头，景色别致。从地质

图6-1-6　皇帝洞脚下的南尧河

的角度看，一条条各具特色的剖面及卧式褶皱映入眼前，让人惊叹大自然的雄伟壮观（图6-1-6）。

3. 十里画廊

十里画廊主要由二叠系下统鹅顶组石灰岩组成，分布在南尧河两岸，是悬崖峭壁。这里山崖的特点是奇、险、峻，崖岸高耸，壁立千仞，垂直而下，壁上有自然形成的千奇百怪的黑、红、灰等多种颜色的图案，大自然的鬼斧神工绘就出一幅千姿百态的水墨山水画。当你泛舟在南尧河上，看着两岸的悬崖峭壁，会情不自禁地想起唐代诗人刘长卿在《望龙山怀道士许法棱》中的著名诗句："悬崖绝壁几千丈，绿萝袅袅不可攀。"（图6-1-7）

图6-1-7　南尧河两岸十里画廊风光

（二）自然人文景观特征

1. 苍茫林海

山间峡谷幽深，置身皇帝洞顶看南尧河峡谷，有林海广布，有黄蜡石处处，各个方向都是层峦叠嶂的高山，笼着绿烟，望不到边际，苍山如海，让人顿生万丈豪气（图6-1-8）。

图6-1-8 南尧河北岸苍茫林海

2. 王下乡黎村风貌

洪水村位于昌江黎族自治县东南部，东南与乐东黎族自治县交界，西靠东方市俄贤岭，北与白沙黎族自治县接壤，距王下乡政府驻地20 km。在皇帝洞北东向约4 km的洪水村，有138户人家688人，是王下乡黎族农民居住的山区自然村落。其四周群山连绵、森林茂密，河流纵横，自然资源丰富，保持着典型的原始生态环境，有"海南小西藏"之称。区域内有树皮布、钻木取火、制陶、黎锦、打柴舞、"三月三"、黎族船形屋营造技艺、黎族服饰、黎族木器乐等黎族文化项目（图6-1-9）。

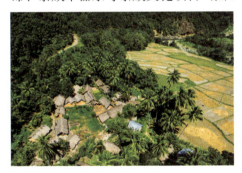

图6-1-9 洪水村茅草屋风貌

图6-1-10 七叉温泉

3. 七叉温泉

七叉温泉位于昌江黎族自治县七叉镇，距霸王岭林业局约5 km，距县城石碌镇约22 km，坐落在七叉镇七叉中学对面的田野里，面积为40～50 km²，周围可见几个小的泉眼还在不断地流出滚烫的泉水。经初步勘察，出露地表的水温达47℃，日出水量约160 m³，有一定的医疗价值。如果通过钻孔开采，自流量将增加十至数十倍，水温可在60℃以上（图6-1-10）。

4. 石碌铁矿

石碌铁矿矿体北起石碌河，南至羊角山，西起石碌岭，东至红山头，方圆 16 km²。呈南北长、东西狭的长条形，是一座现代化的大型露天矿山，铁矿石以质优品位高而闻名海内外，为全国重点大矿之一。目前，已经发现深部还有大量铁矿石存在，深部勘查工作正在进行中。

此外，皇帝洞地处黎族聚居地，每年"三月三"的时候，溶洞洞口聚集着当地黎族青年，在此唱歌跳舞，加上皇帝洞及附近优美的景色，构筑一道自然加人文的亮丽风景线。总之，该处地质遗迹整体配套性较好，是地质遗迹保护开发或者建设省级地质公园的最佳选择地之一。皇帝洞外围景区景点见表6-1-3。

表6-1-3 皇帝洞外围景区景点表

景点序号	位　置	景点名称	备　注
1	南尧河岸边	南尧河河流风光	自然景观
2		悬崖绝壁	自然景观
3		苍茫林海	自然景观
4		深山幽谷	自然景观
5	洪水村	王下乡黎村风貌	人文景观
6	七叉镇	七叉温泉	自然景观
7	石碌镇	石碌铁矿	自然景观

四、地质遗迹价值特征

（一）自然特征

1. 科学价值

对皇帝洞结构的研究，为了解昌江以至海南岛地壳演化、新构造运动、岩溶发育机制、古地理古气候古水文的演变提供了实物资料；这种独特的热带岩溶景观的考察研究，对岩溶类型的划分与阐述具有重要意义；洞内奇特的溶蚀造型和美丽花纹及形态各异的石钟乳使人获得美的享受和无限的遐想。此外，洞内堆积物较丰富，为有关研究提供佐证。

皇帝洞是个天然的博物馆，探险爱好者及中小学生来此参观，不但可以领略祖国的美好河山，体验溶洞的惊、险、奇、美、幽，还可学到很多自然、地理等方面的知识。同时，通过探险学习，可锻炼身体、磨炼意志，增强想象力。

2. 观赏性

皇帝洞依山傍水，洞外群山环抱，峰峦叠嶂，南尧河流水潺潺；洞内钟乳石成群，洞口就在南尧河边，从远处眺望，像一头张口的大乌龟。一号洞洞穴由北东—西南方向延伸，可容纳上千人。洞底东高西低，向南倾斜，洞内小径蜿蜒曲折。洞里大厅呈拱形，平坦宽敞，气势雄伟。攀登着石阶可以从天窗（出洞口）外爬上洞顶，可以饱览皇帝洞四周连绵起伏的高山、优美的田园风光、古老的黎村苗寨。皇帝洞规模较大，曲径通幽，景中套景，美不胜收，具观赏性。

3. 完整性和稀有性

该处地质遗迹主要是喀斯特溶洞，发育于二叠系下统鹅顶组的石灰岩中，因溶蚀而形成穿透的孔洞，是地下溶蚀作用的典型。皇帝洞具有独特的洞穴沉积系统，发育有各种各样的石柱、石幔等象形石，集幽、险、奇、美为一体，在海南岛岩溶的形成过程中有典型的意义。在全省范围内，是比较少有的。

4. 规模面积

昌江皇帝洞地质遗迹东至南尧河与洪水交汇处，西至南尧河与南碧河交汇处，南至五勒岭山脊，北至五头赛岭山脊，面积约20 km²。区内居民较少，属于昌江黎族自治县王下乡管辖，土地权属问题较容易解决，地质遗迹保护和开发建设较适宜。

5. 保存现状

皇帝洞分为一号洞和二号洞，两洞均洞底平坦，通风条件较好。洞口距山脚约13 m。在热带多雨的气候条件下，经地下水的长期溶蚀、刨蚀作用，使具有层纹状构造及后期地壳运动和岩浆活动而产生的岩脉穿插的石灰岩形成许多造型奇特的溶沟、溶槽，并留下犹如行云流水般的美丽图案，从而形成数十处千姿百态的景观。

（二）社会特征

1. 通达性

昌江皇帝洞地质遗迹位于昌江黎族自治县南部的王下乡，距县城石碌镇60 km，离霸王岭林业局31 km，所属地是昌江最偏远的乡镇，有硬化的乡间道路到达洞口的山脚下，交通相对便利。

2. 安全性

该地质遗迹体洞口为陡峭的高边坡，周围有危险体，岩石风化较强烈，有一定危险，采取措施可控制。

3. 可保护性

该地质遗迹区位于国家森林公园内，采取有效措施能够得到保护，存在一些自然破坏因素，可通过人类工程加以保护。

五、地质遗迹成因

（一）形成时代

在距今约2.9亿年前的二叠纪早世时期，该区为浅海环境，经过长期的地质时代，沉积了一套碳酸盐岩沉积物，为峨查组，并经历了脱水、压实和硬化成岩过程而成为石灰岩类。

（二）地质遗迹成因

典型的碳酸盐岩类（岩溶）地质遗迹发育于二叠系下统鹅顶组的碳酸盐岩中。碳酸盐岩中矿物的主要成分是碳酸钙（$CaCO_3$），相比于花岗岩等其他岩类，碳酸盐岩溶解性高，地下水通过对岩石裂隙入渗，溶解并带走岩石中可溶性物质，对原岩产生破坏作用，这种作用可使岩石中的孔隙或裂隙逐渐扩大，以至发育成巨大的洞穴，并形成一些独特的地貌形态和沉积物。皇帝洞就发育于二叠系下统鹅顶组的碳酸盐岩裂隙中，大致可以分为3个发展阶段（图6-1-11）。

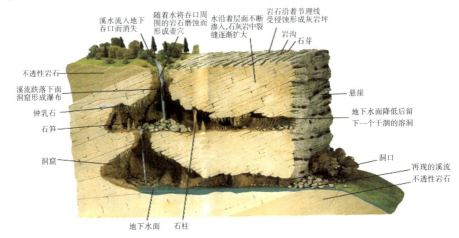

图6-1-11 皇帝洞形成示意图

其一，沉积成岩阶段。在距今约2.9亿年前的二叠纪时期，该区为浅海环境，沉积了一套碳酸盐沉积物，并经历了脱水、压实和硬化成岩过程而成为石灰岩类。

其二，构造活动和岩层变质阶段。在晚古生代以后，该区经历海西、印支、燕山、喜马拉雅等多次构造运动，地壳多次上升下降，海陆环境交替出现，地壳发生褶皱和断裂。构造活动和岩浆活动，不仅使岩层破裂，为地下水提供通道，而且产生大量热量，加速了地下水对碳酸盐的溶蚀作用。

其三，溶蚀作用阶段。地下水对可溶性岩石的溶解力与地下水中CO_2的含量有关，CO_2的含量越大，对岩石的溶蚀力越大。地下水中的一部分CO_2是以碳酸氢根（HCO_3^-）的形式存在的（$CO_2+H_2O \rightarrow H+HCO_3^-$）。含氢离子（H+）和碳酸氢根的水与石灰岩（主要成分为方解石$CaCO_3$）接触时，便会发生化学反应，使其溶解度大大增加，其化学反应式为$CaCO_3+H^++HCO_3^-$（$\longleftrightarrow Ca^{2+}+2HCO_3^-$）。由于$CO_2$的存在，石灰岩的溶蚀作用增强。因而，在石灰岩地区常发育有溶蚀作用形成的空隙或空间，地下水沿围岩的裂隙、缝隙渗流，对易溶的碳酸盐岩产生溶蚀作用，并带走溶解物，由溶缝发展为溶孔、溶沟、小溶洞，众多小溶洞不断扩大，逐渐相连就变成大溶洞。从水动力特征看，地下水在洞穴中的活动，分渗流带、水位变动带、潜流带。渗流带岩溶水，主要沿断裂、裂隙的倾向近乎垂直向下溶蚀；水位变动带岩溶水则以沿裂隙走向及层面溶蚀为主；潜流带岩溶水主要沿层面裂隙溶蚀扩大。后来地壳上升，地下水面下降后，洞内不再有水，皇帝洞一号洞穴首先出露地表，在后期二号洞穴也出露地表，甚至抬升到半山腰上，洞内形成溶洞、钟乳石、石柱、石笋等景观。

皇帝洞是地下水沿裂隙构造溶蚀而成的热带裂隙型岩溶洞穴，它的形成与发展经历了漫长的地质发展阶段。

第二节　东方天安石林地质遗迹基本特征

一、地理环境特征

（一）交通位置

天安石林地质遗迹位于东方市天安乡雅隆河一带，地处东方市中部山区，东与东河镇毗邻，南与江边乡相接，西与新龙镇、大田镇相连，北与大田镇、东河镇接壤。距东方市市区八所镇约45 km，距314省道9 km，仅有硬化公路直达，交通欠方便。其地理位置中心坐标为108°54′02″E，18°59′41″N。

（二）自然环境

该区域属热带海洋季风气候，冬春暖和少雨，多年平均气温23.5℃。7月气温最高，极端最高温度38.1℃；1月气温最低，极端最低温度1.4℃。每年5至10月为雨季，11月至翌年4月为旱季；多年均降雨量1928.4 mm，多年日最大降雨量365.1 mm；多年平均蒸发量1899.6 mm；2月蒸发量最小，为79.2 mm；7月蒸发量最大，为202.6 mm。季节特性明显，每年11月至翌年3月盛行北风和东北风，4月至10月盛吹西风和西南风，年平均风速为4.8 m/s。日照时间长，年均日照时数2777 h。地震烈度6级。地表植被发育，灌木及杂草茂密，通行和透视条件较差。

周边居民点为农村，以农业为主，农产品以水稻为主，经济农作物有橡胶、香蕉、甘蔗等，耕作方式落后，生产水平较低。在天安乡基本没有工业，只有汽车修理厂及采石场，工业相对落后，经济欠发达。

（三）地形地貌

天安石林地质遗迹区绝对高度120～695 m，相对高差575 m。地势总体自西南向东北倾斜，中间为盆地，四周高中间低，主要山峰有益沈岭、让周岭、打岸岭、马岭，最高峰为益沈岭，标高695 m。地貌类型属喀斯特地貌。

（四）人文概况

天安乡总人口13150人，其中乡镇人口384人，是少数民族聚居地。当地居民主要为黎族，语言有黎话、普通话。"三月三"等民情丰富、民风淳朴是天安石林地质遗迹保护和开发建设的一大优势。

二、地质及水文地质特征

（一）地质特征

天安石林地质遗迹区区域上出露的地层主要有长城系抱板群戈枕村组、长城系抱板群峨文岭组、奥陶系南碧沟组、志留系下统陀烈组、志留系下统空列村组、石炭系南好组—青天峡组、二叠系下统峨查组—鹅顶组、二叠系上统南龙组，地层发育不全。

该区经历了多期构造运动，形成不同时期的岩浆侵入，这些构造运动控制着该区地质、地貌的演变。侵入岩有中元古代片麻状（二长）花岗岩（$Pt_2\gamma$）、晚二叠纪（角闪石）黑云母二长花岗岩（$P_2\eta\gamma$）、早三叠纪黑云母花岗闪长岩（$T_1\gamma\delta$）、早三叠纪（角闪石）黑云母二长花岗岩。

该区构造十分复杂，有4条近南北向的断层，产状向北倾，倾角34°～75°；有7条近东西向的断层，产状向西倾，倾角约70°。此外，该区域东西向、南北向节理十分发育（见图6-2-1）。

该遗迹区内出露的地层较简单，但分布面积大，经过地质测量工作，发现主要出露地层由老至新为志留系下统陀烈组，二叠系下统峨查组—鹅顶组、二叠系下—上统南龙组及第四系全新统。

志留纪早世陀烈组：大面积分布于该区西南部。上段为绢云母板岩夹变质粉砂岩；中段以碳质绢云母板岩为主，夹变质粉砂岩及深灰色绢云母板岩；下段为变质石英细砂岩、绢云母板岩夹灰岩透镜体。

二叠系下统峨查组—鹅顶组并层：分布于该区的北部。鹅顶组由灰、灰黑色巨厚块状碳酸盐岩夹少量碎屑岩组成。峨查组为石英砂岩与板岩、砂质板岩不等厚互层，底部生物碎屑微晶灰岩夹硅质岩，与上覆鹅顶组呈整合接触。峨查组—鹅顶组在矿区与下伏陀烈组呈断层接触。天安石林地质遗迹发育于该层，岩性主要为石灰岩，岩石呈灰白色，晶粒结构，块状构造。主要由方解石和少量碳质等组成（方解石占99%，碳质占1%）。方解石大多数为微晶粒，少量为细晶粒状重结晶，其粒间散布少量碳质等。此外，有些方解石呈聚集成脉状穿插产出。

二叠系下—上统南龙组：上部为泥质岩与中粒长石石英砂岩互层，夹少

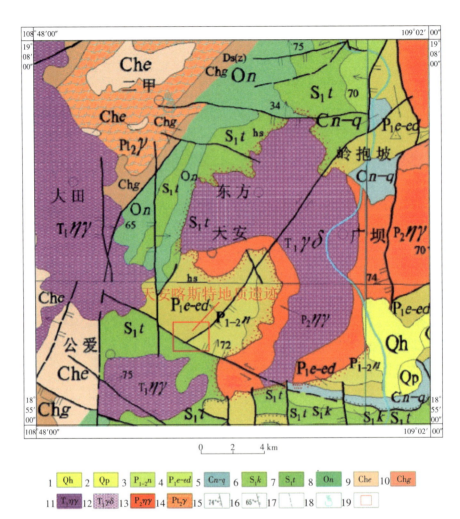

图 6-2-1　天安石林地质遗迹区域地质图

1. 全新统（未分）：砂砾、砂、黏土 2. 更新统（未分）：黏土、砂、砂砾 3. 南龙组：泥岩、粉砂岩、长石石英砂岩 4. 峨查组—鹅顶组：石英砂岩、板岩、硅质岩、粉晶灰岩、生物屑灰岩、含燧石纹层灰岩 5. 南好组—青天峡组：砾岩、含砾不等粒石英砂岩、砂岩、岩屑长石砂岩、板岩、结晶灰岩 6. 空列村组：石英岩、绢云石英粉细砂岩、绢云板岩、千枚岩、结晶灰岩 7. 陀烈组：变质石英细砂岩、粉砂岩、碳质板岩、碳质千枚岩、绢云板岩、千枚岩 8. 南碧沟组：石英岩、千枚岩、变质粉细砂岩、板岩、变质基性火山岩 9. 峨文岭组：云母石英片岩、石英云母片岩、长石石英岩、晶质石墨矿层 10. 戈枕村组：黑云斜长片麻岩、混合片麻岩、混合花岗闪长岩 11.（角闪石）黑云母二长花岗岩 12. 黑云母花岗闪长岩 13.（角闪石）黑云母二长花岗岩 14. 片麻状（二长）花岗岩 15. 实测正断层倾向及倾角 16. 实测逆断层倾向及倾角 17. 推测性质不明断层 18. 热水泉 19. 地质遗迹分布地段量杂砂岩；下部为细砂岩、粉砂岩与泥岩互层夹杂砂岩。与下伏鹅顶组呈整合接触。厚度变化范围343～495 m。主要分布在南东部江边乡，在石岭一带也有零星分布。

第四系全新统：岩性为砾石、含砾粗砂、砂、砂质黏土等，主要分布于山间盆地，沿山谷沟系分布（图6-2-2）。

根据地质调查，在该区内未发现有侵入岩出露，外围有大面积侵入岩出露。

该区构造较发育，以小规模断裂构造发育为主要特点。主要发育有北东向和南北向断裂。在该区的中部和南部发育有一条大的北西向断裂F_2与一条北东向断裂F_1相切，北西部发育有一条规模较大的近南北向断裂F_3，向北延出详查区外，断层在地表出露长约5 km，断裂带中充填石英脉，脉宽几十厘米到几米不等；北东向断裂以逆断层为主，而北西向断裂以正断层为主，在测区的南西端有一条北西向断裂分布。此外，在该区的南西端发育有一条北东向的断裂（图6-2-2）。

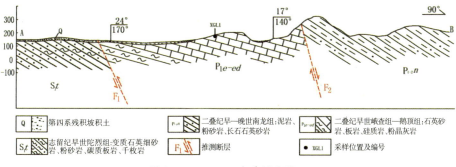

图6-2-2　A—B 地质剖面图

（二）水文地质特征

据1：20万海南岛水文地质普查及本次详细调查取得的资料，根据地层含水性及地下水赋存条件，该区域地下水以基岩裂隙水为主。详查区出露地层以志留系下统陀烈组的石英粉砂岩，二叠系下统峨查组—鹅顶组的石英砂岩、板岩、硅质岩、粉晶灰岩、生物屑灰岩、含燧石纹层灰岩，二叠系下—上统南龙组的泥岩、粉砂岩、长石石英砂岩地层为主；其次为第四系全新统地层。其含水性分述如下。

松散岩类孔隙水：第四系全新统残坡积层为主要含水层，岩性为砾石、含砾粗砂、砂、砂土及黏土等。地下水主要赋存于该层的砂砾孔隙中，主要承受大气降水的补给，往低洼处径流，以渗流或泉的形式排泄出地表。

基岩裂隙水：主要含水层为志留系下统陀烈组板岩夹变质粉砂岩、二叠系下—上统南龙组泥质岩和中粒长石石英砂。地下水主要接受大气降水及地表水体补给，主要赋存于基岩裂隙及断裂中，沿基岩裂隙径流，于低洼处以泉或渗流形式排泄，富水性与基岩裂隙发育程度相关。

岩溶水：主要含水层为二叠系下统峨查组—鹅顶组，岩性为结晶灰岩。地下水主要接受大气降水及地表水补给，主要赋存于灰岩溶洞、裂隙中，沿溶洞、裂隙径流，于低洼处以泉或渗流形式排泄。

三、地质遗迹及人文景观特征

天安石林地质遗迹范围内主要景点有孤峰单影、峰回路转、天安石林、绝壁画廊、林海云烟、田园风光等，分为峰林景区（Ⅰ）、水体景区（Ⅱ）和田园景区（Ⅲ）三大景区（具体位置见表6-2-1、图6-2-3）。

表6-2-1 天安石林地质遗迹景点一览表

景点序号	位　置	地理坐标/m		景点名称	景区分类
		X	Y		
1	雅隆河畔	2100742	36592876	孤峰单影	峰林景区（Ⅰ）
2	雅隆河畔	2100267	36593332	峰回路转	
3	雅隆村附近	2100638	36593764	天安石林	
4	雅隆河畔	2100856	36594481	绝壁画廊	水体景区（Ⅱ）
5	雅隆村旁	2100573	36595039	林海云烟	
6	雅隆村旁	2101819	36595633	田园风光	田园景区（Ⅲ）

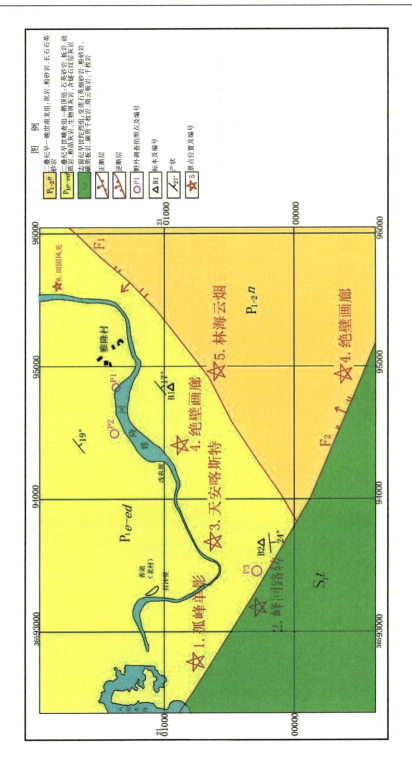

图 6-2-3 天安石林地形地质及点分布图

（一）地质遗迹景观特征

1. 孤峰单影

孤峰单影景点位于雅隆河畔，因孤峰拔地而起、孤傲不群而得名。此山不与它山相接，是雅隆河畔唯一一座伟岸孤傲形山体，是石灰岩山峰经过长期的风化、剥蚀而形成。此山从四面看形状如一，没有"横看成岭侧成峰"的感觉，但是四季景色变化无常：融融春日，木棉花红艳艳，各种花草五彩斑斓；三伏盛夏，鸟叫蝉鸣，似瑟似琴，浓荫蔽日，孤峰倒影在清澈的雅隆河，碧波荡漾，在河上泛舟，人们可以很清楚地看到孤峰倒影的美景。

2. 天安石林

天安石林景点发育于二叠系下统峨查组—鹅顶组的石灰岩中。天安石林风光的美，不仅充分展现了"山青、水秀、洞奇、石美"的特点，而且还有"深潭、险滩、流泉"的佳景。天安石林有着不同的季节、不同的气候，自然也有它不同的神韵。天安石林山水环抱，绿野平畴，遍地椰风蕉雨，禾苗抹绿，瓜菜凝翠，水果飘香，山塘水库星罗棋布，鱼虾成群，鹅鸭结对，一派丰收的景象。

天安石林属于喀斯特地貌，熔岩众多，山峰突兀林立，雄伟巍峨，悬崖峭壁似刀砍斧劈，挺拔陡立，山上树木遍长，洒青滴翠，黛色连天，山下雅隆河清波粼粼，碧水荡漾，河里的山峰、峭壁、树木、竹林、花草倒影摇

图 6-2-4　天安喀斯特美景

图 6-2-5　天安喀斯特山峰倒影

图 6-2-6　雅隆河畔美景

图 6-2-7　雅隆河岸边悬崖峭壁

曳，风姿迷人，与桂林山水比美也不逊色，人们称之为"天安小桂林"并不为过。除了环境美给我们留下深刻印象外，最使人刻骨铭心的就是雅隆河水源源不绝地灌溉着田野，丰养了各种作物，滋润着牧草，喂肥了各种牲畜，给千家万户带来了温饱和财富，为开发建设提供无穷无尽的宝贵资源。雅隆村西石山上的雅隆洞，进洞看见石笋、石柱、石幔千姿百态，有的像爬树猕猴，有的像下山猛虎，有的像跳跃山鹿，有的像高唱雄鸡，有的像双龙戏珠，有的像凤栖梧桐，有的像宽裳大袖的古装老翁，有的像身披轻纱的窈窕少女，形神毕肖，美妙异常。天安石林和周边山区云遮雾绕，烟波缥缈，山川隐约，构成幻景天成的迷人景色（图6-2-4至图6-2-7）。

3. 林海云烟

清晨的雅隆河附近，云雾初现，雾霭翻腾，整个天安石林笼罩在晨曦的光辉之下，别有一番韵致；近处见巉岩险峻，危石突兀，有十几棵木棉树傲立挺拔，树干粗壮。春天，木棉花开时，这里成了花的海洋、树的天堂，加上云雾缭绕，炊烟升起，让人仿佛置身于仙境中（图6-2-8）。

图6-2-8 天安喀斯特林海云烟景象

4. 田园风光

唐代诗人王维的那首《新晴野（一作"晚"）望》诗："新晴原野旷，极目无氛垢。郭门临渡头，村树连溪口。白水明田外，碧峰出山后。农月无闲人，倾家事南亩。"用在天安石林的田园风光景点，一点都不为过。田园风光给人以安静闲适的感觉，没有污染，没有喧闹，远离浊世，清净悠然。当你漫步雅隆河畔，能听到潺潺流水，看到齐飞白鹭，闻到幽幽草香。顿时，你会完全置身于这优美的风光里。

（二）自然人文景观特征

天安石林地质遗迹分布区附近有六体连榕、天安乡水库、"三月三"盛会等自然及人文景观，该地质遗迹周边配套设施比较完善，有利于开发建设保护。

1. 六体连榕

六体连榕位于雅隆村一带，是一巨大的古榕树奇景。这些古榕已有300多年的树龄，已经被东方市列为市级保护植物。六体连榕是由榕树的须根伸入地下后又发新枝，形成的六体连理的奇观：3棵母体绕为一体，

图6-2-9　六体连榕

与3棵小树各自相距10多 m，6棵树枝叶合体，繁茂异常，覆盖面积有1600多 m²（图6-2-9）。

2. 天安乡水库

天安乡水库于1957年兴建，1959年竣工，是一宗以灌溉为主，兼有防洪养殖等综合效益的中型水利枢纽工程。水库坝址以上集雨面积54.7 km²，总库容2960 m³，下游有天安乡、东河镇和广坝农场，人口2.3万人，耕地面积3.71万亩（1亩≈666.67平方米）。自从水库建成后，极大地改善当地农业灌溉用水条件，为本地区的社会发展做出巨大贡献。天安乡水库景色十分迷人，很多来天安石林旅游的游客都会到天安乡水库来欣赏水库的美景、垂钓、划船等（图6-2-10）。

图6-2-10　天安水库

3. "三月三"盛会

宋代史籍中就有与"三月三"相关的记载，宋范成大《桂海虞衡志》云："春则秋千会，邻峒男女装束来游，携手并肩，互歌互答，名曰作剧。"自古以来，每年农历三月初三，黎族人民都会身着节日盛装，挑着山兰米酒，带上竹筒香饭，从四面八方汇集，或祭拜始祖，

图6-2-11 黎家姑娘欢庆"三月三"

或三五成群相会、对歌、跳舞、吹奏打击乐器来欢庆佳节。青年男女更是借节狂欢，以歌会友，以舞传情，沉醉在幸福的爱河里，直到天将破晓，才会依依惜别，相约来年三月初三再会（图6-2-11）。

四、地质遗迹价值特征

（一）自然属性

1. 科学价值

地质遗迹是地球演化过程中地质信息的良好载体，对人类认识地球、认知我们所处的客观世界具有极其重要的意义。天安石林地貌科学价值在于它的成因及演化历程，以及其上承载的古地理信息。它为了解东方市以至海南岛地壳演化、岩溶发育机制、古地理古气候古水文的演变提供实物资料，是一处难得的大自然宝库。中小学生来此参观，不但可以欣赏到优美的自然风光，了解当地的人文概况，还可以获取更多的科普知识，对培养科学的自然、地理、文学观有重要的意义。

2. 观赏性

天安石林除了具有盛名的雅龙洞和已经消失的光益洞之外，还有峰林峰丛。这里江水倒影，山洞相互交融，山形地貌似桂林山水，景色十分迷人。这里山不太高有洞，河不太宽似镜，湖水清澈终年不涸；奇峰倒影、碧水青山、牧童悠歌、醉翁闲钓、淳朴的田园人家、清新的山间空气，一切都显得那么富有诗情画意，让人觉得就像在画中游览。

3. 规模面积

天安石林范围包括天安石林地形地貌、天安水库、雅隆洞、雅隆水库、雅隆河等，属于天安乡管辖，其面积约20 km²。地质遗迹土地权属问题较容易解决，保护与开发建设面积较适宜。

4. 完整性和稀有性

天安石林地质遗迹类型属于地貌景观大类，其喀斯特地貌发育于二叠系下统鹅顶组的石灰岩中，经历漫长的地质历史演化过程形成。该处地质遗迹是二叠系下统鹅顶组地层喀斯特地貌的典型代表，又具有热带雨林喀斯特地貌的显著特征，在海南省内具有一定的典型性和稀有性。

5. 保存现状

该区岩石突露、奇峰林立，常见的地表喀斯特地貌有石芽、峰林、喀斯特丘陵等喀斯特正地形，溶沟、落水洞、喀斯特洼地（包括漏斗、喀斯特盆地）等喀斯特负地形。喀斯特地貌形成是石灰岩地区地下水长期溶蚀的结果。石灰岩在略有酸性的水中容易发生溶解，而这种水在自然界中广泛存在。雨水沿水平的和垂直的裂缝渗透到石灰岩中，将石灰岩溶解并带走。由于地表物质也被流水带走，还没有被溶解的石灰岩就形成了石灰岩喀斯特面。沿节理发育的垂直裂缝逐渐加宽、加深，形成石骨嶙峋的地形。当雨水沿地下裂缝流动时，就不断使裂缝加宽加深，直到终于形成洞穴系统。后来地面上升，原溶洞和地下河等被抬出地表形成干谷和石林等十分美丽的景观。

（二）社会特征

1. 通达性

天安石林地质遗迹位于东方市天安乡雅隆村一带，距东方市八所镇约45 km，距东方市东河镇约9 km，仅有硬化的乡间道路通到，交通欠便利。

2. 安全性

天安石林地质遗迹为陡峭的石灰岩陡崖，周围有危险体，岩石风化较强烈，有一定危险，采取措施可控制。

3. 可保护性

该地质遗迹区位于海南省生态红线区内，人类活动对地质遗迹破坏的可能性不大，但还存在一些自然破坏因素，可通过人类工程加以保护。

五、地质遗迹成因

（一）形成时代

天安石林发育于 251 Ma 的二叠系中世—早世时期，在该时期为浅海环境，经过长期的地质时代，沉积了一套碳酸盐岩沉积物，为峨查—鹅顶组，并经历了脱水、压实和硬化成岩过程而成为石灰岩类。

（二）地质遗迹成因

喀斯特地貌的形成要具备的是有可溶性的岩石存在，主要的可溶性岩石有碳酸盐、钙质胶结的碎屑岩等。可溶性岩石的结构对岩溶的发育也有影响，有较粗的粒屑组成的石灰岩常较粒细的更易于溶蚀。其次要有流动的地下水。流水的溶蚀作用，水的溶蚀能力来源于二氧化碳（CO_2）与水结合形成的碳酸（H_2CO_3），二氧化碳是喀斯特地貌形成的必要条件，水中的二氧化碳主要来自大气流动、有机物在水中的腐蚀和矿物风化。

下面几个化学方程式反映了岩溶作用的进行：第一步，形成碳酸，$H_2O+CO_2=H_2CO_3$；第二步，碳酸离解生成 H^+，$H_2CO_3=H^++HCO_3^-$；第三步，H^+ 与 $CaCO_3$ 反应生成 HCO_3^-，从而使 $CaCO_3$ 溶解，$H^++CaCO_3=HCO_3^-+Ca^{2+}$。这几步反应在大自然间是十分复杂的过程，因为温度、气压、生物、土壤等许多自然条件制约着反应的进行，并且这些反应都是可逆的，水中的二氧化碳增多，反应向右进行，就有利于 $CaCO_3$ 的分解，岩溶作用进行比较容易；反之则不利于岩溶作用。

首先地表水沿石灰岩内的节理面或裂隙面等发生溶蚀，形成溶沟（或溶槽），原先成层分布的石灰岩被溶沟分开成石柱或石笋。地表水沿灰岩裂缝向下渗流和溶蚀，超过 100 m 深后形成落水洞。从落水洞下落的地下水到含水层后发生横向流动，形成溶洞，随地下洞穴的形成地表发生塌陷，塌陷的深度大面积小称"坍陷漏斗"，深度小面积大则称"陷塘"。地下水的溶蚀与塌陷长期相结合地作用，形成坡立谷和天生桥。由于二氧化碳的存在会使石灰岩的溶蚀作用增强，在石灰岩地区常发育有溶蚀作用形成的空隙或空间，并可逐渐扩大成为巨大的溶洞。持续发展还会形成纵横交错的洞穴体系。在洞穴发育到一定程度后，受重力作用的影响还会发生崩塌现象，可以形成奇峰耸立的独特景观，从而形成了现在海南省内比较著名的天安石林（也称"雅隆小桂林"）景观。

第七章 海蚀海积景观类地质遗迹特征

第一节 三亚蜈支洲岛地质遗迹基本特征

一、地理环境特征

（一）交通位置

三亚市蜈支洲岛地质遗迹区位于三亚市北部的海棠湾内，北面与南湾猴岛遥遥相对，南邻美誉天下的"天下第一湾"亚龙湾。蜈支洲岛距海岸线2.7 km，面积1.48 km²，呈不规则蝴蝶状，东西长1.4 km，南北宽1.1 km。距三亚市中心30 km，距凤凰机场38 km，距离G98高速海棠湾互通约9 km，有市政道路到达码头、专用游船直达岛上，交通较便利。

（二）自然环境

该区属于热带海洋性季风气候区，冬暖如春，夏无酷暑，四季常绿，鲜花常开，是冬季避寒之胜地。年平均气温25.5℃；1月平均气温20.9℃，极端最低气温5.1℃。降雨量充沛，年均降雨量1279 mm。日照充足，全年日照时间2563 h。

蜈支洲岛是三亚市著名的旅游风景区，目前旅游开发比较成熟。作为海南岛周围为数不多的有淡水资源和丰富植被的小岛，蜈支洲岛生长着3000多种植物，有许多珍贵树种，如被称为"植物界中的熊猫"的龙血树，并有许多难得一见的植物现象，如共生、寄生、绞杀。岛的周围各种海洋生物更为丰富。当地经济以旅游业和渔业为主，其次种植水稻、花生、甘蔗等，热带作物主要有橡胶、椰子、槟榔等，经济相对较好。

（三）地形地貌

蜈支洲岛呈不规则蝴蝶状，地形中高周低，中南部峰蜈门洲海拔最高，高度为79.9 m；南部临海区山石嶙峋、高陡崖壁直插海底，惊涛拍岸，蔚为壮观；中部山林草地起伏逶迤，绿影婆娑；北面滩平浪静，沙质洁白细腻。属海蚀崖地貌（图7-1-1）。

图7-1-1　蜈支洲岛全貌（航空拍摄）

（四）人文概况

蜈支洲岛行政管辖属海棠湾镇。海棠湾镇位于海南省三亚市的东部，是三亚市的东大门，以藤桥墟为主镇区，总面积253.8 km²（包括南田农场），镇区面积100.9 hm²。全镇总人口39267人，镇区1.86 km²，人口10716人。当地居民主要是汉族，有少量黎族，语言为普通话、潮汕话、客家话、广州话、海南话等。居民素质都比较高，民风朴实，民情丰富，这是发展地质遗迹保护、旅游开发的一大优势。

二、地质及水文地质特征

（一）地质特征

区域上出露的地层有寒武系孟月岭组—大茅组、奥陶系中—上统大葵组—沙塘组、奥陶系中统榆红组—尖岭组、榆红组，浅海近岸沉积，由砾岩与岩屑砂岩、石英砂岩互层组成。产腕足类化石；地层发育不全（图7-1-2）。

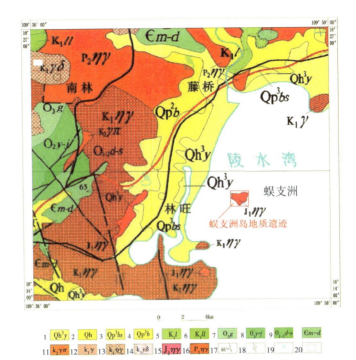

1. 烟墩组：砂砾、砂、黏土、海滩岩 2. 全新统（未分）：砂砾、砂、黏土 3. 八所组：粉细砂、含细砾中粗砂 4. 北海组：亚砂土、砂、含玻璃陨石砂砾 5. 鹿母湾组：砂砾岩、长石石英砂岩、粉砂岩、泥岩、安山—英安质火山岩 6. 六罗村组：流纹岩、安山岩、玄武岩 7. 干沟村组：岩屑杂砂岩、石英粉砂岩、含细砾岩屑砂岩 8. 榆红组—尖岭组：复成分砾岩、砂岩、不等粒砂岩、粉砂岩、黏土岩 9. 大葵组—牙花岗组—沙塘组：石英砂岩、页岩、碳质页岩、碳质灰岩、灰岩、钙质砾岩层 10. 孟月岭组—大茅组：石英砂岩、粉砂岩、页岩、灰岩、白云岩、硅质岩、磷块岩 11. 花岗斑岩 12. 花岗岩 13. 黑云母角闪石二长花岗岩 14. 黑云母角闪石花岗闪长岩 15. （角闪石）黑云母二长花岗岩 16. （角闪石）黑云母二长花岗岩 17. 实测逆断层倾向及倾角 18. 实测平推断层 19. 热水泉 20. 地质遗迹分布地段

图 7-1-2 蜈支洲岛地质遗迹区域地质图

该地区岩浆活动较剧烈，多期次喷发。侵入岩主要有晚二叠纪（角闪石）黑云母二长花岗岩、早侏罗纪（角闪石）黑云母二长花岗岩（$J_1\eta\gamma$）、早白垩纪黑云母角闪石花岗闪长岩（$K_1\gamma\delta$）、白垩系下统黑云母角闪石二长花岗岩（$K_1\eta\gamma$）、白垩系下统花岗岩（$K_1\gamma$）、晚白垩纪花岗斑岩。

该区域的西部有一条近西北—东南向的平推断层；中南部有一条近似南北向的实测逆断层倾向及倾角，产状260°∠65°。

地质遗迹区的整个蜈支洲岛除了四周小范围出露第四纪地层外，岛上大部分出露早侏罗纪（角闪石）黑云母二长花岗岩侵入岩。岩性为斑状黑云母二长花岗岩，岩石呈灰白色，似斑状结构，基质具细中粒花岗结构，志状构造。斑晶为钾长石，呈半自形后板状，表面轻度高岭石化，卡氏双晶或条纹结构发育，里面常包含斜长石、石英等小晶粒，粒径大小一般是10～20 mm。基质主要由钾长石、斜长石、石英和少量黑云母等矿物组成，粒径大小一般是0.1～8 mm；其中钾长石呈他形厚板状，表面轻度高岭石化，条纹结构发育；斜长石呈自形—半自形板柱状，有些表面绢云母泥化，聚片双晶发育；石英呈他形粒状，分布在长石之间；黑云母呈自形—半自形细鳞片状，多聚集一起产出，周围常伴有磁铁矿、榍石等。

在海南岛西北及东南部滨海地带有少部分地段有第四系全新统，岩性为砾砂、中粗砂等。

（二）水文地质特征

根据含水层岩性及地下水赋存条件，该区域地下水类型主要有基岩裂隙水、松散岩类孔隙水。

早侏罗纪侵入岩（角闪石）黑云母二长花岗岩基岩裂隙水：分布于蜈支洲岛大部，岩性为二长花岗岩。地下水主要接受大气降水及地表水体补给，赋存于基岩裂隙中，沿基岩裂隙径流，最终排泄入大海，富水性与岩体裂隙发育程度相关，总体上富水性弱。

松散岩类孔隙水：分布于蜈支洲岛西北部滨海区，第四系全新统，岩性为砾砂、中粗砂等。地下水主要赋存于该层的砂砾、砂孔隙中，主要承受大气降水的补给，往北西方向径流入海，富水性与全新统烟墩组厚度相关，总体上富水性弱。

三、地质遗迹及人文景观特征

蜈支洲岛四周临海，山石嶙峋陡峭，直插海底，惊涛拍岸，蔚为壮观。中部山林草地起伏逶迤，绿影婆娑。该岛既有坚硬的花岗岩山峰，又有形态各异的海蚀岩礁、岩岸，还有洁白晶莹的海滩和千姿百态的珊瑚，是集自然景观、人文景观于一体的旅游胜地。岛的北部滩平浪静，沙质洁白细腻，宛若玉带天成。蜈支洲岛比较著名的旅游景点有妈祖庙、情人桥、观日岩、金龟探海、情人岛、生命井等。主要分为海岛山峰景区、海滨沙滩、海岸景区、海底景区（见表7-1-1、图7-1-3）。

表7-1-1　三亚市蜈支洲岛地质遗迹景点表

景点序号	景点位置	地理坐标/m		景点名称	备注
		X	Y		
1	蜈支洲岛北部	2027225	36685313	观日岩	自然景观
2	蜈支洲岛西北部海滩	2027317	36684750	情人桥	人文景观
3	蜈支洲岛中部	2026964	36685135	妈祖庙	人文景观
4	蜈支洲岛北边海岸	2027332	36685197	金龟探海	自然景观
5	蜈支洲岛西北部	2027209	36685068	情人谷	自然景观
6	蜈支洲岛西边海岸岩石	2026893	36684477	美人鱼雕像	人文景观
7	蜈支洲岛西南边	2026349	36685441	海蚀岩	自然景观
8	蜈支洲岛东边海域	2027044	36685892	珊瑚礁	自然景观
9	蜈支洲岛东北边	2027353	36685830	姐妹石	自然景观
10	蜈支洲岛北边海岸	2027366	36685554	海岸礁石	自然景观
11	蜈支洲岛西北部平地	2027074	36684790	生命井	人文景观
12	蜈支洲岛西南边	2026525	36684702	沙滩	自然景观
13	蜈支洲岛西部	2026920	36684707	岛屿别墅	人文景观
14	蜈支洲岛最南边海岸	2026198	36684965	泊船码头	人文景观
15	蜈支洲岛南边	2026386	36684455	冲浪潜水区	自然景观

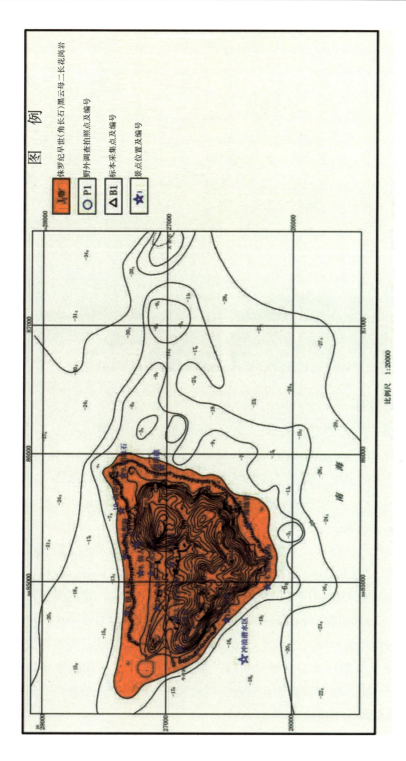

图7-1-3　三亚市崖支洲岛地质遗迹及景点分布图

（一）地质遗迹景观特征

1. 观日岩

观日岩位于蜈支洲岛的北部，站在岩上凭风临海，俯瞰全岛，辽阔的海南尽收眼底，悬崖下面，怪石嶙峋。观日岩像一尊天然大石佛，面向大海，日夜修炼。观日岩主要由斑状黑云母二长花岗岩组成，岩石呈灰白—灰黄色，似斑状结构，基质具细中粒花岗结构，志状构造。石英呈他形粒状，分布在长石之间；黑云母呈自形—半自形细鳞片状，多聚集一起产出，周围常伴有磁铁矿、榍石等（图7-1-4）。

图7-1-4　观日岩　　　　　　　　　图7-1-5　"金龟探海"景观

2. 金龟探海

"金龟探海"景观整体就像一只巨大的海龟，头、甲清晰可见，在整块巨石的左前方有一露出海面的条状长型岩石，当海水袭来，似海龟在划水，仿佛一只巨大的海龟正缓缓爬向大海，期望回到自己的故乡，故称"金龟探海"（图7-1-5）。巨石岩性是斑状黑云母二长花岗岩，岩石呈灰黄色，似斑状结构，基质具细中粒花岗结构，志状构造。斑晶为钾长石，呈半自形后板状，表面轻度高岭石化，卡氏双晶或条纹结构发育，里面常包含斜长石、石英等小晶粒，粒径大小一般是 10～20 mm。基质主要由钾长石、斜长石、石英和少量黑云母等矿物组成，粒径大小一般是 0.1～8 mm；其中钾长石呈他形厚板状，表面轻度高岭石化，条纹结构发育；斜长石呈自形—半自形板柱状，有些表面绢云母泥化，聚片双晶发育；石英呈他形粒状，分布在长石之间；黑云母呈自形—半自形细鳞片状，多聚集一起产出，周围常伴有磁铁矿、榍石等。由于长时间矗立在海边，经过风化、海蚀等地质作用，形成了外形酷似海龟的地质遗迹。

3. 情人岛

情人岛是历经了千百年潮起潮落洗礼却依然矗立、静静相望的两座大石。传说是古人为了纪念一对因相恋而被恼怒的龙王变成石头的痴情恋人而起的名（图7-1-6）。岩石的岩性是由花岗岩组成，斑状结构，花岗构造，呈灰白色，长时间经历了风化、海蚀等地质作用，比较光滑。

4. 沙滩

该岛四周沙滩洁白松软，海域清澈透明，海水能见度6~27 m，水域中盛产夜光螺、海参、龙虾、马鲛鱼、海胆、鲳鱼及五颜六色的热带鱼，南部水域海底有着保护很好的珊瑚礁，是世界上为数不多的没有礁石或者鹅卵石混杂的海岛，是国内最佳潜水基地，极目远眺，烟波浩渺，海天一色（图7-1-7）。

图7-1-6　情人岛　　　　　　　　　图7-1-7　蜈支洲岛沙滩

（二）人文景观特征

1. 情人桥

情人桥原是座铁索桥，后来为游客安全着想，将原来的铁索桥改造成现在的木板桥。走在桥上需要几分胆量，有些女士过桥时紧紧抓住男士的手不放，因此这座桥又叫"情人桥"（图7-1-8）。

图7-1-8　情人桥

2. 妈祖庙

此处建于1893年，距今已有100多年的历史。因无人管理，渔民不知原来供何神，后改为供奉航海保护神妈祖。1993年，岛屿的开发建设者将早已坍塌破败的原庙宇重建（图7-1-9）。

图7-1-9　妈祖庙　　　　　　　　　图7-1-10　生命井

3. 生命井

蜈支洲岛是海南岛周围为数不多的有淡水资源的小岛。据《三亚志》记载，相传，以前有一户渔民靠出海打鱼为生，有一天突然刮起台风，父子3人落水，凭着船板，经过几天的挣扎，在极为饥渴的时候，漂到了蜈支洲岛，突然看见在蜈支洲岛沙滩上有一小水洼，3人因此得救。后来在洼地上挖出一水井，取名"生命井"（图7-1-10）。

三亚市是闻名中外的国际热带海滨旅游城市，它集阳光、海水、沙滩、气候、森林、温泉、岩洞、田园等自然风景资源和丰富的历史文化资源于一体，是中国热带滨海旅游资源最密集的城市。蜈支洲岛地质遗迹附近有"国家海岸"海棠湾，世界级旅游休闲度假区亚龙湾，以及南田温泉、藤海海景公园、铁炉港潟湖等风景旅游区，稍远有鹿回头、大东海、天涯海角、南山、大小洞天等著名的旅游度假风景区。

四、地质遗迹价值特征

（一）自然属性

1. 科学性

地质遗迹是地球演化过程中地质信息的良好载体，对人类认识地球、认知我们所处的客观世界具有极其重要的意义。三亚市蜈支洲岛分布的角闪石二长花岗岩，是在相当长的地质历史时期形成的，反映了形成时代的构造历史，是地质信息的良好载体，对研究古地理、古气候的演变有重要意义，是普及地质科学知识的良好场所。

2. 观赏性

蜈支洲岛临海山石嶙峋陡峭，直插海底，惊涛拍岸，蔚为壮观。中部山林草地起伏逶迤，绿影婆娑。北部滩平浪静，沙质洁白细腻，恍若玉带天成。四周海域清澈透明，海水能见度 6～27 m，水域中盛产夜光螺、海参、龙虾、马鲛鱼、海胆、鲳鱼及五颜六色的热带鱼，南部水域海底有着保护完好的珊瑚礁，是世界上为数不多的没有礁石或者鹅卵石混杂的海岛，是国内最佳潜水基地，极目远眺，烟波浩渺，海天一色，景色十分优美，极具观赏性。

3. 规模面积

蜈支洲岛全岛面积 1.48 km²，东西长 1400 m，南北宽 1100 m，海岸线全长 5.7 km。其与海南岛隔着一道浅浅的海湾，有利于地质遗迹的保护。海南海景乐园国际有限公司出资对蜈支洲岛进行全面开发，目前这里已经成为国际度假中心，自 1998 年开业以来，经济效益十分显著。最主要的是，蜈支洲岛和海棠湾隔着一道窄窄的海湾，要到岛上去，必须坐船方可到达，对地质遗迹保护十分有利。

4. 完整性和稀有性

蜈支洲岛是属于地貌景观大类的地质遗迹，在燕山期喷发形成，后来由于地壳的变化，形成现在千姿百态的小岛。蜈支洲岛集热带雨林气候特征、洁白松软的沙滩、崖壁地貌等于一体，在海南省内较少有，国内同纬度地区也是少有的。

5. 保存现状

蜈支洲岛的海岸线全长 5.7 km，南部最高峰海拔 79.9 m。岛东、南、西三面漫山叠翠，85 科 2700 多种原生植物郁郁葱葱，不但有高大挺拔的乔木，也有繁茂葳蕤的灌木，其中还有恐龙时代流传下来的桫椤这样的奇异花木，龙血树、寄生、绞杀等热带植物景观随处可见。

（二）社会特征

1. **通达性**

蜈支洲岛地质遗迹位于三亚市北部的海棠湾内，北与南湾猴岛遥遥相对，南邻号称"天下第一湾"的亚龙湾，距三亚市中心 30 km，离三亚凤凰国际机场 38 km，离 G98 高速公路出入口 9 km，有市政道路到达码头，交通较便利。

2. **安全性**

该地质遗迹体东南为陡峭的高边坡，周围有危险体，岩石风化较强烈，有一定危险，采取措施可控制。

3. **可保护性**

该地质遗迹区位于国家 5A 级景区内，采取有效措施能够得到保护，存在一些自然破坏因素，可通过人类工程加以保护。

五、地质遗迹成因

（一）形成时代

蜈支洲岛形成于距今约 1.87 亿年的侏罗纪早期。岛上的岩石岩性主要是中粗粒角闪石黑云母二长花岗岩。在燕山运动的作用下，出现了一系列东西向、北东向、北西向和南北向断裂。后来，从深 60～70 km 的地下，熔融岩浆沿断裂上升侵入，形成遍布全岛的大大小小的花岗岩体。

（二）地质遗迹成因

1. **观日岩**

经过多次地壳构造运动和漫长的海蚀、风化作用的共同影响，岛上的花岗岩受海浪和潮汐的反复剥蚀冲击，一些容易补溶蚀的矿物成分被带走，加上岩石的物理机械风化以及化学风化，使坚硬的花岗岩部分被剥蚀、破碎、磨圆，坚硬的岩石遗留下来。海浪的鬼斧神工把花岗岩雕塑成形态奇特的各种海蚀景观。观日岩、金龟探海等景观因此形成。

2. **海蚀崖**

蜈支洲岛南部临海区山石嶙峋，高陡崖壁直插海底，惊涛拍岸，蔚为壮观。在海蚀崖与高潮海面接触处，常有海蚀穴形成，海蚀穴逐渐扩大后，上部的岩石失去支撑而垮塌形成陡崖，为海蚀崖。在近岸水下斜坡有较大倾斜和风浪盛行的地带，击岸浪携带岩石碎屑或砂砾石不断拍击、冲刷、掏蚀陡崖，经击岸浪不断冲刷、掏蚀，凹穴不断向里伸进，规模逐渐扩大，最后导致上部岩石崩塌，形成陡峭崖壁。海蚀崖常沿岩石的断层面和节理面发育。基岩海岸受海蚀及重力崩落作用，常沿断层节理或层理面形成陡壁悬崖。海水以其巨大的冲击力，对海岸进行连续性冲蚀，形成角度不等的崖壁。

3. 沙滩

被剥蚀搬运下来的砂石经海浪、潮汐的反复筛选，在岛的四周沉积了晚全新世的中细砂组成的洁白沙滩，晶莹细柔，偶尔会发现现代生物贝壳碎片。

该地质遗迹孤悬于南海之滨，岛上植被茂盛，四周海水蔚蓝透明，是一处由花岗岩类侵入岩经海蚀、风化等外动力地质作用共同铸造的花岗岩地貌景观和海蚀海积地貌景观。

第二节　万宁大花角地质遗迹基本特征

一、地理环境特征

（一）交通位置

万宁大花角地质遗迹区位于万宁市和乐镇，东部连接大海，南连后安镇，西依六连岭，北邻山根镇，是万宁市的最东部海岸，距离万宁市市区18 km，有环岛旅游公路直接到达，交通较便利。

（二）自然环境

该地质遗迹区地处低纬度，在北回归线以南，阳光充足，雨量充沛，温度偏高，冬无严寒，夏无酷暑，属于热带海洋性季风气候。年平均气温24℃左右，高温天气为5至7月，月平均气温28℃。年平均降雨量2000 mm左右。年均日照时间为2155 h。

大花角地区自然资源丰富，是海南省级自然保护区，集丰富的矿产、海洋、旅游资源于一地。这里有全国面积最大的内海潟湖（万宁小海），面积为 46.1 km²。四周有不断的河流补给，淡水调节盐度较低，水质良好。这里生长的鱼类肉质鲜美闻名于岛内外，著名的和乐蟹、港北对虾就盛产于此。此外，还有丰富的锆钛砂矿资源，不仅品位高，且其中大型保定锆钛砂矿床储量位居全岛前列。这里的山岭、内海、沙坝、礁岛、海湾等地质遗迹和自然景观也很漂亮，但目前开发利用不够，游客稀少。

（三）地形地貌

大花角地质遗迹位于万宁市最东端，地势平坦，滨海沙堤及万宁小海周边大部分标高在 10 m 左右，前鞍岭标高在 80 m 左右，后鞍岭标高在 115 m 左右，大塘岭标高在 70 m 左右。

地貌上是由内海（潟湖）、沙坝、卵石、残丘（花岗岩山体）组成的海积、海蚀地貌。区域内的剥蚀丘陵有前鞍岭、后鞍岭、大塘岭，由第四纪砂土层（沙坝）连接在一起围成万宁小海（潟湖）。砂土层沙坝（沙坝）宽度1.5 km 左右，长度 9 km 左右。

（四）人文概况

大花角隶属万宁市和乐镇管辖，此地居民主要是汉族，多以渔业为主，出海捕捞和人工养殖为主要产业，人口密度不大，语言为海南方言。

万宁市港北港一年一度的龙舟竞渡定于端阳节举行。港北沿海的渔家儿女于初四破晓前便宰鸡杀鹅、包粽子，酒足饭饱后，身着节日盛装组队赛龙舟。港北赛龙舟自宋朝开始，至今已有千年的历史了。

和乐蟹是海南四大名菜之一。和乐蟹产于万宁和乐港北一带海中，膏满肉肥，较其他青蟹罕见，特别是其脂膏，金黄油亮，犹如咸鸭蛋黄，香味扑鼻。螃蟹营养丰富，它含蛋白质、脂肪、碳水化合物、灰分、甲壳素、铁、铝、磷等成分。它是秋令美食，味美肉鲜，蟹黄更是独具风味。

二、地质及水文地质特征

（一）地质特征

该区域内出露基岩主要由古老的寒武纪地层、二叠纪至侏罗纪各期岩浆岩以及新生代沿海第四纪松散堆积层及河流冲积地层构成。出露的地层有：

第四纪全新世烟墩组、第四纪全新统、第四纪更新世八所组、第四纪更新世北海组。其中，第四纪全新世烟墩组分布在沙堤、万宁小海周边、北坡、港北地区，岩性主要为砂砾、中粗粒砂。

侵入岩有酸性—中性的中三叠世、早三叠世石英正长岩（$\xi\gamma mcT_2$、$\xi\gamma mcT_1$），岩性为番阳峒细粒少斑角闪黑云正长花岗岩、蚀变细—中粒花岗岩，分布在前鞍岭、后鞍岭、大塘岭区域。

该区域内断裂、断层构造并不十分发育，仅在北西部有少数几条北西走向的断裂构造（图7-2-1）。岩石矿物成分主要由石英、钾长石和斜长石等组成，偶见蚀变闪长岩。

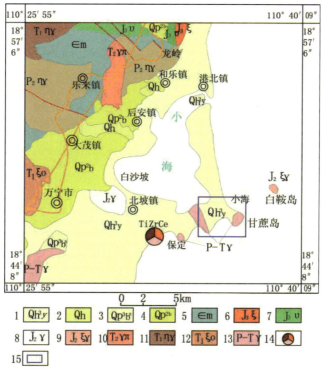

1. 第四纪全新世烟墩组：砂砾、砂、有机质黏土、粉砂质黏土及海滩岩 2. 第四纪全新统：砂砾、砂、黏土 3. 第四纪更新世八所组：棕黄、黄及白色粉细砂、中砂及含细砾石中粗砂层 4. 第四纪更新世北海组：橘黄、棕红、褐红色亚砂土及砂、砂质砾石层 5. 寒武纪美子林组：下部变质石英细砂岩与云母石英片岩互层，中部黑云透辉透闪石英角岩，上部结晶灰岩 6. 晚侏罗世正长岩 7. 晚侏罗世辉长岩 8. 中侏罗世花岗岩 9. 中侏罗世正长花岗岩 10. 中三叠世正长花岗岩 11. 早三叠世二长花岗岩 12. 早三叠世石英正长岩 13. 二叠纪至三叠纪花岗岩 14. 锆钛矿 15. 本次调查范围

图7-2-1　万宁市大花角地质遗迹区域地质图

（二）水文地质特征

该区域地下水主要有松散岩类孔隙水、基岩裂隙水。

松散岩类孔隙水：第四纪全新世烟墩组，岩性为砂砾石、含砾粗砂、砂、砂土及黏土等。地下水主要赋存于该层的砂砾孔隙中，主要承受大气降水的补给，往低洼处径流，以渗流或泉的形式排泄出地表。

基岩裂隙水：分布于大花角前鞍岭、后鞍岭、大塘岭地区，岩性为早三叠世细粒少班角闪黑云正长花岗岩。地下水主要接受大气降水及地表水体补给，赋存于基岩裂隙中，沿基岩裂隙径流，最终排泄入大海，富水性与岩体裂隙发育程度相关，总体上富水性弱。

三、地质遗迹景观及人文景观特征

（一）地质遗迹景观特征

万宁市大花角地区地质遗迹类型有花岗岩海蚀地貌、海积地貌、水体地貌，由花岗岩丘陵海岸（前鞍岭、后鞍岭）、海积平原（前鞍海海岸、后鞍海海岸）、潟湖（万宁小海）组成。主要地质遗迹是由两座相邻的花岗岩山峦体以夹角形状伸向大海而形成，并相连山岭两侧的海滩、沙坝及山丘（大塘岭），围成潟湖（万宁小海）。山体岩石（二叠纪至三叠纪）花岗岩长年受风化作用、海蚀作用，形成卵石滩、沙滩等海蚀、海积地貌及前鞍岭、后鞍岭的海蚀基岩海岸地貌。主要的地质遗迹景点见表7-2-1及图7-2-2。

表7-2-1　万宁市大花角地质遗迹点一览表

序号	位　　置	地理坐标/m		地质遗迹点名称	地质遗迹类型	景　区
		X	Y			
1	前鞍岭东侧海岸	2078364	37450552	前鞍海海滩	海积地貌	前鞍海
2	前鞍海海岸东侧	2078013	37450789	前鞍岭	花岗岩海岸地貌	
3	后鞍岭北侧海岸	2078805	37450717	后鞍海海滩	海积地貌	后鞍海

续表

序号	位　置	地理坐标/m		地质遗迹点名称	地质遗迹类型	景　区
		X	Y			
4	后鞍海海岸南侧	2078711	37451031	后鞍岭	花岗岩海岸地貌	后鞍海
5	后鞍海海岸西侧	2076701	37448701	大塘岭岬角	海蚀地貌	
6	大花角内陆腹地	2079558	37448103	小海	潟湖	小海
7	前鞍岭与后鞍岭中间	2078131	37451118	卵石滩	海蚀地貌	前鞍岭

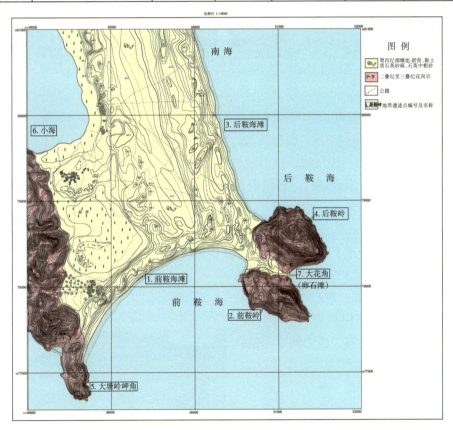

图7-2-2　万宁市大花角地形地质及景点分布图

1. 大花角（卵石滩）

大花角（卵石滩）坐落于南海岸边的两座相邻的花岗岩山体——前鞍岭与后鞍岭夹角间形成的峡谷，峡谷宽约100 m。峡谷间堆积无数的滚圆的花岗岩卵石，卵石直径10～100 cm，堆积面积为1400 m²（图7-2-3）。卵石岩性及山体岩性为二叠纪—三叠纪花岗岩，由花岗岩山体长期受风化剥蚀沿节理裂隙发生破碎、岩体碎块在海浪冲刷磨圆堆积于二岭间的峡谷海岸。二岭除夹角间堆积有卵石，其余海岸线堆积以方块状砾石为主。

图7-2-3　卵石滩　　　　　　　　　　　图7-2-4　前鞍岭

2. 前后鞍岭

前鞍岭是分布于万宁市最东端海岸的两座相邻花岗岩山体中靠南的一座山体，山顶高程99.5 m，山峦东南走向，长960 m，宽460 m。山体三面环海，只有北边紧邻后鞍岭。山体岩性为二叠纪—三叠纪黑云母二长花岗岩。受风化剥蚀及海岸侵蚀后，产生岩石崩落堆积于海岸形成花岗岩基岩海蚀海岸。堆积于海岸的砾石大小不一，0.5～5 m，多以方块状乱堆在一起（图7-2-4）。

后鞍岭是分布于万宁市最东段海岸的两座相邻花岗岩山体中靠北的一座山体，山顶高程121.5 m。山脊线南东走向，长940 m，宽750 m，由三叠纪黑云母二长花岗岩组成。山体北、东、东南三面环海，西南侧紧邻前鞍岭。长期受风化剥蚀及海岸侵蚀后，产生岩石崩落堆积于海岸形成花岗岩基岩海蚀海岸。堆积于海岸的砾石大小不一，0.5～5 m，多以方块状乱堆在一起（图7-2-5）。

图7-2-5　后鞍岭

3. 前后鞍岭海滩

前鞍岭海滩是位于前鞍岭与大塘岭之间的半月形砂质海滩，属海积地貌，由第四纪全新世烟墩组中细砂组成，砂粒呈圆状、半圆状。砂质软绵，呈灰白色，海滩宽5～30 m。海滩湾线呈弧形，长2.5 km（图7-2-6）。

后鞍岭海滩位置在后鞍岭北侧，后鞍岭相连万宁小海与南海间的沙坝。沙坝宽1.5 km，长9 km，走向正北稍偏西。沙坝地形平缓，南海侧的沙滩坡缓沙白，砂质柔软细腻，湾线狭长；内海侧的沙滩坡缓沙灰，泥质略高。除了有洁白的沙带，还有密密麻麻的卵石。弓状的卵石滩上，大石小石你拥我挤地堆积在一起，大的如斗，小的如蛋，圆的扁的，一个个光滑透碧，在灿烂的阳光下闪闪发亮，剔透玲珑，石体上有纹有景，似画非画，蓝赤青黄绿五彩缤纷，令人眼花缭乱。海滩岸上绿林葱葱，在后鞍岭遥望后鞍海岸线，让人延伸无际的遐想（图7-2-7）。

图7-2-6　前鞍岭海滩

图7-2-7　后鞍岭海滩

4. 大塘岭岬角

大塘岭位于前鞍岭正西方向2 km，是一座由二叠纪—三叠纪花岗岩构成的山体，呈长条状，长3 km，宽300～700 m，高程最高108.6 m。山体走向南偏西，最南端长700 m、宽300 m出露于南海之中，形成陡峻岬角，将春园湾与前鞍海湾隔开。山体岩性为二叠纪—三叠纪黑云母二长花岗岩。岩石结构构

图7-2-8　大塘岭岬角

造及成分与前鞍岭、后鞍岭一样，同属花岗岩山体，出露于海岸的花岗岩体受海侵作用产生崩裂及解体崩落现象。崩裂形成的岩缝及堆积的海蚀岩景象壮观奇特，极具欣赏价值（图7-2-8）。

5. 万宁小海

万宁小海面积为46.1 km²，是海南省最大的潟湖。整个海湾东西宽9 km，南北长11 km，海岸线长41.5 km。万宁小海是由大花角两侧的沙坝及万宁市内陆腹地围成，西边及北边为万宁市大陆（万宁市和乐镇、后安镇、北坡镇、港北镇），南边为大塘岭、春园湾（沙坝），东边为后鞍海海湾（沙坝）。

万宁小海出海口在东北端，为一处宽度只有150 m的湾口水道，与南海相连。海底地貌类型简单，湾内水浅底平，大部分水域水深1～1.5 m，最深水域在港北的盐墩村西北沟槽处，水深4 m。沿岸地貌类型为海积平原及零星出露山丘地貌。流入万宁小海的河流有龙头河、龙尾河、东山河、港北河、白石溪等，平原河道曲折、分叉多（图7-2-9）。

图7-2-9　万宁小海卫星遥感图片

（二）人文景观特征

大花角的美丽传说

很久很久以前，大花角一带的乡亲们世代以捕鱼为生，南海就是他们的衣食父母。有一年夏天，乡亲们在海里昼夜不停地辛勤劳作，却连一条小鱼也没有捞到。这时候，两只大海龟正在南海游玩，母龟对公龟说："大海里的小鱼虾已经没有了，这一带的乡亲是要饿死的。我们游上岸去产蛋，救救这些挣扎在死亡线上的乡亲吧。"说完，两只海龟就径直向岸上游去。刚爬上岸，它们看见乡亲们三五成群地躺在沙滩上已奄奄一息。善良的母龟为了救活乡亲们，不停地产蛋。最终，乡亲们吃了龟蛋得以活命，而母龟却因为产蛋过多，再不能游回南海。公龟为了表达它对母龟忠贞的爱，宁愿躺在母龟身边，不吃不喝，永远相伴。于是，两只海龟便变成了今日人们所说的南面的前鞍岭（雄鳌峰）和北面的后鞍岭（雌鳌峰）。光阴荏苒，物换星移，乡亲们吃剩下的龟蛋，逐渐硬化，变成了今天大花角海滩上的卵石。

四、地质遗迹价值特征

（一）自然属性

1. 科学性

大花角地区地质基底主要是二叠纪—三叠纪黑云母二长花岗岩，地区内盛产锆钛砂矿。与大花角连接的内陆腹地主要地层为第四纪松散堆积层及二叠纪—三叠纪的花岗岩。区内有形成潟湖、沙坝、卵石滩、花岗岩岛屿、基岩岬角等海蚀、海积地貌景观，对于岩体风化剥蚀、迁移、堆积及锆钛砂矿成因、各期构造运动与海陆变迁等有科学研究价值。

2. 观赏性

万宁小海（潟湖）、沙滩、岛屿（甘蔗岛、白鞍岛）、海蚀地貌（卵石滩）景色优美壮丽，海南省内少有，极具观赏性，具有较高的观赏价值。

3. 规模面积

大花角的前鞍岭、后鞍岭总面积为 0.73 km²，属于区域内零星出露的二叠纪—三叠纪花岗岩山体，山体岩石受风化剥蚀，崩裂现象严重。区内有较大规模的滨海平原、潟湖、沙坝，具有完整的河流出海口各种地貌。万宁小海面积为 46.1 km²，为海南省内最大的潟湖。大花角北侧的沙坝长 9 km，宽 1.5 km，是巨型沙坝。所以大花角地区既有花岗岩地貌，又有各种水体地貌，而且水体地貌规模较大还类型完整。

4. 完整性和稀有性

大花角为二叠纪—三叠纪花岗岩山体出露于海湾的海蚀地貌，有形成粒径 0.1～1 m 的滚圆卵石滩，是海南省内独有的花岗岩海蚀海积现象。岛内其他花岗岩海岸还没发现能形成数目如此多且粒径如此大的卵石海蚀岩现象。

5. 保存现状

大花角地区是省级自然保护区，没有人为破坏行为，自然状态保持良好。

（二）社会特征

1. 通达性

万宁市大花角地质遗迹区位于万宁市和乐镇，是万宁市的最东部海岸，距离万宁市市区 18 km，有环岛旅游公路直接到达，交通较便利。

2. 安全性

该地质遗迹体东南为陡峭的高边坡，周围有危险体，岩石风化较强烈，有一定危险，采取措施可控制。

3. 可保护性

该地质遗迹区位于省级自然风景区内，采取有效措施能够得到保护，存在一些自然破坏因素，可通过人类工程加以保护。

五、地质遗迹成因

（一）形成时代

大花角地质遗迹基底以二叠纪—三叠纪花岗岩为主，是海西、印支期构造运动形成的侵入岩体（距今295～205 Ma）。受多次构造运动及地壳升降作用，岩体长期受风化剥蚀，至今仅剩零星花岗岩山体出露于万宁市东部南海之滨（大塘岭、前鞍岭、后鞍岭、甘蔗岛、白鞍岛）。

（二）地质遗迹成因

1. 大花角前后鞍岭

前后鞍岭由两座二叠纪—三叠纪花岗岩山体组成。两座山体东部临海区山石嶙峋，高陡崖壁直插海底，惊涛拍岸，蔚为壮观。在陡崖与高潮海面接触处，常有海水冲蚀，随着时间推移上部的岩石逐渐失去支撑而垮塌形成陡崖，形成海蚀崖。在近岸水下斜坡有较大倾斜和风浪盛行的地带，击岸浪携带岩石碎屑或砂砾石不断拍击、冲刷、掏蚀陡崖，经击岸浪不断冲刷、掏蚀，凹穴不断向里伸进，规模逐渐扩大，最后导致上部岩石崩塌，形成陡峭崖壁。海水沿岩石的断层面和节理面冲刷，基岩海岸受海蚀及重力崩落作用，常沿断层节理或层理面形成陡壁悬崖。海水以其巨大的冲击力，对海岸进行连续性冲蚀，形成角度不等的崖壁。受多次构造运动及地壳升降作用，岩体长期受风化剥蚀、海水侵蚀、冲刷搬运等作用，形成大花角的前后鞍岭。

2. 前后鞍岭海滩

该景区内出露地层只有第四纪烟墩组砂质堆积层，到了新生代第四纪时期（距今约30万年以后），在新构造运动影响下，从陆地风化剥蚀的砂、泥大量向海岸迁运，受海水潮汐影响，砂石被推向海湾堆积，因此形成天然的前后鞍岭海滩。而山体受剥蚀滚落的花岗岩碎石在外海海浪潮汐的反复冲刷磨蚀下形成卵石，山间峡谷窝状地形较缓平，利于卵石堆积，所以形成了卵石堆积而成的卵石滩。

3. 万宁小海

万宁小海属于潟湖，是被沙嘴、沙坝分割而与外海相分离的局部海水水域。波浪破碎产生的水下沙坝上升，沿岸流形成的沙嘴破裂后产生了进潮口，使沿岸部分水域与海洋隔离，被隔离的部分即发展为潟湖。潟湖形成的根本原因是海面升降运动。

潟湖的作用是防洪，它可宣泄区域排水，因而有潟湖处很少发生水灾；可保护海岸，因为外有沙洲的阻挡可防止台风暴潮侵蚀冲刷海岸；是鱼、虾、贝和螃蟹的孕育场，也是邻近渔民的天然养殖场。

第三节　琼海万泉河入海口地质遗迹基本特征

一、地理环境特征

（一）交通位置

万泉河入海口位于琼海市东部海滨，隶属博鳌镇，东临南海，南与万宁市交界，西与琼海市朝阳乡、上甬乡相邻，北与潭门镇接壤。博鳌镇距离琼海市嘉积镇17 km、海口市105 km、三亚市180 km，离G98高速公路出入口13 km，有市政道路通达，交通较便利。博鳌镇是国际会议组织——博鳌亚洲论坛永久性会址所在地。其中心地理坐标为110°33′22″E，19°08′45″N。

（二）自然环境

博鳌镇属热带季风气候，四季不明显，旱季和雨季分明，气候温和，热量丰富，光照充足，雨量充沛。全年平均气温24.1℃，最热的7月与最冷的1月温差仅为10℃；平均湿度为80%～85%，年平均日照时数2155 h，年降雨量为1800～2200 mm。历年平均风速在2.1～4 m/s，主导风向冬春为北风，夏秋为偏南风。由于海风的作用，这里是海南夏季最凉爽的地方。

博鳌港是集三河（万泉河、龙滚河、九曲江）的入海口，三河流域 1800 km²，年均流量达20亿 m³，所以博鳌水资源丰富。万泉河入海口因是淡水与咸水混合区域，海滩营养丰富，有数千种动植物栖息于此。出海口有河水、海水、湖水、泉水、沙滩、沙洲、礁石、红树林带等自然资源。博鳌区域内主要种植水稻，主要经济作物有香蕉、甘蔗、菠萝、胡椒、蔬菜等。植被主要有人工林和椰子树、红树林、荔枝树等。由于博鳌港是万泉河、九曲江与龙滚河三条淡水河流入海口，此处淡水、海水生物较丰富，鱼类众多。沙美内海盛产人工养殖的鱼、虾、贝、蟹等生物。

（三）地形地貌

琼海市背山面海，地势西高东低，万泉河源自黎母山和五指山，流经琼海市嘉积镇至博鳌入南海。博鳌山岭起伏、植被茂盛，聚江、河、湖、海、山、岭、泉、岛屿八大地理地貌为一体。以剥蚀平原及滨海平原地貌为主，发育河流入海口沙洲岛、玉带滩。除龙潭岭海拔高80 m左右，其他地区整体地势平缓，多为第四纪松散海积物平原或冲积泥砂质沙洲岛。

（四）人文概况

博鳌镇区域内自然植被、半自然植被和人工植被覆盖率达到89.9%。青皮林、红树林等珍贵树种和其他丰富的植物，广泛分布在山岭、盆地、河谷、内湖、江河沿岸、滨海滩涂，形成了物种多样、高低错落的植物群落。

沿九曲江流域分布着富有硅、锶、氟等元素的对流型热矿水，其矿化度超过7克/升，是海南浓度最高的温泉水。九曲江温泉出水量大、水温高、水质好，对人体有很好的医疗、保健、美容、养生等辅助效果。

博鳌镇总人口2.9万人，以汉族为主。万泉河入海口的东屿岛现已建成博鳌亚洲论坛会议永久地址，现代政治气息浓厚。当地民间文化也浓郁，区内人文建筑有博鳌禅寺、妈祖庙、莲花墩观世音等。博鳌镇每年都会举行一次赛龙舟活动，民间文化艺术种类丰富，包括琼剧、苗族山歌、舞龙、舞狮、舞灯等民间歌舞以及椰雕、刺绣、编织等民间工艺。方言以海南方言为主。

二、地质及水文地质特征

（一）地质特征

该地质遗迹区域内出露长城系抱板群、志留系下统陀烈组、石炭系南好组—青天峡组、三叠系下统岭文组、白垩系下统鹿母湾组、第四系下更新统玄武岩、第四系中更新统北海组、第四系全新统、第四系全新统烟墩组等地层。其中第四系大面积出露于出海口地区。岩性为黏土、砂、砂砾。

该地区岩浆活动较剧烈，出露的岩浆岩主要有二叠纪至三叠纪花岗岩、晚三叠世碱长花岗斑岩、中侏罗世正长花岗岩（$J_2\xi\gamma$）、早白垩世花岗岩

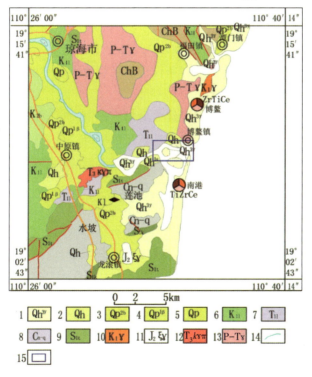

1. 第四纪烟墩组：砂砾、砂、有机质黏土、粉砂质黏土　2. 第四纪全新统：砂砾、砂、黏土　3. 第四纪北海组：橘黄、棕红、褐红色亚砂土及砂、砂砾、砂质砾石层　4. 第四纪更新世玄武岩：玄武岩、粗玄岩、玄武质凝灰岩　5. 第四纪更新统：砂砾、砂、亚黏土　6. 白垩纪鹿母湾组：紫红色砂砾岩、含砾长石粗砂岩夹泥质粉砂岩　7. 三叠纪早世岭文组：下部为砂砾、含砾细砂岩，上部为泥岩、泥质粉砂岩　8. 石炭纪青天峡、南好组并层：板岩与石英砂岩互层　9. 志留纪早世陀烈组：下部为变质细砂岩、绢云板岩夹灰岩透镜体；中部为碳质绢云板岩夹粉砂岩；上部为绢云板岩夹变质粉砂岩条带　10. 白垩纪早世花岗岩　11. 侏罗纪中世正长花岗岩　12. 三叠纪晚世碱长花岗斑岩　13. 二叠纪至三叠纪花岗岩　14. 万泉河　15. 本次调查范围

图 7-3-1　琼海市博鳌地质遗迹区域地质图

（$K_1\gamma$）等（图7-3-1）。

该区域北方附近分布东西向区域性昌江—琼海深大断裂，是海南岛主要的4条深大断裂之一。该断裂横贯东方、昌江、白沙、琼中、屯昌和琼海等市县。它是一条规模巨大、以断裂带为主的夹有东西向褶皱带的断褶构造带，断续延长在200 km以上。

该地质遗迹区范围内出露的地层为第四系全新统烟墩组，大面积出露于玉带滩、东屿岛等滨海平原区，是构成滨海平原及沙滩的主要岩层，岩性主要为砾砂、中粗砂等。在龙潭岭地区出露的地层有石炭系青天峡组、石炭系南好组，岩性主要为砾岩、砂砾岩；志留纪陀烈组，岩性为变质石英细砂岩、粉砂岩。区内无侵入岩出露，断裂构造不发育。

（二）水文地质特征

根据含水层岩性及地下水赋存条件，该区域地下水类型主要有松散岩类孔隙水、基岩裂隙水。

松散岩类孔隙水：分布于万泉河入海口大部滨海区第四系全新统，岩性为砾砂、中粗砂等。地下水主要赋存于该层的砂砾、中粗砂孔隙中，主要承受大气降水的补给，径流方向向海，富水性与全新统烟墩组厚度相关，总体上富水性好。

基岩裂隙水：分布于龙潭岭地区，含水层岩性为石炭纪青天峡组及石炭纪南好组砾岩、砂砾岩，志留纪陀烈组变质石英细砂岩、粉砂岩。地下水主要接受大气降水及地表水体补给，赋存于基岩裂隙中，沿基岩裂隙径流，最终排泄入大海，富水性与岩体裂隙发育程度相关，总体上富水性弱。

三、地质遗迹景观及人文景观特征

（一）地质遗迹景观特征

博鳌港是万泉河、九曲江、龙滚河汇集一处流入大海的入海口，九曲江、龙滚河流入沙美内海与万泉河合并流入大海。主要地质遗迹类型为河流景观水体地貌，其次有湿地滩涂地貌。有形成河控三角洲（东屿岛、鸳鸯岛）、沙坝（玉带滩）、沙堤、沙洲、沙美内海、万泉河畔。零星出露岩体地貌（圣公石）、丘陵地貌（龙潭岭）。配套的人文自然景观有博鳌神庙、博鳌亚洲论坛会议中心、妈祖庙等。主要地质遗迹点见表7-3-1。

表7-3-1 琼海市万泉河入海口地质遗迹点一览表

序号	位　　置	地理坐标/m		地质遗迹点名称	地质遗迹类型	景　区
		X	Y			
1	万泉河入海口三角洲	2117121	37454398	东屿岛	水体地貌	万泉河
2		2118886	37453440	鸳鸯岛		
3		2118091	37455870	玉带滩		
4	万泉河入海口南侧	2116383	37453987	沙美内海		
5	万泉河下游	2118671	37452787	万泉河畔		
6	博鳌海岸	2118149	37456276	圣公石	海蚀柱	博鳌海岸
7	万泉河下游南岸	2116594	37452870	龙潭岭	丘陵地貌	龙潭村

1. 玉带滩

万泉河入海口处有一条狭长的沙质海滩将河水与海水分隔开，这条海滩即玉带滩。玉带滩全长8.5 km，宽100～300 m，总面积1.06 km²，南北走向。被上海世界吉尼斯总部以分隔海、河最狭窄的沙滩半岛列入吉尼斯之最。东侧是一望无际的南海，西侧是万泉河、沙美内海的湖光山色。是典型的海积沙堤地貌单元（图7-3-2）。

图7-3-2 玉带滩

2. 东屿岛和鸳鸯岛

东屿岛是万泉入海口三角洲的一部分。由于海潮的顶托以及河床坡度极小，水流作用很弱，万泉河的泥沙输入量大，河水流经此处，河道加宽，加之受海水阻挡作用，水流速度缓慢，河水中携带的泥沙缓慢沉积下来，形成众多沙洲、心滩构成的河口三角洲地貌。如今的东屿岛是入海口处一个较大的岛屿，呈朵型，面积1.83 km²，岸线长5.3 km。岛上地形平坦，植被茂盛，遍布椰林、槟榔树、野菠萝树等热带植物，建有高尔夫球场及岛中湖等旅游景点。岛上的博鳌亚洲论坛永久会址已成其标志性建筑（图7-3-3）。

图7-3-3　东屿岛

图7-3-4　东屿岛、鸳鸯岛、玉带滩
遥感卫星图

与东屿岛相邻的是鸳鸯岛，面积比东屿岛稍小，也是河控沙洲三角洲地貌，位于东屿岛西北侧，相隔100 m宽的河道。面积为1.06 km²，岸线长4 km。呈三角状。岛内椰树、杂草茂盛，拟建高尔夫球场及酒店等娱乐设施（图7-3-4）。

3. 圣公石

圣公石是屹立在博鳌港门外大海之中的黑黛色、高出海面数米的一处岛屿，面积约700 m²，其实是一块巨大的花岗岩岩体。传说这块巨石是女娲炼石补天不慎落在万泉河口的晶石（图7-3-5）。

图7-3-5　圣公石

4. 龙潭岭

龙潭岭位于东屿岛西南侧，与东屿岛隔河相望，山岭地貌呈脉状，延长3 km，高程80 m左右，山脉宽度400 m左右，坐落于万泉河下游接近出海口位置，像龙腾出海之势。山体地层岩性为古生代石炭纪（距今416 Ma）青天峡组—南好组板岩、变质砂岩。是该区古老的地质基底之一，呈滨浅海相，两地层总厚度在250 m左右。北东走向，倾向北西，倾角50°左右。与北西侧的志留纪陀烈组呈断层接触（图7-3-6）。

图7-3-6　万泉河入海口卫星遥感图片（红色为龙潭岭山脊）

4. 沙美内海

沙美内海是汇集九曲江和龙滚河河水于一处的潟湖（内海）。由玉带滩沙堤与南海相隔，面积为11.6 km²，呈长条形状，长约6 km，宽2 km。是淡水和海水交汇的地方，水质盐度适中，水族生物丰富，人工养殖业发达。潟湖岸边湿地滩涂发育，有红树林生长。内海东侧海岸南港村曾经是锆钛砂矿采矿场，富产锆钛砂矿，现采矿遗迹已复垦或改建为虾类养殖场（图7-3-7）。

图7-3-7　沙美内海

（二）人文景观特征

博鳌水城是历史悠久的港湾渔乡，是万泉河、龙滚河、九曲江三江入海口，水产资源丰富，宜居宜渔，融江、河、湖、海、山麓、岛屿于一体，集椰林、沙滩、奇石、温泉、田园等风光于一身。是亚洲地区唯一定期定址的国际会议组织总部所在地。当地民间文化浓郁，建设的人文景观有博鳌禅寺、莲花墩观世音石像、妈祖庙、风情小镇（图7-3-8）。

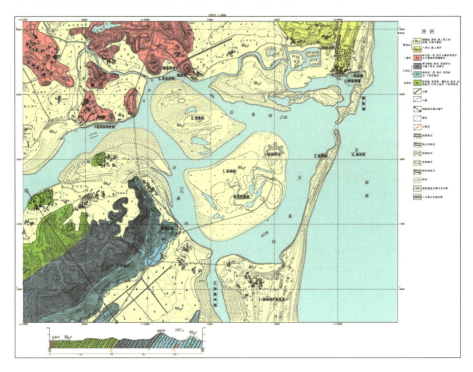

图7-3-8　万泉河入海口（局部）地质图

1.莲花墩观世音

莲花墩观世音是坐落于万泉河下游河床中的一尊人工观音石像。观音石像修建于河流中一处岩礁上，岩礁出露面积有几十平方米，上面长有椰子树及灌木。观音像在树木中站立像乘坐莲花渡游万泉河（图7-3-9）。

图7-3-9　莲花墩观世音石像

2. 博鳌禅寺

博鳌禅寺坐落于万泉河河畔，主寺为5层正八角塔形建筑。渡游万泉河能看到博鳌禅寺屹立于丛丛绿林的万泉河岸，倒影辉映在万泉河水上，形成一幅美妙的画。博鳌禅寺是一座正统的禅宗寺庙，主要供奉释迦牟尼佛及观世音（图7-3-10）。

3. 妈祖庙

妈祖庙位于万泉河出海口的北侧海滩岸上。妈祖亦称"天后娘娘"，相传是福建省莆田市林姓人家的女儿。传说她从小就持斋吃素，侍奉神灵。她羽化升天后，经常在海上救难，保护人民船只平安，于是受皇帝敕封为"天后""圣母"。早在宋元时代，"天后娘娘"便随福建商人落籍海南。据记载，"海南岛最初的天后庙，那是元朝时代建在白沙津和海口的"（小叶田淳《海南岛史》）。《琼州府志》中对天后庙做明确记载的就有12个，几乎遍布海南沿海的乡镇。在万泉河出海口，人们为了纪念她也建了妈祖庙以作供奉之用（图7-3-11）。

图7-3-10　博鳌禅寺　　　　　图7-3-11　妈祖庙

4. 博鳌传说

往昔万年，南海龙王敖钦的女儿小龙女在艰难中诞下一子，名"鳌"。此子诞生时，龙翔凤舞、百鸟齐鸣，金光普天。而鳌长相奇异：龙头、龟背、麒麟尾。

龙王见女儿竟生此怪物，勃然大怒，一气抽出腰间玉带抛向河海间，形成玉带滩，阻隔鳌母子欲归南海之路。小龙女苦苦哀求，望龙王认孙，却三秋未果，她心力交瘁，终面向南海化作龙潭岭。

鳌见此景，凶性大发，兴风作浪，祸及百姓。观音闻讯，足踏莲花宝座赶至南海边，聚百川千水为万泉河，降惊涛骇浪为龙滚河，合纵溢横流为九曲江，拢三江汇聚鳌头直泻南海。又掷金牛一头，形成金牛岭以阻止水患；并在三江之地施五百法器，使天降财宝、地涌甘泉，民间流传的"财源茂盛达三江"一说由此而来。

观音与鳌斗法72回，终将鳌收服点化成鳌龙。随后观音乘鳌龙往西而去，卸下莲花宝座化作莲花墩。鳌留下原身化作东屿岛，留下身后这片美丽而神奇的宝地——世人称为"博鳌"。

四、地质遗迹价值特征

（一）自然属性

1. 科学性

万泉河入海口是典型的河流入海口地区，形成了河控三角洲、江心岛、沙坝、潟湖等典型的水体地貌。此类水体地貌是由水流对陆地的流蚀、搬运、堆积而形成。自身亦受冲刷、沉积的循环作用而产生变迁。水体地貌的形成、变化与河、海水体运动乃至河流中上游的环境息息相关，对河流环境的研究起到十分积极的作用。

2. 观赏性

万泉河入海口是融江、河、湖、海、山麓、沙坝、岛屿于一体，集椰林、沙滩、奇温泉、田园风光于一身的美丽景区，极具观赏价值。

3. 面积规模

该区万泉河、九曲江、龙滚河三江汇集于一处，形成的水体地貌有三角洲（东屿岛、鸳鸯岛）、潟湖（沙美内海）、沙坝（玉带滩），规模合适。

4. 完整性和稀有性

该区形成的朵形河控三角洲、沙美内海、玉带滩相结合入海口地貌，具有完整的河流入海口地貌景观。此景观海南省内独有，国内少见，尤其是平行于海岸线的狭长玉带滩，更是国内唯一的河流入海口狭长沙坝，是吉尼斯世界纪录中最狭长的河、海相隔沙滩。

5. 保存现状

由于博鳌海岸带自然环境良好，植被茂密，三角洲地基较稳定，水体地貌保存现状良好。东屿岛建有博鳌亚洲论坛国际会议中心及度假酒店，是我国外事商贸活动的重要场所，亦是国内著名的旅游度假胜地。各种旅游设施齐全，人文资源丰富，环境保护及规划管理到位。

（二）社会特征

1. 通达性

万泉河入海口地质遗迹位于琼海市东部沿海，隶属博鳌镇，距琼海市嘉积镇17 km，离G98高速公路出入口13 km，有市政道路通达，交通较便利。

2. 安全性

该地质遗迹体主要为玉带滩，为海积海蚀堆积，周围没有危险体，主要受海水潮汐和三江入海水量的影响，有一定危险，采取措施不可控制。

3. 可保护性

该地质遗迹区位于省级景区内，能够得到保护，存在一些自然破坏因素，可通过人类工程加以保护。自然破坏能力较大，人类不能或难以控制的因素有一定被破坏的威胁，但又产生出新的景观或现象。

五、地质遗迹成因

（一）形成时代

龙潭岭形成于石炭纪早世，距今299±0.8 Ma。岩性主要为石炭系青天峡组砾岩、砂砾岩。

万泉河入海口地质遗迹景观点是地表水体搬运和堆积作用形成，为第四系松散堆积物。其形成时代较为年轻，属于第四纪，距今约1.8±0.06 Ma。

（二）地质遗迹成因

1. 玉带滩

玉带滩位于万泉河入海口，是河水与海水共同作用形成的奇迹。水体携带的砂粒经外海波浪与潮流进一步冲刷搬运，最后沉积在平行海岸线的沙堤上，形成长条状的天然沙坝（玉带滩）。玉带滩两侧水体运动形态及速度差别甚大，外海波浪汹涌，能量较大，使玉带滩外海沙堤坡度较大；内侧沙美内海和万泉河流速缓慢，沙堤坡度较小。玉带滩整体走向保持不变，但边界和流水出海口位置经常发生变化。

2. 东屿岛和鸳鸯岛

东屿岛和鸳鸯岛是三江（万泉河、九曲江、龙滚河）入海口的小岛，为河口泥沙冲积而成的沙岛。三江携带大量的泥沙，在进入南海时，受到海水的阻力，在东屿岛和鸳鸯岛进行循环，所携带的泥沙由于水流的减缓，在重力作用下，慢慢地沉积下来，随着上游河水携带的泥沙不断流入，沉积下来的泥沙不断增加，依次循环，长期以来便形成了东屿岛和鸳鸯岛。

3. 沙美内海

万泉河大部分时间入海口处流速较慢，受潮汐及水体盐度、密度的差异影响，时常出现水体旋转环流现象，水体所携带的泥沙沉淀堆积于出海口，形成由多个椭圆状的岛屿组成的河口三角洲。现三角洲最大的岛屿（东屿岛）四周在挡土墙的保护下，已趋向稳定，并开发建设了博鳌亚洲论坛国际会议中心及度假酒店。

第八章 陨石坑、泉水、地震遗迹类地质遗迹特征

第一节 白沙陨石坑地质遗迹基本特征

陨石坑为"天外来客"陨石撞击地球所形成的独特地质景观。白沙陨石坑是海南岛唯一一处保存形态较好的陨石坑地质遗迹，它位于白沙黎族自治县白沙农场境内。这一地质遗迹是研究小天体撞击地球过程和撞击性质的依据。20世纪90年代初由中科院长沙大地构造研究所王道经研究员首次发现白沙陨石坑，并进行了充分的论证研究，随后，海南省地质调查院、海南省资源环境调查院先后对白沙陨石坑完成了地质遗迹调查评价和地质特征与地质资源调查评价。

一、地理环境特征

（一）交通位置

白沙黎族自治县东邻琼中黎族苗族自治县，南接五指山市和乐东黎族自治县，西靠昌江黎族自治县，北连儋州市。白沙陨石坑位于白沙黎族自治县白沙农场境内，在黎母山脉西北麓、南渡江上游，距白沙县城牙叉镇9 km，有水泥公路直达，交通较便利。地理位置坐标范围为19°10′15″N～19°22′45″N，109°22′35″E～109°33′05″E。面积为25.53 km²。

（二）自然环境

该区地处热带，属热带季风气候，气候温润，干湿季节分明，昼夜温差居全省之首。多年平均气温23℃，7月气温最高，极端最高温度39℃，1月气温最低，极端最低温度4℃。每年5至11月为雨季，12月至翌年4月为旱季；多年平均降雨量1928.4 mm，多年日最大降雨量365.1 mm；多年平均蒸发

量1899.6 mm，2月蒸发量最小，为79.2 mm，7月蒸发量最大，为202.6 mm。日照时间长，全年日照2075 h。

区内为农垦农场，主要经济作物有茶叶、橡胶、香蕉、木薯等。工业不发达，主要有制糖、橡胶、电力、水泥、果品加工等，经济相对较落后。热带森林资源十分丰富，以阔叶乔木为主的林木有10多种，有热带雨林、季雨林和常绿树林，珍贵林木有花梨、母生、子京、坡垒、石梓、青梅、绿楠等。

（三）地形地貌特征

白沙陨石坑地质遗迹区属于丘陵地貌，海拔标高为215.3～429.8 m，最高点在该区的北部，海拔429.8 m，最低点在南部，海拔215.3 m，高差214.5 m。该区总体地形东南高西北低，境内的地貌可分为山地、盆地、丘陵和台地4种类型；东南部主要为山地，东部为盆地，北部为丘陵，西北部为台地。境内地形起伏较大，整体为东南向西北倾斜。

（四）人文概况

该地区主要是白沙农场居民，农场职工来自全国各地，还有一批归国华侨，语言有普通话、客家话、广州话、海南话、黎话等，语言多样，民情丰富，且居民素质较高，这是地质遗迹保护和发展旅游业的一大优势。当地村民主要为黎族和苗族，民风淳厚，能歌善舞，每年开展的"三月三"等民族活动丰富多彩。

二、地质及水文地质特征

（一）地质特征

白沙陨石坑地质遗迹区区域上出露的地层主要有志留系下统陀烈组、石炭系下统南好组、二叠系下统峨查组—鹅顶组、白垩系下统鹿母湾组、第四系全新统，地层发育不全。该区经历了多期构造运动，形成不同时期的岩浆侵入，这些构造运动控制着此区地质、地貌的演变。侵入岩有晚二叠纪花岗闪长岩（$P_2\gamma\delta$）、二叠纪—三叠纪花岗岩、晚三叠纪（角闪石）黑云母二长花岗岩出露。该地区断裂、断层较发育，在元门地区有一条西北—东南方向的正断层，断层产状不详。构造节理、裂隙都较发育（图8-1-1、图8-1-2）。

1. 地层

白沙陨石坑地质遗迹区像一个没有完全封闭的盆。该区出露的地层主要为白垩系下统鹿母湾组的紫红色砂砾岩、长石石英砂岩、粉砂岩。

白垩系下统鹿母湾组：较大面积地出露，出露面积约 40.2 km²，主要由紫红色砂砾岩、长石石英砂岩等组成。与石炭系南好组—青天峡组呈不整合接触。

在陨石撞击地球的过程中，产生了高温高压的条件，在陨石坑的边缘处发现变质石英砂岩，呈灰白色，致密状。

2. 侵入岩

在该区内未发现有侵入岩出露。

3. 构造

通过本次详细地质调查，在该区内发现有一条西北至东南方向的断裂存在，倾向东北，倾角不详。

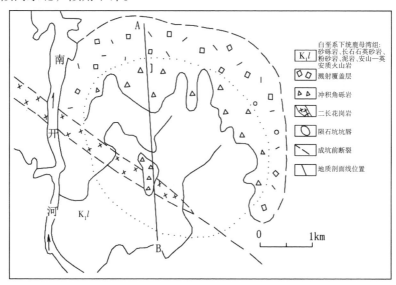

图 8-1-1 白沙陨石坑地质遗迹区域地质简图

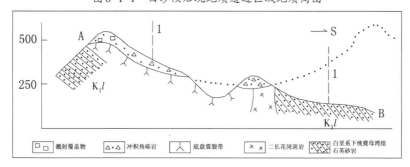

图 8-1-2 白沙陨石坑地质遗迹区地质剖面图

（二）水文地质特征

该地质遗迹区内地下水类型主要为基岩裂隙水和松散岩类孔隙水。

1. 基岩裂隙水

含水层岩性主要为白垩系下统鹿母湾组砂岩，地下水主要赋存在该层浅部节理裂隙或构造裂隙中，水位受季节影响，接受大气降水补给。大气降水沿裂隙渗入地下，补给地下水，地下水沿裂隙由水位高的地区向水位低的地区径流，总体地下水富水性较弱。

2. 松散岩类孔隙水

含水层岩性主要为第四系全新统残坡积层，由残积土、砂砾质土、石英砂岩、变质石英砂岩碎块等组成，厚度 0~3.3 m。地下水主要赋存于残积土、砂砾质土中，水位受季节影响较大，接受大气降水补给。地下水沿残积土、砂砾质黏土、花岗岩碎块等的孔隙径流，于低洼处以渗流形式排泄，富水性弱。

区域内主要为白垩系下统鹿母湾组的砂砾岩、长石石英砂岩、粉砂岩、泥岩、安山—英安质火山岩出露，地层岩性坚硬，呈层状展布，结构较为致密，工程地质、环境地质条件较好，无崩塌、滑坡等不良地质现象。

三、地质遗迹景观及人文景观特征

目前世界上被确定的陨石坑不多，资源的稀缺性、特异性决定了其具有很高的科研旅游观赏价值。白沙陨石坑是我国发现的第一个陨石坑，为距今约 70 万年前一颗小行星坠落此处爆炸而成。科研人员在此调查时，发现了大量的陨石碎屑——雷公墨，经鉴定，其类型为富钙无球粒陨石，呈浑圆扁球状，重达 3.75 kg，质地坚硬。科学家对撞击白沙大地的"天外来客"的大小进行了科学估算，认为是直径约 380 m 的陨石。

白沙陨石坑所处的地貌属于丘陵地貌，由于坑西南缘及南缘受流水的侵蚀，整个陨石坑呈不完整的圆形。陨石坑地质遗迹景观资源比较丰富，大致可分为坑缘（山顶）景区、坑底景区、坑外围景区三大块。主要的景观分为如下 3 类。

（一）陨石坑地质遗迹景观

1. 白沙陨石坑

白沙陨石坑位于牙叉镇东南 9 km 的白沙农场境内，直径 3.7 km，环形山与坑内沟壑高差约300 m，陨石坑坑内面积约8 km²。陨石坑是距今70万年前的一颗小行星坠落此处爆炸形成的。陨石坑周缘环形山脊连续较好，仅在西南缘受两条溪河冲刷而出现豁口。现存环形山山脉长度约7.8 km。从遥感影像图（图8-1-3）看，在坑唇外侧，见有明显的向外辐射的"须边"饰纹，是地球表面被撞击破碎的岩石碎块溅射出去在坑外缘堆积而成的溅射覆盖层的影像特征。这种坑唇与"须边"的组合影像，是保存较好的年轻陨石坑的典型地貌景观。在陨石坑内发育有向北撒开向南收敛的似扇状沟壑，均局限在坑内，显然是成坑后受径流冲蚀的结果。

图8-1-3　白沙陨石坑遥感影像图

2. 冲击蚀变岩

冲击蚀变岩包括坑缘（山顶）溅射覆盖物、坑底震烈带、坑内冲击角砾岩、坑外围紫红色砂岩等。当陨石以极高的速度撞击地球表面岩层，受击的岩石破碎、熔融、溅射并最终落回地面，堆积成角砾状的岩石，这就是陨击角砾岩，这些角砾岩在溅射冷却的过程中可形成冷缩裂隙和变形。

整个陨石坑地貌在浓密的橡胶林、茶园的衬托下，景色十分迷人（图8-1-4）。现在陨石坑是一个重要的种植基地，里面有橡胶树27000多亩，茶树

3000多亩，温州蜜橘40多亩，香蕉500亩左右。此外，还零星分布着一些胡椒、八角、野油棕、铁树等，形成了目前较有知名度的白沙茶园旅游景点。该景点景色十分迷人，特别是在采摘茶叶的季节，一个个穿着少数民族服装的采茶工，构成了一道十分亮丽的风景线（图8-1-5）。

图8-1-4　白沙陨石坑冲击蚀变岩

图8-1-5　陨石坑底白沙茶园美景

3. 富钙无球粒陨石

在陨石坑中残存的陨石碎块，一经发现就成为鉴别陨石坑的最佳证据。白沙陨石碎块发现于白沙陨石坑内，在白沙农场12队正北300 m处一条小溪中。此处溪流深切至坑底靶岩，其上游不到500 m即陨击角砾岩覆盖区。该碎块是外形呈浑圆的扁球状，大小为21 cm×18.5 cm×8.7 cm，表面被厚0.1～0.5 cm的灰黄色风化壳包裹，重3.75 kg，比重3.46。新鲜断面为深灰色，晶质似斑状结构，借助放大镜可见辉石、斜长石及星点状金属矿物。从陨石碎块外形和所在位置判断，它可能是被溪流从陨击角砾岩中搬运而来，且已深受风化。这一碎块发现之初曾被视为"基性岩转石"而搁置，

图8-1-6　富钙无球粒陨石

后因在对陨石坑进行系统调查、填图过程中未见类似岩石的基岩，才怀疑它是否为"天外来客"，遂用岩石光薄片鉴定、岩石化学分析、X射线衍射和电子探针等分析方法对其做研究，综合各项鉴定和分析数据，认定其为富钙无球粒陨石，并且是白沙陨石坑的成坑陨石残骸，距今44.3亿年（图8-1-6）。

4. 陨石坑柱状节理

柱状节理是指几组不同方向的节理将岩石切割成多边形柱状体，柱体垂直于岩石的基底面。传统理论认为柱状节理是岩浆喷发冷却形成的。在火山喷发过程中，火山内部岩浆外溢，同时外部岩浆冷却固结成岩会阻止下部的岩浆的外溢，当下部的岩浆压力不足时，岩浆便留在火山通道中慢慢冷却。在这个冷凝的过程中，柱状节理和等温面就会随之发育。如熔岩均匀冷却，应形成六方柱状，上细下粗，二者由顶柱盘面隔开。

白沙陨石坑中的柱状节理的形成与传统意义上的柱状节理形成类似却又不完全相同。白沙陨石坑中的柱状节理是受陨石撞击熔融的岩石被陨击角砾岩覆盖，急速冷却形成结晶质岩石，并在急速冷却过程中收缩，形成冷缩类似柱状的垂直节理（图8-1-7）。

柱状节理处为裸露的悬崖，底部有小河流过，上部岩石呈近竖直柱状，下部鹿母湾组红色碎屑岩呈层状分布，产状为230°∠19°，柱状节理顶部最高点距底部小河约25 m，雄伟壮观。

图8-1-7　白沙陨石坑柱状节理　　　　　图8-1-8　底盘震裂岩

5. 底盘震裂岩

在白沙陨石坑的坑内和坑唇附近，经常可以看到岩石中发育着一种奇特的形似龟裂的网格状裂隙构造，那是坠落的陨石冲击底盘紫红色砂岩，巨大的冲击力使岩石受压，震裂形成不规则裂纹。它是陨石曾经撞击地球的铁证（图8-1-8）。坑内震裂岩主要分布于陨石坑环形山靠坑内一侧。

陨石坑附近景点很多，各具特色，周围自然人文景观配套性较完整。向北西方向约12 km有白沙江排游览区，向东约8 km有细水溶洞，向南约15 km有红坎瀑布，向西约30 km分布有光雅温泉、木棉温泉等地质地貌旅游景观。位于牙叉镇东北部的阜龙乡，名胜丰富奇特，有革命根据地、红岭蝙蝠洞、俄富岭古洞等。

（二）水体景观

1. 红坎瀑布

红坎瀑布位于白沙黎族自治县元门乡东南部，距县城24 km。红坎瀑布源于海拔1101 m的红坎岭，瀑布总落差145 m，站在瀑布下仰望，峰峦叠嶂，悬崖峭壁，凌空天河倾泻，使人怀疑这是从天上倾泻下来的银河。站在跟前，就会使人想起唐代大诗人李白那句经典的诗句："飞流直下三千尺，疑是银河落九天。"雨季来时，山洪暴发，瀑布声若雷鸣，震撼群山，气势磅礴、雄伟壮观（图8-1-9）。

图8-1-9　红坎瀑布　　　　　　　　　图8-1-10　白沙冷泉

2. 白沙冷泉

白沙冷泉出处在牙叉农场4队队部西侧300 m远的小溪旁，泉水清澈甘甜，缓缓地冒出地面，向低处流去（图8-1-10）。白沙冷泉中含有丰富的矿物质，多年平均水温为23℃～24℃。白沙冷泉的真正魅力在于氡的含量高，约300埃曼/升。海南省饮用天然矿泉水技术评审组对白沙冷泉进行了评审，其泉水无色、无味、无嗅，pH值6.67～7.13，属于中性水；总硬度132.91～135 mg/L，属于软水；矿化度0.277～0.292 g/L，属淡水。泉水中主要阴离子HCO_3^-含量162.7～176.3 mg/L；阳离子Ca^{2+}含量44.49～47.3 mg/L，Mg^{2+}含量

3.9～5.66 mg/L，Na^+含量 5.2～6.34 mg/L 。最后鉴定为："白沙冷泉属偏硅酸重碳酸钙型低矿化低钠饮用天然矿泉水，氡含量高，水中还含有锶、锌、溴、碘等多种对人体健康有益的微量元素，符合国家饮用天然矿泉水（GB 8537—1987）标准，可作为饮用天然矿泉水开发。"

3. 南渡江（陨石坑—松涛水库河段）

南渡江，古称黎母水，是中国海南岛最大河流，起源于白沙黎族自治县，上游所建松涛水库，是海南省最大的人工湖，也是最大的水利枢纽。南渡江陨石坑—松涛水库河段流水穿行在山丘之中，水力充沛，山水相映，形成了一道优美的风景（图 8-1-11、图 8-1-12）。该河段长约 4 km，宽 90～180 m，由于陨石坑的影响，河道比较平缓。河床为基岩，岩性为鹿母湾组灰色、灰红色砂岩、含砾砂岩。

图 8-1-11　南渡江景观　　　　　　图 8-1-12　南渡江景观

（三）人文景观特征

1. 黎族传统纺染织绣技艺

黎族传统纺染织绣技艺，2009 年进入联合国教科文组织首批《急需保护的非物质文化遗产名录》。

海南黎族的织染技艺历史悠久，特点鲜明，有麻织、棉织、织锦、印染（包括扎染）、刺绣、龙被等品种。

黎锦之所以受到人们的喜爱，主要是做工精细，美观实用，在纺、染、织、绣方面均有本民族特色。黎锦以织绣、织染、织花为主，刺绣较少，分为四大工艺：

（1）纺。主要工具有手捻纺轮和脚踏纺车。手捻纺纱是人类最古老的纺纱工艺，这种工艺使用的工具为纺轮。黎族聚居区有极为丰富的木棉、野麻等纺织原料。在棉纺织品普及之前，野麻纺织品在黎族地区盛行。人们一般在雨季将采集的野麻外皮扒下，经过浸泡、漂洗等工艺，渍为麻匹。麻匹经染色后，用手搓成麻纱，或用纺轮捻线，然后织成布。野麻布质地坚实，多用于制作劳动时穿着的外衣和下裳。

（2）染。染料主要采用山区野生或家种植物为原料。这些染料色彩鲜艳，不易褪色，且来源极广。染色是黎族民间一项重要的经验知识。美孚方言区还有一种扎染的染色技术，古称"绞缬染"。先扎经后染线再织布，把扎、染、织的工艺巧妙地结合一起，这种技艺在我国是独一无二的。

（3）织。织机主要分为脚踏织机和踞腰织机两种。踞腰织机是一种十分古老的

图 8-1-13　黎族传统纺染织绣技艺

织机，与六七千年前半坡氏族使用的织机十分相似，黎族妇女用踞腰织机可以织出精美华丽的复杂图案，其提花工艺令现代大型提花设备望尘莫及。不同图案、色彩和风格的黎锦曾是区分具有不同血缘关系的部落群体的重要标志，具有极其重要的人文价值。（图 8-1-13）

（4）绣。黎族刺绣分为单面绣和双面绣。其中以白沙润方言区女子上衣的双面绣最为著名。她们刺出的双面绣，工艺奇美，不逊于苏州地区的汉族双面绣。

2. 黎族"三月三"节

黎族"三月三"节入选第一批国家级非物质文化遗产名录，是黎族人民生产、生活、娱乐等整体民俗风貌的集中体现，是世人了解黎族文化和历史的窗口。

"三月三"是海南黎族人民悼念勤劳勇敢的先祖、追求爱情幸福的传统节日，也是黎族青年的美好日子，故也称"爱情节"，黎族称"孚念孚"。"三月三"历史悠久，宋代就有相关的记载。自古以来，每年农历三月初三，黎族人民都会身着节日盛装，挑着山兰米酒，带上竹筒香饭，从四面八方汇集一处，或祭拜始祖，或三五成群相会、对歌、跳舞、吹奏乐器，以此来欢

庆佳节。夜晚的山坡上、河岸边，青年男女燃起一堆堆篝火，姑娘身着七彩衣裙、佩戴各式装饰，小伙子腰扎红巾、手执花伞，跳起古老独特的竹竿舞、银铃双刀舞、槟榔舞等富有民族特色的传统舞蹈，歌声此起彼伏，通宵达旦。男女青年各坐一边，互相倾诉爱慕之情，如果双方感情融洽，就相互赠送信物相约来年再会。在这一天，黎族人民对歌、摔跤、拔河、射击、荡秋千……尽情地欢庆着，用歌声、舞蹈表达对生活的赞美、对劳动的热爱、对爱情的执着追求，整个节日气氛欢快热烈，令人陶醉（图8-1-14）。

图8-1-14　黎族"三月三"活动

3. 黎族打柴（竹竿）舞

黎族打柴舞入选第一批国家级非物质文化遗产名录，起源于古崖州（今三亚市）黎族丧葬习俗，是黎族民间最具代表性的舞种。

打柴舞是黎族民间最古老的舞种，黎语称"转刹""太刹"，系古代黎族人用于护尸、赶走野兽、压惊及祭祖的一种丧葬舞。

打柴舞有一套完整的舞具和跳法，舞具由两条垫木和数对小木组成。跳舞时，将两条垫木相对隔开2 m左右平行摆放于地面上，垫木上架数对小木棍，木棍两端分别由数人执握，两两相对，上下、左右、分合、交叉拍击，构成强烈有力的节奏（图8-1-15）。

舞者跳入木棍中，来回跳跃、蹲伏，模仿人类活动和各种动物的动作及声音。持竿者姿势有坐、蹲、站3种，变化多样。打柴舞由平步、磨刀步、槎绳小步、小青蛙步、大青蛙步、狗追鹿步、筛米步、猴子偷谷步、乌鸦步等9个相对独立的舞步组成。在有节奏、有规律的碰击声里，跳舞者要在竹竿分合的瞬间，敏捷地进退跳跃，而且要潇洒自然地做各种优美的动作。当一对对舞者灵巧地跳出竹竿时，持竿者会高声地呼喝出："嘿！呵嘿！"场面极是豪迈洒脱，气氛热烈。如果跳舞者不熟练或胆怯，就会被竹竿夹住脚或打到头，持竿者便用竹竿抬起被夹到的人往外倒，并群起而嬉笑之。相反，善跳的小伙子在这时，往往因机灵敏捷、应变自如而博得姑娘的青睐。

打柴舞依托三亚地区黎族民间习俗而存在，该地区习俗的变化，对民间打柴舞的生存延续影响极大。目前，全黎族聚居地区仅三亚市崖城镇郎典村仍保留着这一古俗。因此，抢救和保护黎族民间打柴舞已迫在眉睫。

图 8-1-15　黎族打柴舞（竹竿舞）

4. 革命旧址红军井与保加村烈士陵园

在抗日战争及解放战争期间，解放军在白沙阜龙乡境内的主要驻扎地为保加村、文头村一带。驻扎期间，解放军发现白准村村民常年缺水。为解决群众饮水难问题，解放军为白准村群众挖了一口水井。该水井常年水流不断，既解决了群众饮水问题，同时也灌溉了下游20多亩水田。如今红军井的水已经成为村民们洗衣、冲凉的生活用水，不过村民们永远不会忘记红军井的挖井人（图8-1-16）。

图 8-1-16　红军井

2014年，白沙投资300万元，对已有保加村烈士陵园进行修缮和保护，同时决定把它建设为红色旅游教育基地。目前，该项目已建设完成，建设后的保加村烈士陵园占地6.1亩，成为白沙一个标志性的红色旅游景点（图 8-1-17）。

图 8-1-17　保加村烈士陵园革命烈士纪念碑

四、地质遗迹价值特征

（一）自然属性

1. 科学性

白沙陨石坑具有较高的科研价值，是我国目前可以认定的唯一陨石坑，被有关专家称为"确定无疑的陨石坑"，研究人员在坑内找到了陨石块，有陨石坑形地貌，有冲击动力变质作用证据等。陨石坑是外来星际物质造访地球的产物，它既给我们的地球留下伤痕，也为我们研究天体运动以及与地球的关系留下物证。此坑对研究古环境的变迁、古生物的演化都具有重要的意义，是科学考察、探险旅游的好地方。同时它具有很好的科普教育意义，是一座天然的博物馆，是进行太空科普教育、探奇求知的课堂。来此参观，不但可以领略祖国的大好河山，还可以学到很多天文、地理等方面的知识，通过探险学习，可磨炼意志，增强想象力。

2. 观赏性

白沙陨石坑具有很高的旅游观赏价值。陨石坑周缘环形山脊连续较好，仅在西南缘和南缘受两条溪河冲刷而出现豁口，陨石坑坑唇形象逼真。置身于陨石坑内，举目四望，橡胶林郁郁葱葱，低缓山坡上，茶树密布，排列成行，绿意盎然。站在陨石坑边缘，可以俯视全坑。陨石坑西侧的松涛水库尾部的南开河犹如绿海中的蓝带，漂绕于胶林菜园之间，湖光山色，美不胜收。站在这里，可以领略到整个陨石坑的美丽景色，此时，一阵阵茶花的香味扑鼻而来，让人陶醉其中。

3. 规模面积

白沙陨石坑地质遗迹资源与其他资源相互协调配套，整个地质遗迹分布区属于白沙农场管辖，土地权属问题较容易解决，区内居民较少且素质较高，比较适合进行地质遗迹保护和开发建设。

4. 完整性和稀有性

该陨石坑边有典型的环形山，景色优美的坑底是堆积在紫红色砂岩底盘之上的灰白色冲击变质岩巨砾组成的典型溅射覆盖层，一般垂直厚度有数米。除陨坑南缘因遭受强烈侵蚀，溅射物难以保存外，其余坑缘溅射层均保存较好，其中夹有典型的玻陨石和冲击玻璃等。陨坑内还找到一些陨石残块，含大量橄榄石、辉石，具球粒结构，初步定为橄榄石、辉石球粒陨石。

根据对海南玻陨石的裂变径迹测年资料和玻陨石产于第四系中，推测此次撞击事件发生在第四纪。白沙陨石坑是海南一处比较重要的地质遗迹，在国内是唯一被认定的陨石坑，是国内稀有资源。该陨石坑的发现，不仅填补了我国这方面的空白，且具有一定的典型性和稀有性。

5. 保存现状

白沙陨石坑是天体陨石以极快的速度撞击地球表面，其强大动能所产生的冲击波通过固体物质在瞬间形成极高的压力和温度，引起非平衡的物理化学作用，在受冲击的固体物质中不同区域出现各种冲击效应而形成的。

陨石撞击证据除了坑形地貌外，直接证据还有陨石碎块、岩石柱状节理、基底岩石震裂构造、冲击角砾岩、冲击熔岩、岩石蚀变褪色等。这些都是陨石撞击地球表面所造成的地质遗迹。据中国科学院长沙大地构造研究所王道经等人的研究成果，在坑内还找到了陨石碎块，在其中发现地球上没有的、只存在于陨石中的标型矿物。陨石类型为无球粒石陨石，是国内仅有的发现。

（二）社会特征

1. 通达性

白沙陨石坑地质遗迹核心区处于黎母山脉中段西北麓，距白沙县城牙叉镇9 km，有水泥公路直达，距海口市中心219 km，离三亚市184 km，离儋白高速公路出入口9 km，交通较便利。

2. 安全性

该陨石坑地质遗迹区属于丘陵地貌，周围有危险体，各地质遗迹体安全性好。

3. 可保护性

该地质遗迹区正在申请国家级地质公园，采取有效措施能够得到保护，存在一些自然破坏因素，可通过人类工程加以保护。

五、陨石坑地质遗迹证据及形成演化过程

（一）白沙陨石坑地质遗迹证据

1. 陨石坑的识别标志

在国际科学界，陨石坑获得认证的最关键证据就是陨击变质作用，主要

包括矿物击变面状页理，矿物击变玻璃，冲击形成的高压多形变体（柯石英、斯石英等），其他诸如环形构造、陨石碎片都是辅助证据。

国际上根据对陨石坑现场的实际调查和对主要造岩矿物冲击效应的研究，结合核爆炸和人工冲击模拟试验研究的结果，综合判定陨石坑的主要标志有：

（1）陨石坑多为圆形构造，较古老的坑受构造运动的影响也有呈椭圆形或腰子形的。

（2）大多数陨石坑都保存有较好的坑唇，即环形山坑缘。即便坑唇和冲击坑本身也被剥蚀掉，但残留的强形变和震裂岩石为一圆形区域这一特点仍可被辨认。

（3）坑底结构较复杂。坑底的岩石在受到巨大陨石轰击后，由于应力释放而产生一定程度的回弹，在一些大的陨石坑底部常出现中央隆起的状况；由于坑底岩石遭到破坏，人工地震波的反射极不规则；重力法的测定结果表明，陨石坑为重力负异常，而火山喷发为正异常。此外，陨石的轰击，也有可能触发或控制深部岩浆的侵入。

（4）常有陨石碎片或铁-镍珠球等残留物存在于冲击产物中。迄今为止，还从未在任何一个地表陨石坑中挖掘出陨石冲击体本身，然而在质量较小的陨石所轰击形成的坑内大都能找到它的残留物，这也是识别陨石坑的重要标志。

（5）角砾岩和震裂锥的存在。角砾岩，大都是杂乱无章地与不同的岩性碎屑混合在一起。这些角砾岩含有大量熔融的或部分熔融的玻璃质击变岩。震裂锥是冲击波通过某些岩石时产生的，单个锥体的大小，从小于1 cm到15 cm或更大，顶端稍钝，锥体顶角一般为90°，表面有很多沟槽，呈马尾构造，锥体的顶端都有指向该冲击构造中心的趋势。现已证明，震裂锥本身已能作为陨石轰击的独特标志。

（6）矿物的冲击效应标志。与陨石坑有关的矿物冲击效应为：第一，矿物发育的特征性微观和亚微观结构，其中石英的多方向的微页理是冲击成因的独特标志；第二，矿物在固态下的相转变，如石英转变为柯石英和斯石英；第三，矿物的热分解、熔融以及出现流动构造，如石英、长石已转变为玻璃相，而深色矿物仍保留晶质相。

2. 白沙陨石坑的关键证据

白沙陨石坑的关键性证据是陨击变质作用。

陨石以不小于 12 km/s 的速度撞击地球表面，撞击点上产生冲击波，陨石被撞碎，并形成陨击坑。在瞬时冲击波传递过程中，所产生的高压、高温作用于受击物质，引起非平衡的物理化学变化——冲击变质。

白沙陨石坑的靶岩主要是长石粉砂岩、长石石英砂岩，其造岩矿物以长石居多，其次为石英和云母。石英、长石为粒状矿物碎屑，在不同压力作用下的急骤变化构成一个显而易见的系列，当冲击压力小于 350k bar 时，出现粒内碎裂，折射率降低，波状消光发育；随着冲击压力增大依次产生冲击页理、高密度变体、继形玻璃，直至熔融。云母的冲击变形观察到膝折带。

（1）冲击页理：靶区岩石受冲击作用产生的瞬间高压，形成的平行密集而且定向排列的面状变形构造。页理间距仅为 μm 级，是鉴别陨击坑的重要标志。

白沙陨石坑受冲击岩石中的冲击页理有两种：

第一种是长石、石英矿物颗粒内发育和冲击页理，沿一定的结晶方位发育平行的位错密集带，把石英（或长石）主晶分割成厚 1~10 μm 的片晶（图 8-1-18，据王道经《海南岛白沙陨击坑》）。

第二种冲击页理也呈平行密集等距排列，并同时切穿碎屑矿物颗粒和粉砂岩的胶结物，页理间距仅 2~5 μm（图 8-1-18，据王道经《海南岛白沙陨击坑》）。

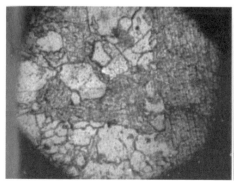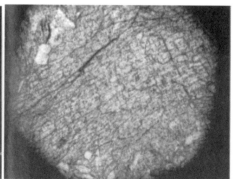

图 8-1-18　石英颗粒中的冲击页理

（2）继形玻璃：当冲击压力超过350k bar时，石英、长石晶体不经熔化直接以固相转化成均质体——玻璃，但仍保持转化前矿物颗粒的外形，故称继形玻璃。保持着六边形外形的石英继形玻璃（图8-1-19）、斜长石继形玻璃（图8-1-20），发现于坑底受冲击的砂岩中（据王道经《海南岛白沙陨击坑》）。

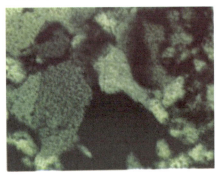 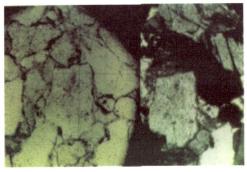

图8-1-19　石英继形玻璃　　　　　图8-1-20　斜长石继形玻璃

（3）同质多相变体矿物：冲击的高压效应还导致产生高压同质多相变体矿物，即若干矿物成分相同但却具有更致密的晶体构造。在白沙陨石坑内的陨击角砾岩中采得一个蚕豆大小的墨绿色包裹体，其中可见长柱状矿物聚合体，硬度较大，经荧光光谱分析、X射线衍射，由中国地质科学院矿床地质研究所十室张汉卿先生鉴定，所得到的X射线衍射谱中相当一部分谱线符合高密度二氧化硅（SiO_2），肯定了陨击角砾中有SiO_2高密度变体矿物和其他矿物高压相的存在（据王道经《海南岛白沙陨击坑》）。

3. 白沙陨石坑的辅助证据

白沙陨石坑除关键性证据外，还发现有陨石撞击的诸多辅助性质证据，主要包括圆形构造、环形山坑缘（坑唇）、石陨石碎片、陨击角砾岩、陨石残留矿物、靶岩的震裂构造等，其他还有陨石撞击的间接证据等。

（1）圆形构造。在1∶10万航空侧视雷达图像中（图8-1-21），白沙陨石坑表现为一个胡桃壳状的圆形影像嵌于细结构景观区中，无环形、放射状水系，也未见

图8-1-21　白沙陨石坑侧视雷达图

明显的环形或弧形断裂构造，与已证实的美国亚利桑那州巴林杰陨石坑（Barringer Meteor Crater）和哈萨克斯坦的苏娜卡陨石坑（Shunak Crater）影像特征十分相似。

（2）环形山坑缘。在1:10万航空侧视雷达图像中，白沙陨石坑清晰地显示为低缓丘陵区背景上突出的环形镶边坳陷，即由环形山脊围绕的碗形洼地，其直径3.7 km。周缘环形山脊连续性好，仅在西南缘受两条溪流冲刷而出现豁口。

在地形上（图8-1-22），白沙陨石坑的环形特征也很清楚。白沙陨石坑外围地形较平缓，等高线稀疏，为在海拔200 m上下起伏的丘陵，仅在坑的东南部有呈南北走向的较高山岭。而构成坑唇的环形山则以密集的地形等高线突出在南渡江之东。

（3）石陨石碎片。在白沙陨石坑中已找到陨击事件的直接证据——陨石碎片，且是目前国内仅有的无球粒陨石碎片。用岩石光薄片鉴定、岩石化学分析、X射线衍射和电子探针等分析方法对其进行研究，综合各项鉴定结果和分析数据，其中含有四方镍纹石、碱硅镁石、陨铁大隅石和陨硫钙石等陨石矿物，认定其为富钙无球粒陨石，并且是白沙陨石坑的成坑陨石残骸。

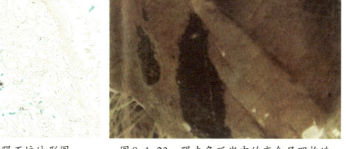

图 8-1-22　白沙陨石坑地形图　　　图 8-1-23　陨击角砾岩中的变余层理构造

（4）陨击角砾岩。陨石以极高的速度撞击地球表面，使受击岩石破碎、熔融、溅射并落回地面，堆积成角砾状岩石。白沙陨石坑的陨击角砾岩残留在受侵蚀较少的陨石坑北部坑底和坑唇，是无序的杂乱堆垒而成的角砾岩层，新鲜断面呈灰白色、块状、角砾构造，有些露头上可见变余层理构造（图8-1-23）。

角砾大小悬殊，大小角砾、岩块之间未胶结，缝隙间为风化细碎屑充填。在巨大的岩块中见有沿裂隙贯入的脉状角砾岩（图8-1-24）。数十厘米大小的角砾岩块，常见飞旋扭转变形和冷缩裂隙。在显微镜下观察，为变斑状结构。基质由微细粒的石英、斜长石及少量正长石、云母组成，基质矿物粒径仅0.02～0.05 mm，普遍受钠长石化蚀变，局部具碳酸盐化。

图8-1-24　脉状角砾岩

（5）陨击角砾岩中的残余陨石矿物。通过光学显微镜鉴定、全岩化学成分分析、稀土元素分析、X射线衍射等分析，确定其成分中既有靶区岩石残余的碎屑矿物，又有熔融结晶新生矿物，也有陨石混入矿物，还有热液蚀变和氧化次生矿物。

（6）靶岩震裂构造。靶区岩石为下白垩统鹿母湾群上亚群岩石，是一套紫色、紫灰色长石粉砂岩、砂质泥岩夹粉砂质泥岩和长石石英砂岩，可见厚度近500 m。整体上岩性稳定，岩石种类简单，仅在坑底因受冲击而震裂破碎，形成震裂带。

（7）陨石撞击的间接证据，是指白沙陨石坑附近一些陨石撞击成因可以解释的地质地貌现象，如溪流的倒钩状水系、冲击变质岩柱状节理、雷公墨的存在（图8-1-25、图8-1-26）。

图8-1-25　陨石坑溪流倒钩状水系

图8-1-26　冲击变质岩柱状节理

（二）形成演化过程

陨石坑是指小行星、彗星和流星体等小天体超高速撞击行星及其卫星表面形成的凹坑或环状地质构造。

在地球上陨石坑形成的条件是一个物体以极快的速度从外空与地球相撞。在这个过程中这个物体的动能转换为热能，重的陨石释放出来的能量可以达到相当于上千吨TNT（三硝基甲苯）爆炸所释放出来的能量，这个能量级相当于核爆炸所释放出来的能量。我国科学家对撞击白沙大地的"天外来客"的大小进行过科学估算，认为可能为直径380 m的陨石。撞击能量差不多相当于360颗投放在日本广岛上的原子弹。

并不是所有陨石都能形成陨石坑，陨石只有以每秒十几到几十千米的"宇宙速度"撞击到地表上，其强大的冲击波引起爆炸成坑，才能"轰"出真正的陨石坑。如果因为种种原因，如因大气的阻止而不断减速，最后只是"降落"或"飘落"到地面上的话，就不会产生冲击波和引起"爆炸"成坑，就算砸出了一点凹陷，也算不上是学术意义上的陨石撞击坑。世界上最重的陨石——霍巴陨石重量接近66 t，体积庞大，它在8万多年前降落在地球上，却没有留下陨石坑，便是典型的"有石无坑"。但是另一方面，很多大型陨石坑中都是典型的"有坑无石"（撞击能量较大，陨石气化），所以像白沙陨石坑这样伴有陨石碎块的陨石坑是非常罕见的，全世界近200个陨石坑，仅有十几个有此殊景。

此外，即使形成了陨石坑，其保存也受到很大的限制，由于地质作用的改造以及表面的侵蚀破坏，直径20 km的撞击坑在6亿年后仍可辨识，而直径仅1 km左右的小撞击坑在百万年后即面目全非。在漫长的地球岁月里，只有少数古老的陨石坑幸运儿能被保存下来，与人类相遇。而白沙陨石坑与岫岩陨石坑（中国首个被证实的陨石坑）相比，其位于热带地区，动植物和水流等的风化作用更为强烈，因此建立白沙陨石坑地质公园对其陨石坑及相关地质遗迹进行保护显得尤为紧迫。白沙陨石坑的成坑过程可以概括为3个阶段：（1）压缩阶段；（2）凿坑阶段；（3）成坑后的改造阶段（图8-1-27）。

1. 压缩阶段

当巨大陨石以16 km/s的速度接触到地球表面，便产生了冲击波，从而把陨石的动能传递到地中，形成数百万帕的冲击压力。这种冲击压力比地表物质的抗压强度大几个数量级，足以使受击岩石破碎、熔融乃至气化（＞600k bar）。

由于地面和陨石表面上有自由表面存在，受冲击之后将产生一系列的膨胀波，使岩土从高压状态下减压。膨胀波的初次出现是由射流显示出来的。这种射流是从陨石与地面之间的接触面上发出的。在所有陨石撞击溅射物中，这种射流物所受压力与温度最高，包括熔化与气化了的陨石及地表物质。冲击波一旦以从陨石背面（后缘）反射回来，压缩阶段就结束了。直径为 10 m 到 1 km 的陨石，其压缩阶段约持续 10.3～10.1 s。

2. 凿坑阶段

单是压缩还不能产生大的陨石坑，成坑机制的关键是压缩冲击波传入地面之后产生的膨胀波。当膨胀波传播时，使受压破碎的岩石减压，并使其被溅射出来，在陨石坑外围形成溅射覆盖层，具有极为特别的放射状系统。溅射碎块在运动中大致保持着它们的相对位置，而着陆是反序的，表层物质落在溅射覆盖层底部，深层物质则落在溅射覆盖层顶部，形成反层序堆积，一些溅射岩块会直接落入陨石坑中，这就被称为冲击角砾岩。

陨石撞击成坑过程示意图

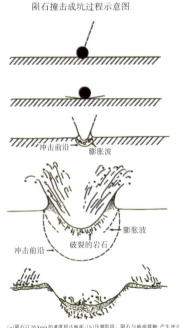

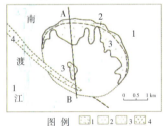

海南岛白沙陨石坑地质简图

图例 ▨1 ▦2 ▤3 ▨4

底盘组合：1-下白垩统紫红色长石石英砂岩；
冲击组合：2-溅射覆盖层；3-冲击角砾岩贯入组合；
4-二长斑岩；圆点线为侧视雷达图像显示的陨石坑岩层；
粗断线为成坑前断层；AB线为地质剖面线位置。

海南岛白沙陨石坑地质剖面图

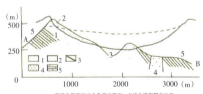

断线为推测的冲击角砾岩顶面，点线为推测陨石坑底。

1-溅射覆盖层；2-冲击角砾岩；3-底盘震裂带；
4-贯入二长斑岩；5-下白垩统紫红色长石石英砂岩；
底盘组合：1-下白垩统紫红色长石石英砂岩；
冲击组合：2-溅射覆盖层；3-冲击角砾岩贯入组合；
4-二长斑岩；圆点线为侧视雷达图像显示的陨石坑岩层；
粗断线为成坑前断层；AB线为地质剖面线位置。

(a)陨石以16 km/s的速度到达地面；(b)压缩阶段。陨石与地面接触，产生冲击波，把陨石的动能传到地面。熔化与气化了的地表物质与陨石物质的射流，从陨石与地表之间的交界面溅射出来。(c)凿坑阶段开始。在冲击波之后，紧接着产生了膨胀波。冲击波溅泡在运行过程中受压与压缩了的物质为膨胀波所驱动。当熔化和冲击了的岩石与地面物质，从扩展着的坑中溅射出来，形成了溅射锥。(d)凿坑阶段继续。在膨胀波之后，物质紧接着沿溅射轨迹被抛射出来。在这一点上，还难以把溅射锥与溅射坑壁区分开来。(e)溅射出来的物质大多数落在撞击坑周围地表，形成溅射物覆盖层。少数溅射物又重新落回到撞击坑内，在坑中形成透镜状角砾。

（根据 Sxcemaker, 1960；Gaul 等, 1968；Denct, 1968 的插图改绘）

图 8-1-27　白沙陨石成坑过程示意图

3. 陨石坑的改造阶段

陨石坑形成后，接着就受到各种各样地质作用的改造。陨石坑在形成之后，立即受重力作用的影响，坑缘岩块滑落、坑壁崩塌，物质向坑内充填等。随之而来的是风化侵蚀作用对陨石坑的改造。

有些陨石坑积水成湖，坑缘碎屑被流水搬运至坑中形成新的湖积层覆盖在回落角砾岩之上。一旦坑缘被侵蚀出现缺口，坑内堆积物就会被流水冲刷并沿缺口向坑外低处泄出，加快对陨石坑的改造。

第二节　儋州蓝洋热矿泉地质遗迹基本特征

热矿泉为地下水沿断裂构造深循环自流流出形成，现全海南岛分布有儋州蓝洋冷热泉，保亭七仙岭温泉，琼海的官塘和九曲江温泉，三亚的南田、林旺、凤凰温泉以及万宁兴隆温泉等30多处。典型的泉水景观地质遗迹主要有儋州蓝洋冷热泉、保亭七仙岭温泉、琼海官塘和九曲江温泉。

一、地理环境特征

（一）交通位置

儋州蓝洋热矿泉地质遗迹区位于儋州市东南部的兰洋镇蓝洋农场，面积8.7 km²，包括蓝洋冷热泉、莲花山、观音洞。距儋州市区约14 km，离海口市约118 km，离洋浦经济开发区约70 km，公路直接到遗迹区，交通便利。其中心地理坐标为109°39′25″E～109°42′16″E，19°25′55″N～19°29′10″N。

（二）自然环境

该地质遗迹区地处热带湿润季风性气候区，夏无酷暑，冬无严寒，阳光充足，雨量充沛，多年平均气温23.5℃。7月平均气温27.8℃，极端最高温度38.1℃；1月平均气温17.5℃，极端最低温度3.2℃。受岛内中部隆起的五指山脉的阻隔，处于背风面，太阳辐射强，光热充足，年平均光照时间在2000 h以上。每年5至10月为雨季，占年降雨量的84%；11月至翌年4月为旱季，占年降雨量的16%；年均降雨量1815 mm。

该区属于兰洋镇管辖，下辖14个村委会81个自然村，常住人口2.6万人，居民以黎族为主。河流主要有蓝洋溪从北向南流过，最终汇入南渡江；

地表水体主要有大王水库和大塘水库。

主要农作物有妃子笑荔枝、龙眼、芒果、香蕉等热带水果及七叶葡萄，农场以种植橡胶为主。区内矿产资源丰富，有大理岩、灰岩、花岗岩等建筑材料，农村主要种植水稻、橡胶、甘蔗等作物，耕作方式落后，生产水平较低下。这里工业主要有水泥厂、家具厂、板材厂等，经济相对发达。随着国际旅游岛及自由贸易港建设的不断加快，这里旅游业的发展非常迅速，电网、水网、路网、网络配套齐全。区内有独具特色的蓝洋温泉宾馆、荔园别墅、蓝洋温泉度假村、地质温泉度假村、蓝洋金融度假中心、温泉公园等旅游设施，形成以温泉公园、莲花山森林、观音洞、松涛水库为中心的风景旅游区。一个规模型旅游度假城悄然崛起，已成为海南西部旅游的排头兵。

该地质遗迹区内野生动物主要有苍鹭、野猪、金钱豹、果子狸、水鹿（俗称"山马"）、猕猴等，其中苍鹭、水鹿、猕猴、穿山甲、蟒蛇等10余种被列为国家保护的珍稀野生动物。距离地质遗迹区不远的光村、洋浦、白马井、排浦等沿海地区，海产资源非常丰富，主要有红鱼、石斑鱼、马鲛鱼、乌鲳、海鳗、海鲶、五刺银鲈、马六甲鲱鲤等鱼类600多种及贝类、藻类等100多种，其中白蝶贝是生产名贵珍珠的贝类，洋浦至排浦一带海域被划为白贝类自然保护区。

（三）　地形地貌

儋州市蓝洋热矿泉地质遗迹位于海南蓝洋温泉国家森林公园内，主要由蓝洋冷热泉、莲花山、观音洞等数十座形貌奇特的山峦组成，地质构成主要为花岗岩和石灰岩。山中峰岭起伏、层峦叠嶂、沟谷纵横。因地质和气候作用，裸露岩石遍布岭谷。该区为剥蚀丘陵地貌，地形起伏不定，最高岭为石景岭，海拔317.8 m，最低为美元河口，海拔152 m，地势总体较缓。

（四）人文概况

儋州调声是儋州民间音乐，被列入第五批省级非物质文化遗产代表性项目名录，是当地具有独特地域风格的传统民间歌曲，产生于西汉时期，在中国近代得到发展。儋州调声用儋州话演唱，节奏明快、旋律优美、感情热烈、可歌可舞，被誉为"南国艺苑奇葩"。它的主要特色是男女集体对唱，把歌唱与舞蹈融为一体。

二、地质及水文地质特征

（一）地质特征

该区位于海南岛东西向王五—文教构造带与昌江—琼海构造带之间的北东向潭爷断陷构造带内。

区域主要出露古生代地层，在南部亦有少量中生代地层。岩浆活动强烈，主要有印支期侵入岩分布。断裂构造发育，且多次活动，控制各类脉岩和热矿水的分布。

1. 地层

（1）志留系：发育不全，仅见上统足赛岭组，分布在西北部龟岭一带。岩性主要为紫红色千枚状红柱石片岩，局部为绢云千枚岩。与上覆下石炭统南好组呈角度不整合接触。厚度＞315.4 m。

（2）石炭系：最为发育，自老至新地层分为下石炭统南好组、青天峡组及上石炭统石岭群下亚群。

南好组：分布于北部马鞍岭及大昌村一带。按其岩性组合，可分为两个岩性段。其一，下部为灰色变质泥硅质砾岩夹长英质砂岩；上部为变质硅质含砂砾岩，偶夹炭泥质板岩；厚度＞464.2 m。其二，下部为深灰—浅灰色结晶灰岩；中部为灰白色石英细砂岩、绢云板岩；上部为灰—深灰色透辉大理岩，与上覆下石炭统青天峡组呈整合接触；厚度＞186.9 m。

青天峡组：广泛出露，构成该区地层之主体。依其岩性组合，可分为两个岩性段。其一，下部为深灰色绢云板岩、含铁质绢云板岩；中部为一层透辉石石英岩；上部为灰黑色绢云碳质板岩；厚度＞659.4 m。其二，中部为透辉透闪石岩、透辉石岩、角岩、透辉石石英砂岩夹含二透石中品条带状灰岩及大理岩，局部见角岩化粉砂岩、角岩化透闪片岩等，厚度＞553.5 m；上部为一套碳质泥砂质板岩、绢云千枚岩、夹绢云石英细砂岩、粉砂质泥灰岩，厚度1242.9 m。

上石炭统石岭群下亚群：小面积出露于南部。岩性主要为含炭硅质板岩、含碳质板岩。与下伏青天峡组呈连续沉积；在图幅东南部被侏罗—白垩系鹿母湾组呈角度不整合覆盖。厚度＞548 m。

（3）侏罗系—白垩系：分布于东南部，为一套河流相碎屑岩，称鹿母湾组。根据岩性，分为两段。

鹿母湾组一段（J_3-K_1l^1）：为晚侏罗世——早白垩世沉积，岩性为复成分岩、砂砾岩，含砾岩屑砂岩、粉砂质泥岩。与下伏石炭系青天峡组、石岭群下亚群呈角度不整合接触。厚度146.5 m。

鹿母湾组二段（K_1l^2）：为早白垩世沉积，岩性为岩屑长石砂岩与铁泥质岩互层。厚度不详。

（4）第四系上全新统冲洪积层（Qh_3^{pal}）：零星分布于区内沟谷及水系附近。为冲洪积砂砾石层及红色亚砂土、含砾砂土，河床砂砾石层及腐殖土。厚度1.2～1.4 m。此外，区内基岩风化的残坡积松为堆积物，广泛分布，厚度不一。

2. 侵入岩

侵入岩广泛出露于北东及北西部，其同位素年龄为307～223 Ma，属海西—印支期产物（主体侵入期为印支期），侵入岩划分为2个超单元4个单元。此外，还有各类脉岩分布。

（1）合罗超单元：出露于番宝村附近，侵入于青天峡组三段中。岩石为细粒石英闪长岩，呈灰色—灰黑色，具半自形粒状结构，块状构造。矿物组合为斜长石（5%～60%）、以通角闪石为主的暗色矿物（20%～25%）、石英（<10%）。属海西期产物。

（2）昆仑超单元：分布广，见美合、竹山岭、大王岭等3个单元出露。

美合单元：主体分布于南报村北，岩石类型为中粗粒斑状二长花岗岩，具似斑状结构，块状构造。斑晶主要为微斜长石，大小为4 mm×10 mm；基质粒径一般为35 mm。矿物成分为斜长石（40%）、微斜长石（25%～30%）、石英（20%）、黑云母（<10%）等。为印支期第二次侵入。

竹山岭单元：分布于中西部，岩石类型为中细粒斑状二长花岗岩，常见似斑状结构、交代结构，块状构造。矿物成分主要有钾长石（40%）、斜长石（25%）、石英（3%）、黑云母（<5%）等，副矿物有黄铁矿、钻石、磷灰石及金红石等。属印支期第三次侵入。

大王岭单元：主要分布于东北部大王岭、东部水南农场、西部蕉排岭与墩响、北部打田一带，岩石类型为中细粒二长花岗岩，具他形、半自形中细粒结构及碎裂花岗结构，块状构造。矿物成分主要有钾长石（47%）、斜长石（23%）、石英（25%）、黑云母（5%）等，含微量磁铁矿、钻石、磷灰石等。属印支期第四次侵入。

（3）脉岩：发育、分布广泛，受断裂构造控制明显。主要有石英脉、石英斑岩脉、花岗细晶岩脉、石英—煌斑岩复合脉及脉状基性潜火山岩等。

石英脉：分布广泛，以北东及北北东走向者最发育。单脉长度从数十米到数千米，宽度从几厘米到数米，个别地段膨大10余m（厚仁岭、老村等地）。白色，块状构造，石英颗粒大小不均，呈他形及半自形状。

石英斑岩脉：分布于加答、蓝洋农场场部至沙田村一带，呈脉带产出，沿F1断层破碎带充填。

石英—煌斑岩脉：主要分布于美合、大王岭单元侵入体中，沿北北东向断裂充填，又被北西向断裂切割石英脉及煌斑岩脉构成复合脉体。岩石具灰黄色，煌斑结构，块状构造，斑晶由角闪石组成，含量10%左右，基质为斜长石和角闪石。

脉状基性潜火山岩：分布于西南油文村一带，呈脉状、透镜体产出。宽50～150 m，长1～2.5 km，单体脉宽2～4 m，长数米至数百米，断续相连。分布在青天峡组三段板岩、千枚岩中，岩石受变形变质较强，片理发育。岩石类型为斜长阳起石岩。代表了海西期早期岩浆—火山活动。

3. 地质构造

该区域地层一般为单斜构造，北东走向，倾向南东，倾角25°～35°，北部南江村及中部沙田一带局部地层小褶曲。断裂构造发育，此外还有线理、劈理出现（图8-2-1）。下面重点讨论断裂构造。

（1）北西向断层发育，主要走向310°～330°，见F1、F2、F5、F10，规模大小不等，多具左行扭动特征，并切割了其他方向的断层。

F1：位于南江村、加答、蓝洋农场、沙田一线，总体走向310°～325°。倾向南西，倾角75°～88°，长度约8.8 km，断层破碎带宽度50～100 m，沿破碎带有一系列温泉出露，是一条导水控热断裂。

F2：展布于海孔村—大岭—油南岭一线，走向325°，倾向南西，倾角60°，区内长度约14 km，为平移断层。沿断层发育有宽约50 m的构造破碎带，带内为构造角岩，并有石英脉、重晶石脉等充填。

（2）北东向断层，包括F3、F4、F8、F6、F7、F13断层，现选择其代表描述如下。

F3：展布于厚仁村旧址一带，走向50°，倾向北西，倾角60°，长度4.5 km，切割石炭系南好组和印支期岩体。沿断层岩石破碎，可见构造角砾岩。地貌为宽缓的沟谷，航片线性构造较清晰。断层附近石英脉发育。为正断层。

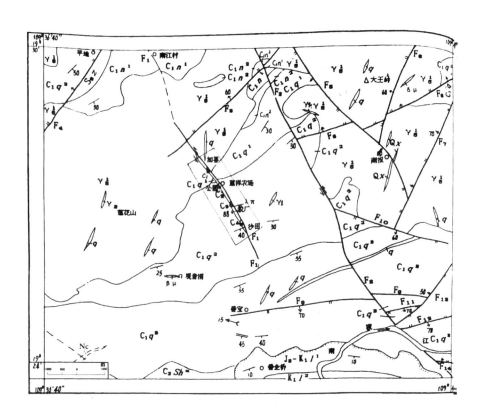

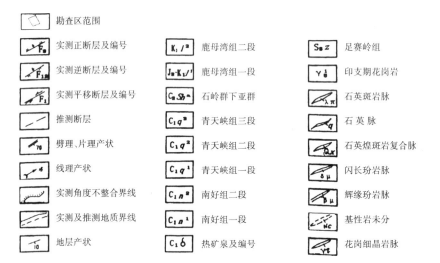

	勘查区范围					
	实测正断层及编号	K_1l^2	鹿母湾组二段	$S_s z$	足赛岭组	
	实测逆断层及编号	$J_s-K_1l^1$	鹿母湾组一段	γ_5^1	印支期花岗岩	
	实测平移断层及编号	$C_s Sh^a$	石岭群下亚群		石英斑岩脉	
	推测断层	C_1q^3	青天峡组三段		石英脉	
	劈理、片理产状	C_1q^2	青天峡组二段		石英煌斑岩复合脉	
	线理产状	C_1q^1	青天峡组一段		闪长玢岩脉	
	实测角度不整合界线	C_1n^2	南好组二段		辉绿玢岩脉	
	实测及推测地质界线	C_1n^1	南好组一段		基性岩未分	
	地层产状	$C_1\delta$	热矿泉及编号		花岗细晶岩脉	

图 8-2-1　儋州蓝洋热矿泉地质遗迹区区域地质图

F4：沿平地—蓝洋农场四队一线展布，走向35°，倾向南西，倾角75°，区内长度约4 km，两端均延出区外。沿断裂发育有20～50 m 宽的构造破碎带。在航片上，线性特征明显，地貌上为一系列沟谷和陡崖。为正断层。

（3）近东西向断层，包括F9、F11、F12、F4断层，主要见于东南角，现择其代表描述如下。

F9：展布于番宝—乌龟岭一带，呈近东西向沿山脊延伸，长度7 km，断面南倾，倾角70°，断于青天峡组三段内。沿断层发育有宽约200 m的构造破碎带。断层两侧具片理化带，并有石英脉充填。为正断层。

F12：展布于南渡江北侧，长度1.6 km，走向75°，断面倾向东南，倾角70°，切割青天峡组三段。沿断层发育有宽约100 m的构造破碎带。岩石强烈片理化。为正逆层。

（二）水文地质特征

蓝洋热矿水的分布与赋存均受控于F1断层及其破碎带。

1. 热矿水的分布

（1）热矿泉、热水孔（井）等热矿水点均分布在F1断层破碎带或断层上盘。区内共发现水温40℃以上的热矿泉（群）7处，所施工的17个水文地质钻孔中有9个为40℃以上的热水孔，此外还有40℃以上的民井1口。以上17处水温40℃以上的热矿水点均分布在F1断层及其上盘裂隙发育的岩层中。

（2）沿F1断层从北西向东南3.7 km范围内，大致等距分布着加答、公园、胶厂、沙田等4个热矿水块段。4个块段总体水温各不相同，公园为70℃～80℃，加答和沙田块段为50℃～60℃，胶厂块段为40℃～50℃，各块段相互间水力联系较弱。

（3）在剖面上，胶厂（ZK10-1）热矿水主要分布在孔深30～70 m段，加答（ZK8）则主要分布于孔深40 m以下，公园（ZK9等）分布在孔深140 m以下。

2. 热矿水的赋存

（1）热矿水的赋存介质既有加答、沙田、公园块段的二长花岗岩、石英斑岩等块状石，如ZK8、ZK9孔、C4泉口所见；又有胶厂块段的结晶灰岩、大理岩、角岩等层状石，如ZK10、ZK10-1、ZK7孔所见。块状岩石中的热矿水为典型的裂隙水，层状岩中的热矿水则为裂隙溶洞水。

（2）热矿水虽然赋存在同一断层破碎带中，但和一般基岩裂隙水（或裂溶洞水）一样，其富水性仍存在极大的非均一性。当钻孔揭露到热矿水主裂隙时，水量丰富，否则水量贫乏。如公园ZK9孔，单位涌水量46.57 $m^3/d \cdot m$，而距ZK9孔约6 m的ZK9-2孔，单位涌水量仅8.74 $m^3/d \cdot m$。在水力性质上也显示了裂隙水脉状分布的特性，如胶厂块段相距仅4 m的ZK10孔与ZK10-1孔，在抽水前水位基本一致，抽水后前者水量为1605.3 m^3/d，水位下降4.83 m，水温不变为46.5℃；后者水量为935.7 m^3/d，水位下降9.65 m，且水温从46.5℃降至41℃。

（3）热矿水水温由于赋存条件的差异，深部热水与浅部冷水的混合比例不一，不仅形成了4个水温不同的块段，即使是同一块段，不同泉、孔温度亦各不相同，同一泉群中，不同泉眼温度亦不同。

3. 热矿水补径排条件

蓝洋地区雨量充沛，多年平均降雨量为1691.33 mm/a，地下水补给来源充沛，浅层地下水径流途径短，水交替强烈；深层地下水径流途径长，水交替缓慢。地球化学研究表明，热矿水来源于大气降水，补给高度约580 m，并认为距离热矿水区北西约15 km的纱帽岭一带山区为主要的补给区。

要达到热储最高温度214℃，在略高于平均地热梯度（3.5℃/100 m）的大地热流背景值下，地下水循环深度约为5 km。区域的新开田断裂及F1断层为深循环的地下水运移、集中创造了良好的条件。它们在排泄区也是热矿水上涌的良好通道。热矿水自北西向南东径流。

地下水在纱帽岭一带山区接受大气降水补给后，在沿新开田断裂不断向蓝洋热田运移的过程中，随着深度的增大，由岩石中获取热量，形成热水，并在约5 km深部达到214℃左右。后沿F1断层与新开田断裂交汇所形成的高渗透带上涌，在上涌的过程中与浅部的常温水混合并沿F1断层由北西向东南运移。由于常温水（冷水）混合的比例不一，形成了沿F1断层分布的温度各异的热矿水块段。

深循环的热矿水在浅部与常温水混合后沿F1断层由北西向东南径流。一方面在F1断层破碎带形成热水储；另一方面在压力差的作用下，一部分热矿水逐渐过渡为常温水并随常温水排泄于地表，另一部分则以温泉的形式排泄于河谷等地形低洼处。

三、地质遗迹景观及人文景观特征

（一）地质遗迹景观特征

蓝洋热矿泉地质遗迹区主要景点有温泉景观、冷热泉、莲花山、观音洞及人文景观等，其中温泉景观、冷热泉位于蓝洋温泉区，莲花山、观音洞位于蓝洋温泉区西南4 km处，都属于蓝洋温泉国家森林公园区。

1. 温泉景观

蓝洋地区分布有温泉泉眼的区域共7处25眼，温度在40℃～93℃，总的自流量达979 m³/d。其中温泉公园区分布有8眼，温度最高，流量最大，每天都有大量的热矿水自流，流量为485 m³/d，温度93℃，泉眼处可见水汽蒸腾，景观华美，宛如仙境（图8-2-2）。这些温泉水质好，无色无味，而且其中还含有对人体有益的特殊元素和组分，如氟、硅酸、氡，其中氡水具有较高的医疗价值，经常用含有适度氡的热水洗浴，不仅能促进人体内的新陈代谢，改善循环系统，同时对心血管病、高血压、风湿病、慢性消化道疾病、糖尿病、神经症等均有一定的疗效。

图8-2-2　温泉公园自流热泉

2. 温泉火锅

沿着温泉公园大门的石阶缓步而下，可看到一六角亭榭，旁边的温泉热气腾腾，附近有几个圆形的平台，有人在那里煮鸡蛋、涮火锅（图8-2-3），好生新奇。当地人说，这里的水质好，人们的身体都非常健康，老人也很长寿。

图 8-2-3　温泉火锅泡蛋

3. 冷热泉眼

蓝洋温泉公园形状似盆形，盆底的一侧便是"冷热泉眼"（图 8-2-4）。这里冷泉与热泉紧相邻，左为热泉，温度在 48℃，右为冷泉，温度在 28℃，两泉距离约 1 m，均为天然泉眼露头，有一石之隔，号称"天下一绝"。

图 8-2-4　蓝洋温泉公园冷热泉

4. 莲花山

在蓝洋温泉公园西南约 4 km 处是莲花山景区。该景区曾因石灰岩矿石被大肆开采，留下了 6 个巨大的矿石坑。近年来，以"旅游＋矿山修复"的方式发展生态养生旅游和休闲旅游，重点修复莲花山境内 6 处破碎的山体及矿坑，同时注入文化元素，将废弃矿坑打造为文化养生旅游景区（图 8-2-5）。

如今，矿坑变成水上剧场，景区满目葱茏，绿水常青。以硅化木为代表的地学科普文化（图8-2-6）和以福、寿、孝、学等为主题的传统文化与景区有机融合，吸引了大量游客。在这里，真正体现出了"绿水青山就是金山银山"的价值观。

图8-2-5　矿坑生态公园

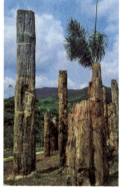

图8-2-6　硅化木展区

5. 观音洞

莲花峰上的观音洞，古木苗郁，四季山花烂漫。观音洞口共有3处，相距约60 m，溶洞宽大，长500 m、宽6 m多，高达10 m，洞内分为3层，其中中层较大，内有一厅，长15 m，宽6 m，高10 m。厅内壁岩面沟沟纹纹，图案奇特。

观音洞由上、中、下3层洞道组成。除上层洞为单一通道外，中、下层洞道支洞发育，或彼此相互平行或交错重叠，构成空间结构较为复杂的迷宫状通道系统。观音洞最低一层洞道较为低矮，长153.5 m，洞道一般高2～4 m，宽1～2.5 m。

图8-2-7　观音洞平面略图

第二层高出第一层3～4 m，长242 m，其中发育有可容纳几十人的小厅堂，洞体较高大，洞道一般高1.5～6 m，最高达10 m，宽1.5～3 m，最宽6 m。中层洞是游览观光的主体，也是观音洞的精华所在。上层洞高出中层洞4～6 m，顺裂隙发育，呈扁平状，长仅36 m，洞道一般高1.2～1.5 m，宽0.8～1.3 m（图8-2-7）。

溶洞3层互相连贯，洞穴纵横交错，曲幽宁静。洞底平坦，行走方便。

观音洞内冬暖夏凉，通风良好，奇形怪状而形象各异的景观就有几十处，可谓步步有景，处处奇特。洞内有处温泉小眼常年滴水，当地人说这是观音菩萨留给后人的延年益寿的甜水。洞顶有幽洞通天，阳光由此射入，洞天相通，奇妙异常。这里一年四季吸引来的客人还真不少。

观音洞洞穴系统有5个天然洞口（图8-2-8），分别位于石屋岭东西两侧，1个在西，另外4个朝向东，海拔分别为199.8 m（西洞口）、198.85 m（上层洞口）、198.85 m（上层洞口）、198 m（中层洞口）、194.35 m（铁门，中层洞口）。另外，东侧还有1个洞口（东南口），海拔192.99 m，洞道长16 m，前方遭黏土堵塞。纵观整个观音洞，呈东北至西南走向，局部洞段呈东西走向，全长431.5 m，洞底总面积488 m²，在海南省属于规模较大的岩溶洞穴。

图8-2-8　观音洞入口

（二）人文景观特征

该区与儋州峨蔓火山地质遗迹处于同一地区，其人文景观基本相同，在此不做累述。

四、地质遗迹价值特征

（一）自然属性

1. 科学性

儋州蓝洋热矿泉地质遗迹区包括蓝洋温泉、冷热泉、莲花山、观音洞，出露志留系片岩、绢云母千枚岩，石炭系青天峡组透辉透闪石岩、透辉石岩、角岩、透辉石石英砂岩、中晶条带状灰岩及大理岩。蓝洋地区分布有温泉泉眼的区域有7处共25眼，其中温度最高达93℃。还有冷热泉眼，冷泉与热泉紧相邻，左为热泉，温度48℃，右为冷泉，温度28℃，距离约1 m，均为天然泉眼露头，有一石之隔，号称"天下一绝"。总体而言，具有较高的科学研究价值。

2. 观赏性

该区温泉、冷热泉、氡泉、莲花山、观音洞等景色优美，极具观赏性，具有较高的观赏价值。

3. 规模面积

儋州蓝洋热矿泉地质遗迹区总面积为8.7 km²，属儋州市管辖。区内有较条带状的热矿泉、冷热泉、观音洞、莲花山风景区，热矿泉保存完好。

4. 完整性和稀有性

热矿泉虽然在海南岛较为普遍，但该处热泉富含氡元素；观音洞内溶洞3层互相连贯，洞穴纵横交错，曲幽宁静，这些为海南省内稀有。莲花山、观音洞虽然因为采矿活动对其地质环境有所破坏，但经过地质环境修复，溶洞基本保持完整，业已成为一大景点，开创岛内地质环境修复与人类和谐先例。

5. 保存现状

蓝洋热矿泉地质遗迹区现已是省级自然保护区，没有人为破坏行为，自然状态保持良好。

（二）社会特征

1. 通达性

儋州蓝洋热矿泉地质遗迹区位于儋州市东南部的兰洋镇蓝洋农场，包括蓝洋冷热泉、莲花山、观音洞。距儋州市区约14 km，离海口市约118 km，离洋浦经济开发区约 70 km，距离洋万高速出口处约 1 km，交通便利，通达性好。

2. 安全性

该地质遗迹区的热矿泉位于场部的公园内，其他泉眼未做任何保护，处于原生状态，偶有村民和游客去泉口处泡温泉，由于泉眼温度较高，存在一定危险，采取措施可控制。

3. 可保护性

该地质遗迹区位于儋州市莲花山国家级森林公园内，莲花山、观音洞受破坏较大，但又产生新的景观如观音洞、莲花山水上剧场，采取有效措施能够得到保护，存在一些自然破坏因素，可通过人类工程加以保护。

五、典型泉水景观遗迹成因

（一）地热热源

该地质遗迹区广泛分布有侵入岩，出露于北东及北西部，其同位素年龄为 307～223 Ma，属海西—印支期产物（主体侵入期为印支期），属于较年轻的侵入岩。其内部还有较多的热能未能及时性释放，保留于岩石体内，这样对地下水有加热作用，成为该区地下水的主要热源。

（二）控热控水断层

蓝洋热矿水受控于 F1 断层及其破碎带，热矿泉、热水孔（井）等热矿水点均分布在 F1 断层破碎带上。区内共发现水温 40℃以上的热矿泉（群）7 处，水文地质钻孔中有 9 个为 40℃以上的热水孔，此外还有 40℃以上的民井 1 口。这些热矿水点均分布在 F1 断层破碎带及裂隙中。

热矿水接受大气降水补给，经过深度循环，吸收地球内部热源及含热岩石中的余热，大气降水不断被加热，再沿 F1 断层破碎带往上运移，在合适位置（如断层破碎带、岩层节理、裂隙）出露于地表，从而形成热泉，或是通过钻孔揭露破碎带，地下热水沿钻孔往上涌，在地压作用下流出地表，从而形成热泉（井）。

（三）地下水补径排条件

蓝洋地区雨量充沛，多年平均降雨量为 1691.33 mm/a，地下水补给来源充沛，深层地下水径流途径长，水交替缓慢。地球化学研究表明，热矿水来源于大气降水，补给高度约580 m，在距离热矿水区北西约15 km的纱帽岭一带山区为主要的补给区。

要达到热储最高温度214℃，在略高于平均地热梯度（3.5℃/100 m）的大地热流背景值下，地下水循环深度约为5 km。新开田断裂及F1断层为深循环的地下水运移、集中创造了良好的条件。它们在排泄区（蓝洋农场）有热矿水上涌的良好通道，从而形成蓝洋地热田。

地下水在纱帽岭一带山区接受大气降水补给后，在沿新开田断裂不断向蓝洋热田运移的过程中，随着深度的增大，由岩石中获取热量，形成热水，并在约5 km深部达到214℃左右。后沿F1断层与新开田断裂交汇所形成的渗透带上涌，在上涌的过程中与浅部的常温水混合并沿F1断层运移。深循环的热矿水在浅部与常温水混合后沿F1断层由北西向东南径流。一方面在F1断层破碎带形成热水储；另一方面在压力差的作用下，一部分热矿水逐渐过渡为常温水并随常温水排泄于地表，另一部分则以温泉的形式排泄于河谷等地形低洼处。

第三节　琼北大地震地质遗迹基本特征

一、地理环境特征

（一）交通位置

琼北大地震地质遗迹区位于海口市琼山区演丰镇，东寨港西侧，中心地理坐标为110.5°E，20°N，距离海口市区26 km，有城市主干道通达，交通十分方便。

（二）自然环境

该地质遗迹区属于热带季风气候，年平均气温为23.8℃（7月平均气温28.4℃，1月平均气温17.1℃），年降雨量1700 mm，雨季多台风，带来狂风暴雨。海水温度最高32.6℃，最低14.6℃，平均24.5℃。

区内有马陵沟，演洲河，三江河，演丰东、西河，桃兰溪，此外还有若干短小河道流经东寨港国家级自然保护区入海。

该区已划于海南东寨港国家级自然保护区，主要保护对象有沿海红树林生态系统、以水禽为代表的珍稀濒危物种及区内生物多样性。

区内有红树植物19科35种，其中真红树植物11科23种，半红树植物9科12种（其中真红树白骨壤和半红树许树同属马鞭草科），占全国红树林植物种类的97%，其中海南海桑、水椰、卵叶海桑、拟海桑、木果楝、正红树、尖叶卤蕨、瓶花木、玉蕊、杨叶肖槿和银叶树等11种为中国红树林珍稀濒危植物。

区内有栖息的鸟类194种，其中鸟类珍稀物种包括黑脸琵鹭、白腹鹞、白头鹞、斑头鸺鹠、橙胸绿鸠、鹗、褐翅鸦鹃、黑翅鸢、黑鸢、红隼、黄嘴白鹭、灰雁、领角鸮、绿嘴地鹃、普通鵟、小鸦鹃、游隼和原鸡等18种国家二级保护鸟类。区内最常见的鸟类有池鹭、小白鹭、大白鹭、牛背鹭、夜鹭、苍鹭、绿鹭、绿翅鸭、红脚鹬、青脚鹬、丝光椋鸟、棕背伯劳、铁嘴沙鸻和蒙古沙鸻等。

区内有鱼类103种，主要有鲷鱼、鲻鱼、中华乌塘鳢（土鱼）、中华豆齿鳗（土龙）和鲈鱼等。螃蟹主要有锯缘青蟹、沼潮蟹和相手蟹等；虾类主要有斑节对虾、口虾蛄和鲜明鼓虾等。

区内有软体动物115种，主要有莱彩螺、紫游螺、斑肋滨螺、黑口滨螺、粗糙滨螺、红树蚬、棒锥螺、瘤背石磺、毛蚶、泥蚶、海月、近江牡蛎、僧帽牡蛎、团聚牡蛎、胖紫蛤、缢蛏、长竹蛏、文蛤、红肉河蓝蛤和珠带拟蟹螺等。

海南东寨港国家级自然保护区重点保护对象红树林是热带和亚热带海岸特殊的森林植物群落，中国仅在南方少数省区的沿海有所分布。

东寨港及其附近的海滩上尚保存有面积较大、生长良好的红树林，且红树林树种之多，为中国之最，全球红树林树种有40多种，中国分布有24种，而东寨港就有19种。该保护区的建立对保护生物多样性和维护海湾生态平衡等方面都有重要作用。该区红树林群落主要有（1）木榄群落，（2）海莲群落，（3）角果木群落，（4）白骨壤群落，（5）秋茄群落，（6）红海榄群落，（7）水椰群落，（8）卤蕨群落，（9）桐花树群落，（10）榄李群落，（11）红海榄＋角果木群落，（12）角果木＋桐花群落，（13）海桑＋秋茄群落；红树品种主要有红海榄、木榄、尖瓣海莲、角果木、秋茄、白榄、海骨根、海漆、桐花树、老鼠勒、水柳、王蕊、海芒果等。

（三）地形地貌

该区地势平坦，总体坡度小于5°，海岸线曲折多弯，海湾开阔，形状似漏斗，滩面缓平，微呈阶梯状，有许多曲折迂回的潮水沟分布其间。涨潮时沟内充满水流，滩面被淹没；退潮时，滩面裸露，形成分割破碎的沼泽滩面。红树林就分布在海岸浅滩上。海岸地区是微咸沼泽地，海湾水深一般在4 m内，海水含氯量最高为33.44‰，最低为9.3‰，平均为21.86‰。地貌类型属于滨海平原。

（四）人文概况

琼北大地震地质遗迹区紧邻东寨港国家级自然保护区，主要保护对象有沿海红树林生态系统、以水禽为代表的珍稀濒危物种及区内生物多样性。

此处与文昌市铺前镇相望，饮食与建筑等文化同文昌市铺前镇多有相似，比较有代表的是糟粕醋、骑楼建筑等。

二、地质及水文地质特征

（一）地质特征

该区域范围是110°30′00″E～110°40′00″E，19°40′00″N～19°55′00″N（图8-3-1）。

区域主要出露地层有第四系烟墩组、八所组、北海组。岩浆活动较强烈，主要有岩浆岩、玄武岩分布。断裂构造发育，且多次活动，是造成大地震的主要因素。

1. 地层

（1）第四系烟墩组：分布于区域北西部、中部及南部区域，出露面积较小，岩性主要为砂砾、砂、黏土、海滩岩，厚度＞10 m。

图8-3-1　琼北大地震地质遗迹区区域地质图

（2）第四系八所组：分布于区域东部锦山—禄家—竹山一带，出露面积较大，岩性主要为亚砂土、砂、砂砾，厚度＞10 m。

（3）第四系北海组：分布在区域北部高峰—东坡一带，出露面积较大，岩性主要为粉细砂、含细砾中粗砂，厚度＞10 m。

2. 玄武岩

主要为多文组玄武岩，分布于区域西部、南部演丰地区，出露面积较大，岩性主要为橄榄玄武岩、橄榄辉石玄武岩、粗玄岩，厚度＞50 m。

3. 岩浆岩

岩浆岩分布于区域东南部，出露面积较小，岩性主要为黎母岭组粗中粒巨斑状角闪黑云母二长花岗岩，厚度不详。

4. 地质构造

该区域内分布有4条较大的断裂构造，其中以光村—铺前断裂为主。

光村—铺前断裂为一条隐伏的近东西向活动断裂，总体走向北东东（80°～85°），倾向北，陡倾角。断裂下盘（南侧）上升，上盘（北侧）下降，为一正断层。该断裂西起儋州光村，东至文昌铺前，两头延伸海域，陆地长度约100 km。在卫星相片上呈一条近东西向的线性影纹，北侧为浅色调影像，南侧为深色调影像。地球物理特征表明，光村—铺前断裂位于琼东北和琼西北重力高值区北缘之北东东向的重力异常梯度带中。居里面反馈结果也反映该断裂位于北东东向的琼北—七洲列岛居里面隆起与北部湾—琼州海峡居里面拗陷的梯级带中。在此梯级带中，居里面等值线突变，反差强烈，反映该地带的热动力差异变化急剧，是热能高度积聚的活动地带。

光村—铺前断裂沿走向被晚期的北西向断裂切割，平面上不连续。钻探和人工地震证实，该断裂带由多条断裂组成，其深度达30 km，为一切穿地壳的深大断裂。沿断裂走向多处均有断点，在东坡断距为150 m，断面倾向南；在琼山断距200 m，断面倾向北，倾角80°。钻孔资料表明，断裂南侧地层明显抬升，北侧下降。

光村—铺前断裂是一条规模大、切割深的晚第四纪以来仍在活动的断裂。该断裂的分段差异和活动强度差异在走向上显示了东强西弱的特点，这与在该断裂带上发生的历史地震及地震活动的强弱水平分段是一致的。在这条断裂带上，历史上发生了1605年琼山7.5级、1618年老城5.5级、1913年海口5级等破坏性地震，是琼北地区最重要的一条发震控震构造。

（二）水文地质特征

根据含水层岩性及地下水赋存条件，该区域地下水类型主要有基岩裂隙水、松散岩类孔隙潜水以及琼北承压水含水层。

1. 基岩裂隙水

基岩裂隙水分布于区域西部、南部演丰地区及大致坡地区，岩性主要为多文组玄武岩的橄榄玄武岩、橄榄辉石玄武岩、粗玄岩，以及黎母岭组粗中粒巨斑状角闪黑云母二长花岗岩。

地下水主要接受大气降水及地表水体补给，赋存于玄武岩裂隙、孔洞以及花岗岩基岩裂隙中，沿玄武岩裂隙、孔洞以及花岗岩基岩裂隙径流，最终排泄入大海。富水性与岩体裂隙发育程度相关，总体上富水性弱。

2. 松散岩类孔隙潜水

松散岩类孔隙潜水分布于区内西北部、东部及南部滨海区，为第四系全新统、八所组、北海组，岩性为砾砂、中粗砂等。地下水主要赋存于该层的砂砾、砂孔隙中，主要承受大气降水的补给，往海的方向径流，在低洼处排泄出地表，汇入地表河，最终流入南海。富水性与含水层厚度相关，总体上富水性中等。

3. 琼北自流盆地承压水含水层

该含水层分布在区域西部以西，为第三系海口组贝壳碎屑固结类和松散类，岩性为砂砾石、含砾中粗砂等，分属琼北自流盆地第一、第二、第三承压含水层。

第一承压含水层：分布在演丰地区，承压水赋存于海口组贝壳砂砾、岩贝壳砂岩中，厚度 6～29 m，一般 13 m，埋深 10～114 m，一般 23～40 m，水位埋深 0.4～43.56 m，顶板标高 2～63 m，往南西及西 3 个方向逐渐变深，含水层向北西沿海倾斜。该含水层富水性中等，主要受厚度、透水性及所处汇流部位控制。第一隔水层岩性为页状黏土、亚黏土，厚度一般 16～35 m。

第二承压含水层：承压水赋存于海口组贝壳砂砾、岩贝壳砂岩中，厚度 4～91 m，埋深 15～209 m，水位埋深 5.7～18 m，一般 20 m，顶板标高 0.69～12 m，单位涌水量一般为 345 m³/d·m。该含水层富水性丰富，主要受厚度、透水性及所处汇流部位控制。第二隔水层岩性为页状黏土、亚黏土，厚度较大。

第三承压含水层岩性主要为中粗砂、含砾中细砂，厚度40~226 m，水位埋深4.59~43.58 m，水位标高1.6~18 m。该含水层富水性丰富。

3个含水层的补径排条件基本相同，主要靠火山口群潜水垂直补给，其次是南部边缘第四系潜水侧向渗入。火山岩高台区，上层水垂直补给下层水；滨海平原区，地下水位下层比上层高，下层水越流补给上层水。

三、地质遗迹及人文景观特征

（一）地质遗迹景观特征

1605年7月13日（明万历三十三年五月二十八日），广东海南岛文昌、琼山一带发生7.5级地震。对于这次大地震，多个史料包括《琼州府志》《琼山县志》和《文昌县志》等均有记载。

震中位于今天的海口市琼山区东寨港西侧，震级约8级，烈度11度，震感北达600余 km外的湖南临武县，6度破坏范围到300余 km外的广西陆川、博白及广东的阳江一线。震区为如今一片汪洋的铺前湾、东寨港、北创港和东营港，面积逾100 km²，最大下陷幅度达9 m。

这次大地震导致72个村庄沉没海底，3300人死亡。这是我国地震历史上唯一一次导致陆陷成海的大地震。陆地沉陷幅度一般在3~4 m，陆陷成海的最大幅度在10 m以上。震区内除逾100 km²的陆地深入海底外，还有上千平方千米的陆地也有不同程度的下沉。原先是一条陆地上的小河沟，瞬间变成今日的东寨港；原先是陆地上的72个村庄，永远陷落大海，成为稀世罕见的海底村庄。唯一"幸存"的是距文昌铺前镇1.5 km的琼山区北港岛、浮水墩，它们沉而不灭，孤浮海面。

1. 海底村庄遗址

如今在退潮时，从铺前湾至北创港东西长10 km、宽1 km的浅海地带可见平坦的古耕地阡陌纵横；从东寨港至铺前湾一带海滩上，古村庄废墟遗址隐约可见；透过海水，可见玄武岩的石板棺材、墓碑、石水井和舂米石等有序排列；离东寨港不远的海滩上，有1座以方石块砌成的保存完整的戏台。在铺前湾以北4 km处，有古"仁村"沉陷遗址，透过10 m深的海水，当年村庄的庭院、参差的房屋及一些生活用品遗迹依稀可辨（图8-3-2）。

这个集自然、历史、人文内涵于一体的古地震遗址——海底村庄已成为奇特的水下景观，具有重要的科研价值、考古价值和旅游观赏价值。

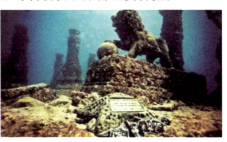

图8-3-2　海底村庄　　　　　　　图8-3-3　四柱三孔的"贞节牌坊"

2. 地震裂沟

在铺前湾与北创港之间的海底下，一座雕工精细、四柱三孔的"贞节牌坊"仍竖立于水中（图8-3-3）。横贯于东寨港海底的"绝尾沟"是地震留下的，深10多m，宽20多m。在裂沟东侧的古河道上，至今仍有一座石桥横跨河道两旁（图8-3-4）。

图8-3-4　琼北大地震留下的裂沟

（二）人文景观特征

数百年前的琼北大地震给震区带来空前绝后的灾难，也给劫后余生的村民奉上丰富的海洋资源，地震后形成的海湾生长着茂密的红树林，翠绿的枝叶簇拥成为壮观的"海上森林"，不仅能防浪护堤，还是鱼虾繁殖栖息的理想场所，村民依靠大自然赐予的财富生活下来，以海水捕捞、养殖和第三产业为主。

近几年来，国内外游客纷纷慕名到海底村庄参观、探古。他们深深地被这片神秘莫测的地震遗址吸引着。他们凭吊当年因地震灾害沉于海底的古人，也倾心如今这个风景宜人、水晶宫般美丽奇特的旅游胜地（图8-3-5）。

图 8-3-5 海上森林——"红树林"

四、地质遗迹价值特征

(一) 自然属性

1. 科学性

在海口市琼山区演丰镇，东寨港西侧，1605年的大地震导致72个村庄沉入海底，这是我国地震历史上唯一一次导致陆陷成海的大地震，具有较高的科研价值。

2. 观赏性

震后的海底村庄遗址已成为奇特的水下景观。透过海水，可见"贞节牌坊"、石板棺材、墓碑、石水井和舂米石等有序排列，有古"仁村"沉陷遗址，透过10 m深的海水，当年村庄的庭院、参差的房屋及一些生活用品遗迹依稀可辨，极具观赏性。

3. 规模面积

琼北大地震震区位于今海口市琼山区东寨港西侧，震级约8级，烈度11度。遗址即今天一片汪洋的铺前湾、东寨港、北创港和东营港，面积逾100 km²，最大下陷幅度达9 m。

4. 完整性和稀有性

琼北大地震遗址现保存完整，之前有专业的考古队下潜考察，古遗址依稀可见。这是我国地震历史上唯一一次导致陆陷成海的大地震，具有稀有性。

5. 保存现状

琼北大地震遗址由于存在于水下，人类活动对其破坏不易，且周边已设立东寨港国家级自然保护区，没有人为破坏行为，自然状态保持良好。

（二）社会属性

1. 通达性

琼北大地震遗址地质遗迹区位于海口市琼山区演丰镇，在东寨港西侧，距离海口市区 26 km，有城市主干道通达，交通十分方便，通达性好。

2. 安全性

琼北大地震遗址地质遗迹区现已沉入海底，长期受海水浸泡，有一定危险，可控制性差。

3. 可保护性

琼北大地震遗址地质遗迹区现已沉入海底，长期受海水浸泡，受人类活动影响小，可保护性较强。

五、 地质遗迹成因

（一）发震构造

东寨港—清澜港断裂带是琼北地震的主要发震构造，质软的内地层结构作为基础条件，不稳定的区域成为诱发线，1605 年的琼北大地震就是因此而形成。

（二）构造应力

琼北大地震的发震断裂为北东东走向的光村—铺前深断裂和北北西走向的塔市—演丰断裂（以前者为主）；此次大地震是水平构造应力主压应力轴方向为北西西 300 左右，和垂直构造应力共同作用的结果；垂直向构造应力在大地震发生和造成大规模拗陷成海过程中起着主要作用。发震断裂可能为一对 X 型的北东东向和北北西（以前者为主）的高角度平推正断层。

（三）深部地球物理场

另外，重、磁等地球物理场特征研究结果还表明，1605 年琼北大地震的发生不是单纯地壳构造断裂的结果，而是深部地球物理场在此特殊构造部位，由于主要震源断裂两盘重力场特征不同的构造块体物质密度，即重力场源的差异在重力均衡补偿调整的过程中，上地幔的隆起与拗陷的差异升降、岩浆物质的差异运动，以及热动力的差异运动，造成大规模拗陷成海。

第九章　海南岛典型地质遗迹评价

第一节　地质遗迹评价方法及依据

一、地质遗迹评价方法

地质遗迹评价主要是对地质遗迹的数量及质量、结构与分布、遗迹开发潜力等方面做出评价。明确各种地质遗迹资源地域组合特征、结构和空间配置情况，掌握各种地质遗迹资源，特别是地质遗迹资源的开发潜力，为制定人与自然协调发展、合理开发和保护地质遗迹资源方案提供全面的科学依据。本次地质遗迹调查采用综合分析、判断、逐级筛选的方法，选出最概括而又简洁易懂的度量概念作为本次地质遗迹详细调查的评价指标。

地质遗迹评价体系的评价指标、方式及评价，综合评价并结合海南省地质遗迹的实际情况来确定和进行。海南岛典型地质遗迹评价方法采用定性评价和定量评价两种方法，在此基础上进行综合评价。定性评价主要是专家鉴评方法；定量评价主要是综合评价因子加权赋值的评价方法。

（一）定性评价

定性评价主要是地质遗迹专家鉴评方法，采用组织相关送审阅读地质遗迹鉴评材料的单独咨询鉴评方法。

根据《地质遗迹调查规范》（DZ/T 0303—2017）地质遗迹鉴评等级标准，对海南岛典型地质遗迹清单各地貌景观类地质遗迹，进行专家咨询鉴评。

（二）定量评价

定量评价主要是参照《国家地质公园评审指标与赋分（试行）》、《地质遗迹调查规范》（DZ/T 0303—2017）、《海南省省级地质公园评审标准（试行）》以及2010年国土资源部发布的《国家地质公园规划编制技术要求》的有关要求，综合评价因子加权赋值的评价方法。它选取典型地质遗迹点的自然属性，如科学性、观赏性、规模、稀有性、完整性、保存现状等6项地质遗迹评价因子和定量指标赋值；选取地质遗迹点的社会属性，如通达性、安全性、可保护性等3项地质遗迹评价因子和定量指标赋值，用数学加权的方法对地质遗迹的价值做出数值判断，依据数值确定级别。

对于国家级及以上级别地质遗迹点进行全国范围内的对比，即选择与地质遗迹价值相同的其他遗迹进行对比，对比的特征与要素（属性）反映地质遗迹的重要特征和价值。

（三）综合评价

在定性评价和定量评价的基础上，对地质遗迹展开综合评价。针对不同类型地质遗迹评价重点不同，各地貌景观大类地质遗迹侧重其观赏性及科学性。

二、地质遗迹评价依据

根据前篇对海南岛典型地质遗迹的论述，结合评价依据，将海南岛典型的地质遗迹类型划分为3大类13类46亚类地质遗迹（表2-1-1）。在地质遗迹调查的基础上，按照地质遗迹分类对应准则进行定性评价，对基础地质大类地质遗迹侧重评价其科学性，对地貌景观大类地质遗迹侧重评价其观赏价值。

（一）不同类型地质遗迹科学性和观赏性指标

1. 基础地质大类（岩石剖面类）地质遗迹评价标准
（1）全球罕见稀有的岩体、岩层露头，且具有重要科学研究价值（Ⅰ）。
（2）全国或大区域岩体、岩层露头，具有重要科学研究价值（Ⅱ）。
（3）具有指示地质演化过程的岩石露头，具有科学研究价值（Ⅲ）。
（4）具有一般的指示地质演化过程的岩石露头，具有科学普及价值（Ⅳ）。

2. 地貌景观大类地质遗迹评价标准
（1）火山地貌类。地貌类型保存完整且明显，具有一定规模，其地质意义在全球具有代表性（Ⅰ）；地貌类型保存较完整，具有一定规模，其地质意义在全国具有代表性（Ⅱ）；地貌类型保存较多，在海南省内具有代表性（Ⅲ）；有一定的观赏性，并可以作为旅游开发和科普教育的一个组成部分的地貌景观（Ⅳ）。

（2）海岸地貌类。地貌类型保存完整且明显，具有一定规模，其地质意义在全球具有代表性（Ⅰ）；地貌类型保存较完整，具有一定规模，其地质意义在全国具有代表性（Ⅱ）；地貌类型保存较多，在一定区域内具有代表性（Ⅲ）；有一定的观赏性，并可以作为旅游开发和科普教育的一个组成部分的地貌景观（Ⅳ）。

（3）岩土体地貌类。极为罕见之特殊地貌类型，且在反映地质作用过程有重要科学意义（Ⅰ）；具观赏价值之地貌类型，且具科学研究价值者（Ⅱ）；稍具观赏性地貌类型，可作为过去地质作用的证据（Ⅲ）；有一定的观赏性，并可以作为旅游开发和科普教育的一个组成部分的地貌景观（Ⅳ）。

（4）水体地貌类。地貌类型保存完整且明显，具有一定规模，其地质意义在全球具有代表性（Ⅰ）；地貌类型保存较完整，具有一定规模，其地质意义在全国具有代表性（Ⅱ）；地貌类型保存较多，在一定区域内具有代表性（Ⅲ）；有一定的观赏性，并可以作为旅游开发和科普教育的一个组成部分的水体地貌景观（Ⅳ）。

（5）构造地貌类。地貌类型保存完整且明显，具有一定规模，其地质意义在全球具有代表性（Ⅰ）；地貌类型保存较充整，具有一定规模，其地质意义在全国具有代表性（Ⅱ）；地貌类型保存较多，在一定区域内具有代表性（Ⅲ）；有一定的观赏性，并可以作为旅游开发和科普教育的一个组成部分的构造地貌（Ⅳ）。

3. 地震遗迹类地质遗迹评价标准

（1）罕见震迹，特征完整而明显，能够长期保存，并具有一定规模和代表性（全球范围）（Ⅰ）。

（2）震迹较完整，能够长期保存，并具有一定规模（全国范围）（Ⅱ）。

（3）震迹明显，能够长期保存，具有一定的科普教育和警示感义（本省范围）（Ⅲ）。

（4）有一定的观赏性，并可以作为旅游开发和科普教育的一个组成部分的地貌景观（Ⅳ）。

（二）地质遗迹评价其他指标

1. 自然属性

（1）面积规模。遗迹出露面积大且成片区或单体的长（宽、高）非常大（Ⅰ）；遗迹出露面积较大或单体的长（宽、高）较大（Ⅱ）；遗迹零星出露或单体的长（宽、高）一般（Ⅲ）；遗迹零星出露或单体的长（宽、高）较小（Ⅳ）。

（2）完整性。反映地质事件整个过程都有遗迹出露，表现现象保存系统完整，能为形成与演化过程提供重要依据（Ⅰ）；反映地质事件整个过程，有关键遗迹出露，表现现象保存较系统完整（Ⅱ）；反映地质事件整个过程的遗迹零星出露，表现现象和形成过程不够系统完整，但能反映该类型地质遗迹景观的主要特征（Ⅲ）；反应本县域内的地质事件和主要地质遗迹景观特征（Ⅳ）。

（3）稀有性。属国际罕有或特殊的遗迹点（Ⅰ）；属国内少有或唯一的遗迹点（Ⅱ）；属海南省内少有或唯一的遗迹点（Ⅲ）；属县域内少有或唯一的遗迹点（Ⅳ）。

（4）保存现状。基本保持自然状态，未受到或极少受到人为破坏（Ⅰ）；有一定程度的人为破坏或改造，但仍能反映原有自然状态或经人工整理尚可恢复原貌（Ⅱ）；受到明显的人为破坏或改造，但尚能辨认地质遗迹的原有分布状况（Ⅲ）；虽然受到严重破坏，但仍能反映地质遗迹的分布状况（Ⅳ）。

2. 社会属性

（1）通达性。距离高速公路出口较近，5 km 内（Ⅰ）；距离国道较近，3 km 内（Ⅱ）；距离乡间道路较近，1 km 内（Ⅲ）；距离乡间道路超1 km（Ⅳ）。

（2）安全性。遗迹单体周围没有危险体存在（Ⅰ）；遗迹单体周围一定范围内没有危险体（Ⅱ）；有一定危险（Ⅲ）；危险，采取措施可控制（Ⅳ）。

（3）可保护性。通过人为因素（工程或法律），采取有效措施能够得到保护的地质遗迹（Ⅰ）；通过人为因素，采取有效措施能够得到部分保护的地质遗迹（Ⅱ）；自然破坏能力较大，存在人类不能或难以控制的因素的地质遗迹（Ⅲ）；受破坏较大，但又产生出新的景观或现象，或者异地保护（Ⅳ）。

（三）评价指标赋值及评价定级

1. 评价指标赋值

在定性评价的同时进行地质遗迹定量评价。地质遗迹定量评价满分100分，其中自然属性评价因子权重占70%，满分70分；社会属性评价因子权重

30%，满分30分。具体评价因子权重见表9-1-1及表9-1-2。

表9-1-1　地质遗迹评价权重表

评价因子	权重	评价指标		权重	I	II	III	IV
自然属性	70%	科学性	基础地质大类	40%	100～90	90～75	75～60	＜60
			地貌景观大类	10%	100～90	90～75	75～60	＜60
		观赏性	基础地质大类	10%	100～90	90～75	75～60	＜60
			地貌景观大类	40%	100～90	90～75	75～60	＜60
		面积规模		10%	100～90	90～75	75～60	＜60
		完整性		10%	100～90	90～75	75～60	＜60
		稀有性		20%	100～90	90～75	75～60	＜60
		保存现状		10%	100～90	90～75	75～60	＜60
社会属性	30%	通达性		40%	100～90	90～75	75～60	＜60
		安全性		40%	100～90	90～75	75～60	＜60
		可保护性		20%	100～90	90～75	75～60	＜60

在自然属性评价因子中，对基础地质大类地质遗迹点科学性评价权重占40%，观赏性评价因子权重占10%；对地貌景观大类地质遗迹点科学性评价权重占10%，观赏性评价权重占40%；对自然属性评价因子中的其他评价因子，面积规模评价权重占10%，完整性评价权重占10%，稀有性评价权重占20%，保存现状评价权重占10%。

在社会属性评价因子中，通达性评价因子权重占40%，安全性评价因子权重占40%，可保护性评价因子权重占20%。

将科学性、观赏性、面积规模、完整性、稀有性、保存现状、通达性、安全性、可保护性等9项因子分为4级，即Ⅰ（100～90）、Ⅱ（90～75）、Ⅲ（75～60）、Ⅳ（＜60）。

地质遗迹点综合评价值＝∑（评价因子权重）×（评价指标权重）×（分级得分）。

表9-1-2 海南岛典型地质遗迹评价指标、等级和赋分一览表

评价指标	评价等级	赋分			
科学性	极高	岩石剖面类	28~25	地貌景观大类	7~6.3
	高		25~20		6.3~5.25
	较高		20~10		5.25~4.2
	一般	<10		<4.2	
观赏性	极高	地貌景观大类	7~6.3	岩石剖面类	28~25
	高		6.3~5.25		25~20
	较高		5.25~4.2		20~10
	一般	<4.2		<10	
面积规模	全部保护	7~6.3			
	保护	6.3~5.25			
	基本保护	5.25~4.2			
	保护主要对象	<4.2			
完整性	完整系统	7~6.3			
	系统	6.3~5.25			
	比较系统	5.25~4.2			
	一般	<4.2			
稀有性	世界少有	7~6.3			
	国内少有	6.3~5.25			
	省内少有	5.25~4.2			
	县内少有	<4.2			
保存现状	基本保持自然状态	7~6.3			
	有一定程度的人为破坏	6.3~5.25			
	受到明显的人为破坏或改造	5.25~4.2			
	受到严重破坏,但仍能识别	<4.2			
通达性	距离高速公路出口较近	12~10.8			
	距离国道较近	10.8~9			
	距离乡间道路较近	9~7.2			
	距离乡间道路超1 km	<7.2			

续表

评价指标	评价等级	赋分
安全性	遗迹单体周围没有危险体	12～10.8
	周围一定范围内没有危险体	10.8～9
	有一定危险	9～7.2
	危险,采取措施可控制	<7.2
可保护性	采取有效措施能够得到保护	6～5.4
	采取有效措施能够得到部分保护	5.4～4.5
	人类不能或难以控制	4.5～3.6
	受破坏较大,但又产生出新的景观或现象	<3.6

2. 评价定级

根据综合评价值得出地质遗迹定量评价等级:

Ⅰ级:地质遗迹价值极为突出,具有全球性的意义,可列入世界级地质遗迹,综合评价值85～100;

Ⅱ级:地质遗迹价值突出,具有全国性或大区域性(跨省区)意义,可列入国家级地质遗迹,综合评价值70～85;

Ⅲ级:地质遗迹价值比较突出,具有省区域性意义,可列入省级地质遗迹,综合评价值55～70;

Ⅳ级:地质遗迹价值一般,具有市县区域性意义,可列入市县级地质遗迹,综合评价值<55。

在评价中,常因某一指标的分级权重过低,仅为Ⅲ级或Ⅳ级,则其他指标的分级权重虽高,也往往对该遗迹资源保护与开发利用级别降低了乃至否定。因此,在综合评价中既要依据其定量化的综合价值,也要依据遗迹源本身定性化的级别,权衡二者孰轻孰重,最后做出科学的、现实的评价结论。如果基础地质大类地质遗迹的综合评价级别低于其科学性,则最终的级别应与其科学性级别一致;若地貌景观大类地质遗迹的综合评价级别低于其观赏性,则最终的级别应与其观赏性级别一致。

第二节　地质遗迹价值评价结果

一、I 类地质遗迹

在海南岛典型地质遗迹评分中，海口石山火山群国家地质公园得分为85.95，整体属世界级地质遗迹，鉴评为世界级地质遗迹（I）。其中风炉岭混合锥和七十二洞熔岩隧道最为典型。

（一）风炉岭混合锥

风炉岭混合锥规模不大，但其天然出露，活动时代晚，火山地貌保持完整，由内到外可分出火口底、火口内坡、火口垣、火山锥外坡、坡麓陡坎等地貌部位。在火山口的东北面遗留有一个"V"形熔岩溢流通道，山脚可见大面积溢流的绳状熔岩流。火山口陡壁主要由气孔状橄榄玄武岩及火山碎屑岩组成，剖面连续完整。在风炉岭南麓，有一对外寄生火山，其中靠东的一个以喷气为主，靠西的一个曾有熔岩溢出。对比具有200多个寄生火山的意大利爱特纳火山和具有60个外寄生火山的日本富士山，风炉岭的规模虽小，但与这些世界著名火山一样，具有完整的火山机构、明显的火山地貌。风炉岭的这些特征能为火山形成和演化过程提供重要依据，具有较高的科学研究价值和地质教学野外实习意义。同时风炉岭为海口地区最高点，可远眺海口市区，具有极高的美学观赏价值，与北侧的包子岭混合锥合称"马鞍岭"，已列入《世界火山名录》，并建成为海口石山火山群国家地质公园的主景区。因此鉴评为世界级地质遗迹（I）。

（二）七十二洞熔岩隧道

七十二洞熔岩隧道全长780余 m，其景观极为丰富，有纵横交错的熔岩隧道系统，有由洞顶局部塌陷而形成的塌陷坑和"天窗"，有由2个"天窗"之间的残留洞顶构成的"天生桥"，有由洞顶岩块沿节理崩落并堆积在洞底而构成的"洞中岩堆"，有由一长条熔岩隧道整段陷落而构成的"塌陷谷"。对比夏威夷基拉韦厄火山瑟斯顿熔岩隧道、加利福尼亚东北部熔岩王国国家公园锡斯尤基市汉博恩熔岩隧道、韩国济州岛熔岩隧道等世界著名隧道，以及中国镜泊湖、五大连池等地的熔岩隧道，七十二洞熔岩隧道规模虽然无法与之相比，但是其特征能为熔岩隧道的形成、演化、消亡提供重要依据，可反演熔岩隧道演化全过程，亦可给游人观赏、探奇提供良好的场所。因此将其鉴评为世界级地质遗迹（Ⅰ）。

二、Ⅱ类地质遗迹

海南岛典型地质遗迹得分在70～85的有4处，即三亚市蜈支洲岛、琼海市万泉河入海口、白沙黎族自治县陨石坑、琼北大地震地质遗迹。这4处地质遗迹是国内少有的地质遗迹景观，属Ⅱ类地质遗迹，可列入国家级地质遗迹。

（一）三亚市蜈支洲岛地质遗迹

整体得分为71.2，鉴评为国家级地质遗迹（Ⅱ）。属于海蚀海积地貌景观类。主要出露的岩石是燕山早期的黑云母二长花岗岩，和海棠湾岸边同属燕山期的花岗岩，后来由于地壳下降，海面上升，造就了风光秀丽、景色优美的蜈支洲岛。依据蜈支洲岛周边地层发育特征及其存储的各种水生生物化石，可研究推断蜈支洲岛地区新构造演化历史及古地理气候特征、海平面变化等地质信息，有极高的科学研究价值。

目前，蜈支洲岛保护较好，已开发成为国内外知名的旅游胜地，2016年被评为国家5A级旅游景区，吸引着来自世界各地的游客。

（二）琼海市万泉河入海口地质遗迹

整体得分为75.05，鉴评为国家级地质遗迹（Ⅱ）。属于海蚀海积地貌景观类，是集万泉河、九曲江、龙滚河三江水流汇聚一处流出南海的出海口。有形成潟湖（沙美内海）、河控三角洲（东屿岛、鸳鸯岛等）、沙坝（玉带滩）等水体地貌景观。其形成的规模形态国内少有，玉带滩是登记在上海吉尼斯世界纪录的世界最狭长的（沙坝）海积海滩，全长8.5 km，宽100～300 m，总面积1.06 km²。东屿岛亦是海南省内面积较大的河控三角洲，面积1.83 km²，岸线长5.3 km，还有形成河心洲、沙洲、沙嘴、沙坝等河流地貌。万泉河是省内重要的河流，积水面积大、水景丰富、水质好，是海南第三大河流。沙美内海水浅鱼多，湿地、滩涂宽广，红树林茂密。万泉河出海口自然风光极其优美，水清河广，河畔山清水秀，东侧南海湛蓝辽阔一望无际，自然条件优异，水产资源丰富，小镇风情浓郁，居民生活愉悦，人文景观优美，有壮丽的博鳌禅寺、慈祥的莲花墩观世音、宁静安详的妈祖庙。

万泉河出海口水体地貌类型齐全、规模甚大、自然风光优美、政治地位重要、人文景色壮丽，是国内少有的旅游度假景区。特别是东屿岛上的博鳌亚洲论坛永久会议中心及大型度假酒店、高尔夫球场及观海宾楼，是我国重要的对外交流窗口，现代政治气息浓厚。

（三）白沙黎族自治县陨石坑地质遗迹

整体得分为71.3，鉴评为国家级地质遗迹（Ⅱ）。属于环境地质遗迹景观类。陨石以极快的速度撞击地球表面，其强大动能所产生的冲击波通过固体物质在瞬间形成极高的压力和温度，引起非平衡的物理化学作用。是在受冲击的固体物质中不同区域出现各种冲击效应而形成的。白沙陨石坑是我国目前可以认定的少数陨石坑之一，被称为是"确定无疑的陨石坑"，在坑内找到了陨石块，有陨石坑形地貌，有冲击变质作用证据等。陨石坑是外来星际物质造访地球的产物，具有很高的科学研究价值。

（四）琼北大地震地质遗迹

整体得分为71.3，鉴评为国家级地质遗迹（Ⅱ）。属于环境地质遗迹景观类。琼北大地震导致72个村庄沉没海底，震后的海底村庄遗址已成为奇特的水下景观。这场大地震的发震断裂为北东东走向的光村—铺前深断裂和北北西走向的塔市—演丰断裂；它是水平构造应力主压应力轴方向为北西西300，和垂直构造应力共同作用的结果；垂直向构造应力在大地震发生和造成大规模拗陷成海过程中起着主要作用。它是深部地球物理场在此特殊构造部位，由于主要震源断裂两盘重力场特征不同的构造块体物质密度，造成大规模拗陷成海。琼北大地震是我国地震历史上唯一一次导致陆陷成海的大地震，具有较高的科研价值。

三、Ⅲ类地质遗迹

海南岛典型地质遗迹得分在55～70的有4处，即儋州市笔架岭及峨蔓湾、万宁市大花角、琼海市白石岭、儋州市蓝洋热矿泉地质遗迹。这4处地质遗迹是海南省内少有的地质遗迹景观，属Ⅲ类地质遗迹，可列入省级地质遗迹。

（一）儋州市笔架岭火山口及峨蔓湾地质遗迹

整体得分为67.6，鉴评为省级地质遗迹（Ⅲ）。属于火山地貌景观类。该区火山最典型的特点是火山口附近巨大的火山集块岩，密集杂乱堆积成底宽直径达 1500 m、标高为 208 m 的火山集块岩山峰。离火山口约 2 km 的靠海方向分布有一系列火山碎屑沉积物，最典型的是层状的凝灰岩以及夹于其中的火山灰，构成十分完整的火山口喷发由粗至细的沉积系列。峨蔓湾的海岸更具有特色，是在琼北坳陷的基础上，由新生代的火山熔岩构成的台地，这样的景观在海南省内十分罕见。

（二）万宁市大花角地质遗迹

整体得分为 61.6，鉴评为省级地质遗迹（Ⅲ）。属于海蚀海积地貌景观类。大花角是万宁小海—东山岭省级地质公园东端的海湾岬角，是由 2 座二叠纪—三叠纪花岗岩山峦及其间的海蚀海积海滩卵石、沙滩组成的山体—海岸地貌景观组合体。两山以锐角相夹往东南方向伸向南海，西边北边连接万宁小海沙坝。两山岭长高度有 100 m 左右，长 1 km，宽 450～600 m。受浪蚀作用，山体海岸线有形成 3.4 km 的砾石滩。其中两山体中间的峡谷海滩有形成粒径在 0.1～0.5 m 的鹅卵石堆积的卵石滩。卵石滩长 110 m，宽约 14 m，由磨圆的斑状花岗岩卵石堆积而成。奇特的海蚀海积景观海南省内稀有。山体海岸线局部有基岩风化崩裂坠落堆积的现象，山体岩性是燕山期侵入岩（距今 190～65 Ma）。花岗岩长期受风化剥蚀、浪蚀及构造应力作用造就各种奇形怪石景观。山体坐座落于万宁小海沙坝东南端，三面环海，登山可以一览一望无际的南海及万宁小海沙坝海岸，自然景观之壮美海南省内少有。东北侧有万宁小海沙坝海滩，离岸带东北方有白鞍岛，西侧有大塘岭、春园湾、甘蔗岛。山岳景观、海岛景观、海滩景观、海堤相连景观、潟湖景观有机组合，美不胜收。大花角与万宁小海的形成息息相关，万宁小海就是残留于南海的二叠纪—三叠纪花岗岩岩体连接第四纪烟墩组冲积层沙坝围成的。所形成的万宁小海是国内面积最大的潟湖。

现在万宁小海—东山岭地区已成为省级地质公园。把大花角景区海岸带划入万宁小海—东山岭地质公园范围，对地质公园规模性、观赏性有所提升。

（三）琼海市白石岭地质遗迹

整体得分为 67.5，鉴评为省级地质遗迹（Ⅲ）。属于构造地貌景观类。白石岭发育于 1.05 亿年前的上白垩统报万组。该处地质遗迹集奇峰、悬岩、石刻、砾石和温泉于一体，加上各种热带雨林和椰树、槟榔、胡椒等田园自然风光及万泉河岸的优美景观，构成一处不可多得的地质遗迹＋热带雨林＋热带作物＋温泉＋河流有机组合的景观。它是研究该地区沉积物形成以及后期风化、流水等地质作用过程的绝佳基地，科学研究价值较高，内涵丰富多样，自然性保存完好。现已开发为国家级4A级景区。

（四）儋州市蓝洋热矿泉地质遗迹

整体得分为57.7，鉴评为省级地质遗迹（Ⅲ）。属于水体景观类。儋州蓝洋热矿泉地质遗迹区包括蓝洋温泉、冷热泉、莲花山、观音洞等景点。蓝洋地区分布有温泉泉眼的区域有7处共25眼，其中温度最高达93℃。蓝洋温泉公园内有"冷热泉眼"，冷泉与热泉紧相邻，距离约1 m，均为天然泉眼露头，号称"天下一绝"。区内地热泉高温、流量大，特别是富含氡元素，是海南省内其他地热温泉少有的，所以具有较高的科学研究价值。莲花山、观音洞等景点虽然因为采矿活动对其地质环境有所破坏，但经过地质环境修复，溶洞基本保持完整，业已成为一大景点，开创岛内地质环境修复与人类和谐先例。蓝洋热矿泉地质遗迹区现已是省级自然保护区，没有人为破坏行为，自然状态保持良好。

四、Ⅳ级地质遗迹

海南岛典型地质遗迹得分小于55的有6处，属Ⅳ类地质遗迹，可列入市县级地质遗迹。

分别为临高县临高角、昌江黎族自治县皇帝洞、东方市天安石林、东方市鱼鳞洲、琼中黎族苗族自治县百花岭、昌江黎族自治县霸王岭。这6处地质遗迹相对来说，昌江黎族自治县霸王岭、琼中黎族苗族自治县百花岭地质遗迹均属于构造地貌景观类，昌江黎族自治县皇帝洞、东方市天安石林、东方市鱼鳞洲均属于岩石地貌景观类，这几处虽然自然风光优美，但地质遗迹景观相对较普通，没有形成独特的地貌特征，通达性差，周边配套的人文景观也较少，知名度较低；临高县临高角则出露规模较小。这6处虽然均有一定的科研科普价值，但是稀有性和观赏性、规模及完整性较上述地质遗迹有差距，故划为Ⅳ级地质遗迹，属市县级地质遗迹。

综上，海南岛典型地质遗迹评价评分结果见表9-2-1。其中世界级1处，国家级4处，省级4处，市县级6处。

表9-2-1　海南岛典型地质遗迹评价表

序号	类型	地质遗迹名称	自然属性							社会属性			得分	等级
			科学性	观赏性	规模面积	稀有性	完整性	保存现状	通达性	安全性	可保护性			
1	火山地貌景观类	海口石山火山群国家地质公园	6.3	25.2	6.3	6.65	6.3	7	11.4	11.4	5.4	85.95	Ⅰ
2		儋州市笔架岭及峨蔓湾	4.9	21	4.2	4.9	4.9	4.9	10.8	8.4	3.6	67.6	Ⅲ
3		临高县临高角	2.8	16.8	3.5	2.8	4.5	4.9	6.0	7.2	4.2	52.4	Ⅳ
4	岩石地貌景观类	昌江黎族自治县皇帝洞	3.5	15.4	3.15	3.5	4.2	6.3	4.8	6.0	3.0	50.25	Ⅳ
5		东方市天安喀斯特	3.5	15.4	2.8	3.5	4.2	6.3	4.8	6.0	3.0	49.5	Ⅳ
6		东方市鱼鳞洲	2.8	14	2.1	2.8	2.1	3.5	7.2	5.4	3.0	42.9	Ⅳ
7	海蚀海积地貌景观类	三亚市蜈支洲岛	5.6	22.4	4.9	4.2	5.6	6.3	9.6	8.4	4.2	71.2	Ⅱ
8		万宁市大花角	3.5	19.6	4.2	3.5	4.9	4.9	10.8	6.0	4.2	61.6	Ⅲ
9		琼海市万泉河入海口	5.25	23.8	5.6	5.95	4.9	5.25	10.8	9.0	4.5	75.05	Ⅱ
10	构造地貌景观类	琼中黎族苗族自治县百花岭	5.6	15.4	4.9	3.5	4.5	4.9	4.8	6.0	4.2	53.8	Ⅳ
11		昌江黎族自治县霸王岭	3.5	15.4	5.6	3.5	4.9	5.6	4.8	7.2	4.5	54.6	Ⅳ
12	环境地质遗迹景观类	琼海市白石岭	4.9	23.8	4.9	4.2	4.9	5.6	7.8	7.2	4.2	67.5	Ⅲ
13		白沙黎族自治县陨石坑	22.4	5.6	4.2	6.3	5.6	5.6	9.0	8.4	4.2	71.3	Ⅱ
14		琼北大地震遗迹	23.8	5.6	4.9	6.3	4.9	4.2	10.8	7.2	3.6	71.3	Ⅱ
15	水体景观类	儋州市蓝洋热矿泉	19.6	3.5	3.5	4.2	3.0	3.5	10.8	5.4	4.2	57.7	Ⅲ

第三节　地质遗迹保护与开发利用

一、地质遗迹保护

（一）地质遗迹保护现状

1. 已得到保护的地质遗迹

表9-3-1中所列的全省75处重要地质遗迹，通过建立地质公园、自然保护区、森林公园、旅游度假区等方式，已有62处得到不同程度的保护和管理。

2. 未建立保护区的地质遗迹

尚有13处地质遗迹未建立保护区，至今得不到任何有效保护，主要是岩石剖面类的地质遗迹。

总体而言，海南省对地质遗迹的保护还是全面的，建立起了国际级地质遗迹保护区1处（海口石山火山群国家地质公园），拟建国家级地质遗迹保护区1处（白沙陨石坑地质遗迹），其余的为省级、市县级各类型的保护区。

（二）地质遗迹开发利用存在的问题

在已建立保护的地质遗迹区，主要还是通过建立地质公园、自然保护区、森林公园、旅游度假景区等方式进行，特别是一些景区，大部分还是以自然风光为主导，对其中的地质遗迹资源开发利用还很不够。当前，海南省地质遗迹保护、开发中存在的主要问题如下。

1. 地质遗迹保护不够重视

除新近批准成立的雷琼世界地质公园海口园区及儋州石花水洞、观音洞省级地质公园外，全省尚无其他地质公园。在自然保护区的设立中，一些直观的、风景独特的地质景观及遗迹也构成了自然保护区的组成部分，而得以保持其自然状态。但省内针对地质遗迹的专项保护工作起步晚，大部分地质遗迹尚未得到保护。绝大多数地质遗迹未进行详细地质调查工作，各地质遗迹的保护内容、保护级别等未得到主管行政部门的审批，直接导致的后果是有的地质遗迹、景观遭到人为破坏。例如有的温泉旅游区盲目开发，致使原有泉眼断流、水位下降；有的洞穴景观遗迹遭到敲打损坏。

2. 地质遗迹资源开发保护不到位

列入保护开发利用的62处地质遗迹，虽然通过旅游景区或自然保护区等方式得到一定保护，但多数开发的内涵缺乏"地质遗迹"内容，更没有相关地质遗迹的科普介绍。特别是被列为市县级自然保护区的地质遗迹分布区，有的并没有真正开发保护，没有设立专门的保护机构。尚未列入保护的13处地质遗迹多数处于原始状态。

3. 地质遗迹资源保护不均衡

迄今开发利用的地质遗迹主要分布在海南岛东部和三亚地区，岛西和岛中的地质遗迹及地质地貌景观很少得到有效保护开发，这与海南岛西线、中线丰富多彩的地质遗迹资源很不相称，也与建设国际旅游岛的目标存在较大的差距。

4. 地质遗迹资源开发深度和广度不够

以温泉来说，岛内已发现温泉近40处，水质多数达到医疗矿泉水的国家标准，而目前开发利用的仅寥寥数处；又如古火山，仅琼北地区就有古火山口50余处，类型齐全，而目前真正开发的仅马鞍岭古火山口1处。而岛南中生代的古火山爆发岩筒、古火山口等地质遗迹和褶皱、断层等构造形迹尚未列入调查目录。可见海南省地质遗迹后备资源丰富，保护任务繁重，合理开发潜力巨大。

5. 地质遗迹法规制度不健全

目前地质遗迹保护的主要依据是《地质遗迹保护管理规定》（地质矿产部令1995年第21号）、《海南省地质环境管理办法》（海南省人民政府令1997年第107号），但海南省各地配套制度几乎是空白，目前唯一地方立法的是2022年12月出台的《三亚市落笔洞遗址保护规定》。没有形成动态评价机制，地质遗迹管理体系亟待完善，已建成的地质公园的管理工作亟待进一步完善，地质遗迹动态评价和监管工作有待加强。存有地质遗迹但尚未建立保护区的地区亟对其进行评估。

表9-3-1　海南岛重要地质遗迹汇总表

序号	名称	地理位置	保护状况
1	昌化江戈枕村中元古代抱板群剖面	昌江黎族自治县戈枕村东侧的昌化江畔	未保护
2	石碌地区新元古界石碌群剖面	昌江黎族自治县石碌矿区	

续表

序号	名称	地理位置	保护状况
3	三亚红花孟月岭寒武系大茅组剖面	三亚市红花孟月岭	未保护
4	三亚鹿回头奥陶系沙塘组剖面	三亚市鹿回头	
5	石炭系南好组地层剖面	保亭黎族苗族自治县南好地区	
6	二叠系南龙组地层剖面	东方市南龙村	
7	鹿母湾河谷早白垩统鹿母湾组剖面	儋州市鹿母湾河谷	
8	莺歌海水道口海滩岩	乐东黎族自治县莺歌海盐湖出海口处	
9	陵水香水湾九所—陵水断裂带构造形迹	东线高速公路香水湾出口路立交桥边	
10	海口石山马鞍岭火山口	海口市石山镇	雷琼世界地质公园海口园区
11	海口石山仙人洞	海口市石山镇	
12	海口永兴雷虎岭火山口	海口市永兴镇	
13	海口罗京盘破火山口	海口市永兴镇	
14	临高高山岭火山口	临高县城北高山岭	省级风景名胜区
15	儋州峨蔓笔架岭火山口	儋州市峨蔓镇	
16	五指山	五指山市与琼中黎族苗族自治县	国家公园保护区
17	琼中黎母岭	琼中黎族苗族自治县黎母岭林场	
18	陵水吊罗山	陵水黎族自治县与琼中黎族苗族自治县交界	
19	昌江霸王岭	昌江黎族自治县	
20	乐东尖峰岭	乐东黎族自治县	
21	万宁东山岭	万宁市	省级风景名胜区
22	万宁六连岭	万宁市山根镇	省级自然保护区
23	三亚南山岭	三亚市南山	国家5A级风景名胜区
24	三亚大小洞天	三亚市南山	
25	文昌铜鼓岭	文昌市龙楼镇	国家级自然保护区
26	保亭七仙岭	保亭黎族苗族自治县城北	国家森林公园
27	琼海白石岭	琼海市西南	国家4A级风景名胜区
28	定安文笔峰	定安县龙湖镇	

续表

序号	名称	地理位置	保护状况
29	保亭仙安石林	保亭黎族苗族自治县毛感乡	省级自然保护区
30	昌江皇帝洞	昌江黎族自治县王下乡	县级自然保护区
31	东方猕猴洞	东方市东河镇	市级自然保护区
32	儋州兰洋观音洞	儋州市兰洋镇	省级自然保护区
33	儋州英岛山溶洞	儋州市八一农场	
34	保亭千龙洞	保亭黎族苗族自治县毛感乡	
35	三亚落笔洞	三亚市荔枝沟	市级旅游观光点
36	海口假日海滩	海口市西海岸	
37	文昌冯家湾	文昌市会文镇	市级旅游开发区
38	万宁石梅湾	万宁市东部	
39	陵水香水湾	陵水黎族自治县牛岭	县级旅游开发区
40	三亚亚龙湾	三亚市东南	国家4A级风景名胜区
41	三亚大东海	三亚市区	省级风景名胜区
42	三亚湾	三亚市区	
43	三亚天涯海角	三亚市天涯区	国家4A级风景名胜区
44	临高角	临高县北	县市级自然保护区
45	儋州龙门激浪	儋州市峨蔓镇	
46	昌江棋子湾	昌江黎族自治县昌化镇	
47	东方鱼鳞洲	东方市八所镇	
48	文昌木兰头	文昌市铺前镇	未保护
49	万宁大花角	万宁市后鞍海边	市级自然保护区
50	万宁大洲岛	万宁市东澳外海	国家级自然保护区(海洋)
51	三亚西瑁洲(西岛)	三亚市三亚湾外海	
52	陵水分界洲岛	陵水黎族自治县与万宁市分界线外海	国家5A级风景名胜区
53	三亚蜈支洲岛	三亚市铁炉港外海	
54	乐东毛公山	乐东黎族自治县保国农场	县级自然保护区
55	澄迈济公山	澄迈县红岗农场	
56	定安南湖矿泉	定安县雷鸣镇	

续表

序号	名称	地理位置	保护状况
57	文昌会文官新温泉	文昌市会文镇官新村	地震观测点
58	琼海官塘温泉	琼海市白石岭山脚	市级旅游开发区
59	琼海九曲江温泉	琼海市九曲江	
60	万宁兴隆温泉	万宁市兴隆镇	温泉旅游度假区
61	陵水高土温泉	陵水黎族自治县英州镇	未保护
62	保亭七仙岭温泉	保亭黎族苗族自治县七仙岭农场	温泉旅游度假区
63	三亚南田温泉	三亚市海棠湾镇	
64	儋州蓝洋温泉	儋州市兰洋镇	市级自然保护区
65	琼中百花岭瀑布	琼中黎族苗族自治县营根镇	县级旅游开发区
66	白沙红坎瀑布	白沙黎族自治县元门乡	县级旅游观光点
67	五指山太平山瀑布	五指山市太平山	市级旅游观光点
68	昌江雅加瀑布	昌江黎族自治县霸王岭林场	县级旅游观光点
69	陵水枫果山瀑布	陵水黎族自治县吊罗山	
70	陵水阿里山瀑布	陵水黎族自治县吊罗山	市级旅游观光点
71	琼海博鳌万泉河入海口	琼海市博鳌镇	市级旅游开发区
72	琼北大地震地质遗迹	海口市东寨港西侧	国家级自然保护区
73	白沙陨石坑	白沙黎族自治县白沙农场	拟建立国家级地质公园保护区
74	昌江石碌铁矿	昌江黎族自治县石碌镇	未保护
75	屯昌羊角岭水晶矿	屯昌县羊角岭	

二、保护与开发利用指导思想与原则

（一）保护与开发利用指导思想

海南岛地质遗迹保护与开发利用的指导思想：以科学发展观为指导，保护地质遗迹资源免遭破坏和浪费，并充分发挥其优势，将海南省国际旅游岛建设和经济社会发展紧密、有机联系起来，最终实现科学持续利用和生态系统良性循环，人与自然和谐相处。根据海南省省情及创建国际旅游岛的建设目标要求，并紧密结合海南省自然保护区发展规划，合理规划目标和划定保护区域，通过建设一批国家、省级地质公园，建成布局合理的地质遗迹保护体系，促进地质遗迹资源科学、适度、有效的开发利用，为建设国际旅游岛的目标服务。

（二）保护与开发利用原则

在海南岛地质遗迹保护与开发利用中，主要遵循如下几点原则。

1. 立足自然保护的原则

自然保护是指对自然环境与自然资源采取一系列管理措施，建立维护自然景观状态的自然保护区。保护自然资源是我国的一项基本国策，是实施资源可持续发展战略，也是保护地质遗迹的重要方式。在地质遗迹保护与开发利用的过程中，首先考虑与自然保护区同步进行，使地质遗迹以自然的形式（原始状态）得以保护。

2. 在保护中开发、在开发中保护的原则

在保护的前提下，应针对不同题材类型的地质遗迹，根据其不同的自然环境背景、不同的地域以及社会经济状况，合理定位，做到有序、有针对性地开发利用。

对赋存在各风景区中的地质遗迹，要充分挖掘其潜力，突出地质遗迹的景观度，并加强对地质遗迹的宣传，因地制宜，提高它们在风景旅游区中的科学品位，以满足不同层次的人的需要，使人们在欣赏大自然美景的同时，增加与地质遗迹相关的地球科学知识的了解，提高人们对地质遗迹的保护意识，即在开发中促进保护。树立可持续发展观，使人与自然和谐相处、共同发展，为促进地方经济建设、区域经济发展做出贡献。

3. 重点保护、分阶段实施的原则

将海南岛典型地质遗迹中达到省级及以上的地质遗迹区设立为地质公园，并优先安排建设，特别是与海南生态系统息息相关的地质遗迹分布区，可优先安排重点建设，如海南岛西部儋州市的笔架岭火山口及峨蔓湾地质遗迹，以及国内唯一被认定的白沙陨石坑。在实施过程中要从海南地质遗迹保护的总体要求出发，使单个地质遗迹保护与海南省整个地质遗迹保护形成有机整体，从各个遗迹具体情况（观赏性、科学性等）出发，根据财力、物力分阶段实施保护。对地方财政有困难的地区，可以适当采取招商引资、政府主导、企业经营的方式引入多元化的资金渠道，与地方乡村经济振兴、农村

旅游、渔家乐相结合，缓解地方财政资金紧张，提高当地百姓的生活标准，以有序开发利用的模式创新地质资源保护。

三、保护与开发利用建议

（一）地质遗迹保护建议

1. 加强地质遗迹区综合科学研究工作

深化地质遗迹的科学研究，指导地质遗迹的保护工作，在系统、深入研究的基础上，制定地质遗迹保护方案和开发利用规划。地质遗迹保护是要立足整体的保护而不是抛开其所在自然生态环境的单要素的保护，在保护工作实施过程中，要逐步对地质遗迹进行综合性的科学研究工作。

2. 加强法制建设和宣传

应认真贯彻落实2010年6月30日国土资源部发布的《国家地质公园规划编制技术要求》的有关要求，并不断完善海南省的相关管理规定，实行"积极保护，合理开发，务求实效"的方针，充分发挥各级地方政府作用。按照有关规定，使地质遗迹的有效保护和合理开发法治化、规范化。同时加强对地质遗迹保护的宣传力度，让全民了解地质遗迹的不可再生性和重要性，自觉加入保护地质遗迹的行列中来。

3. 科学组合，协调发展

地质遗迹景观与人文景观要做到合理科学地组合，地质遗迹景观与人文景观协调发展，景区内各景点要突出自然情趣和科学内涵，不搞大型人造景点，不搞过分的人工雕饰，要注意将地质遗迹景观的独立性与景区的系统性相结合。

4. 申报各级地质公园

对独具特色的、符合国家地质公园审批条件的Ⅱ类地质遗迹，要深入开展综合调查研究、评价、规划，积极申报国家地质公园；对海南省内独具特色的、符合省级地质公园审批条件的Ⅲ类地质遗迹，应在进行调查、评价、规划后，申报省级地质公园。充分利用海南省地质遗迹，在海南省创建一批国家地质公园、省级地质公园，为海南省国际旅游岛建设增添新亮点。

5. 认真执行地质遗迹分级保护的原则

依据1995年地质矿产部颁发的《地质遗迹保护管理规定》和2010年6月

国土资源部发布的《国家地质公园规划编制技术要求》的有关要求，对保护区内的各类地质遗迹保护程度可分别实施Ⅰ级保护、Ⅱ级保护。

（二）地质遗迹开发利用建议

1. 加强顶层设计，强化地质遗迹的保护工作

加强地质遗迹保护的地方性立法工作，进一步完善地质遗迹保护、利用、监管的管理体系。建立统一管理机构，明确专业地勘单位定期进行地质遗迹动态调查、评价，完善省及市县两级地质遗迹信息管理平台，为地质遗迹保护、利用奠定基础。

2. 将地质遗迹的保护和利用有效融合

贯彻"绿水青山就是金山银山"的观念，强化"在保护中开发、在开发中保护"的理念，将地质遗迹的保护、开发和当地特色文化资源、旅游资源以及自然博物馆和科普基地建设有机结合。加强地质遗迹旅游专业化导游、专业化解说工作，加强地质遗迹科普教育，加强地质遗迹科研工作，强化地质遗迹的保护和利用有效融合。

3. 多渠道拓展地质遗迹保护的投入保障机制

建立省级地质遗迹保护专项基金，引导地方政府、企业、个人多渠道投入保障机制，地勘事业单位提供专业技术支撑，把地质遗迹保护利用和乡村振兴、特色小城镇建设、科普基地及实习基地建设有机结合，有效保障地质遗迹保护利用的良性循环。

4. 统筹社会资源，引入技术资金保护现有的地质资源

对地方财政有困难的地区，可以适当采取招商引资、政府主导、企业经营的方式引入多元化的资金渠道，与地方乡村经济振兴、农村旅游、渔家乐相结合，缓解地方财政资金紧张，提高当地百姓的生活标准，以有序开发利用的模式创新地质资源保护。

5. 合理开发，平衡发展

从海南岛旅游格局的现状分析，随着环海南岛旅游公路的顺利开通，旅游开发将会迎来全面活跃。当前，海南岛的旅游开发圈偏重于海南岛东部、南部地区，中部及北部海口地区次之，最薄弱环节在海南岛西部地区，还不存在真正意义上的环海南岛旅游经济圈，这离国际旅游岛的目标还有一定的差距。

主要参考文献

［1］海南省地质调查院. 中国区域地质志·海南志［M］. 北京：地质出版社，2017.

［2］海南省地矿局. 海南岛地质：（一）（二）（三）［M］. 北京：地质出版社，1991.

［3］海南省人民政府. 海南年鉴2018［M］. 海口：海南年鉴社，2018.

［4］黄宗理，张良弼，等. 地球科学大辞典：基础学科卷/应用学科卷［M］. 北京：地质出版社，2006.

［5］地质矿产部地质辞典办公室. 地质辞典：普通地质、构造地质分册：上册［M］. 北京：地质出版社，2005.

［6］徐成彦，赵不亿，等. 普通地质学［M］. 北京：地质出版社，1986.

［7］梁光河. 海南岛的成因机制研究［J］. 中国地质，2018，45（4）:693-705.

［8］徐德明，桑隆康，马大铨，等. 海南岛中新元古代花岗岩类的成因及其构造意义［J］. 大地构造与成矿学，2008，32（2）:247-256.

［9］张军龙，田勤俭，李峰，等. 海南岛北西部新构造特征及其演化研究［J］. 地震，2008，28（3）:85-94.

［10］孙桂华，黄永健，黄文凯. 南海北缘中生代古俯冲带位置探讨［J］. 中南大学学报（自然科学版），2015，46（3）:908-916.

［11］王颖，王敏京. 火山地貌例述［J］. 海洋地质与第四纪地质，2018，38（4）:1-20.

［12］刘辉，洪汉净，冉洪流，等. 琼北火山群形成的动力学机制及地震现象的新认识［J］. 地球物理学报，2008，51（6）:1804-1809.

［13］唐少霞，毕华，赵志忠，等. 海口石山火山群国家地质公园旅游资源开发探讨［J］. 国土与自然资源研究，2011（2）: 59-60.

［14］符启基，沈金羽，林才. 海南省笔架岭火山口及峨蔓湾地质遗迹景观开发初探［J］. 资源环境与工程，2012，26（6）:641-644.

［15］韩孝辉，吕剑泉，陈文．海南岛峨蔓火山海岸地质遗迹评价［J］．华东地质，2018，39（2）:151-160.

［16］陈颖民．海南岛地质遗迹资源评价与开发建议［J］.国土资源科技管理，2009，26（1）:52-56.

［17］王颖.海南岛海岸环境特征［J］.海洋地质动态，2002，18（3）:1-9+13.

［18］陈恩明，黄咏茵．1605年海南岛琼州大地震及其发震构造的初步探讨［J］.地震地质，1979，1（4）：37-44+99-100.

［19］王秀娟.海南白沙陨击坑冲击变质岩岩石 地球化学特征初步研究［J］.中国地质，1994（6）:21-23.

［20］陈炳金.儋州市蓝洋观音洞旅游地质景观及开发建议［J］.海南地质地理，1998（2）：9-12.

［21］黄香定.海南岛山岳地貌旅游地质景观［J］.海南地质地理，1998（2）：1-5.

［22］肖勇，唐培宣，符启基，等.海南省重要地质遗迹详细调查报告第二批［R］.海口：海南省资源环境调查院，2010.

［23］林才，唐培宣，符启基，等.海南省重要地质遗迹详细调查报告第三批［R］.海口：海南省资源环境调查院，2014.

［24］陈颖民，柳长柱，李孙雄，等.海南省重要地质遗迹详细调查报告第一批［R］.海口：海南省地质综合勘察设计院，2009.

［25］魏昌欣，云平，吕昭英，等.海口石山火山群国家地质公园地质遗迹调查与评价报告［R］.海口：海南省地质调查院，2018.

［26］林才，余万林，文钦宇，等.海南省琼中县典型地质遗迹详细调查与科普报告［R］.海口：海南省资源环境调查院，2021.

［27］陈炳金，胡剑，彭粉光，等.海南省儋州市蓝洋地热田热矿水勘探报告［R］.海口：海南省地矿局环境地质研究所，1996.

后 记

　　海南岛典型地质遗特征与评价，通过收集、查阅、研究有关资料，按照地质遗迹分类的形式，分别选取海南岛各类型典型地质遗迹进行论述，包括地质遗迹区的分布情况，地质遗迹区的地理环境特征、地质及水文地质特征、地质遗迹景观特征、人文景观特征、价值特征，数量及质量，分析各地质遗迹形成原因，对各类型地质遗迹点的科学性、观赏性、规模面积、稀有性、完整性、保存现状、通达性、安全性和可保护性进行分析评价，确定了地质遗迹的等级、保护级别，并论述了海南岛地质遗迹保护与开发利用的现状、保护与开发利用过程中存在的问题，提出了保护与开发利用的原则，为海南岛地质遗迹更好地开发利用及保护提供了建议。

　　本书由唐培宣、符启基合著，共计32万余字。其中唐培宣负责完成第一、第五、第六、第七、第八、第九章的编写及全书的统稿工作，计20万余字；符启基负责完成第二、第三、第四章的编写，计11万余字。

　　本书得到了省内相关专家的大力支持，在此向他们表示诚挚的谢意！由于水平有限，文中可能存在一些不足之处，请指正。

唐培宣

2023年4月